U0322117

草业科学研究系列专著

冰草的研究与利用

云锦凤 等 著

科学出版社

北京

内 容 简 介

　　本书是国内第一部有关冰草属牧草研究的专著，是作者多年来承担各类国家相关研究课题的成果总结。书中较全面地介绍了冰草属牧草的分类和分布、生长发育、适应性和抗逆性、育种方法和良种繁育，以及利用途径等内容。力求将冰草属牧草分类演变、形态学、生物学、细胞学及分子遗传学等方面的研究进展和成果呈现给读者。

　　本书可供从事植物种质资源和育种研究的教学和科研人员，以及草业生产技术人员参考；也可作为高等农林院校生物科学专业研究生和本科生的教学参考书。

图书在版编目（CIP）数据

冰草的研究与利用/云锦凤等著. —北京：科学出版社，2016

　（草业科学研究系列专著）

　ISBN 978-7-03-049041-4

　Ⅰ.①冰⋯ Ⅱ.①云⋯ Ⅲ.①冰草-研究 Ⅳ.①S543

中国版本图书馆 CIP 数据核字（2016）第 141895 号

责任编辑：韩学哲 贺窑青/责任校对：张怡君
责任印制：张　倩/封面设计：刘新新

科 学 出 版 社 出版
北京东黄城根北街 16 号
邮政编码：100717
http://www.sciencep.com

中国科学院印刷厂 印刷

科学出版社发行　各地新华书店经销

*

2016 年 6 月第 一 版　开本：720×1000　1/16
2016 年 6 月第一次印刷　印张：18　插页：6
字数：362 000

定价：108.00 元
（如有印装质量问题，我社负责调换）

本系列专著是内蒙古农业大学草业科学国家重点学科、草地资源教育部重点实验室、草地资源可持续利用科技创新团队、内蒙古草业研究院和内蒙古自治区草品种育繁工程技术研究中心建设项目的成果，并由其资助出版。

序　言

　　《草业科学研究系列专著》是内蒙古农业大学草业科学国家重点学科和草地资源教育部重点实验室等建设项目的重要成果之一。该重点学科和实验室源远流长，底蕴深厚。从 1958 年建立我国第一个草原专业开始，半个世纪以来，他们立足于内蒙古丰富的草地资源，经过几代人筚路蓝缕，开拓前进。《草业科学研究系列专著》，就是他们在草业科学教学和研究的漫长道路上，铢积寸累的厚重成果。

　　这一系列专著涉及了牧草种质资源与牧草育种、牧草栽培与利用，草产品加工，草地生态系统，草地资源监测、评价和合理利用，草原啮齿类动物防治等众多领域。尤其在牧草远缘杂交、雄性不育、冰草转基因以及草地健康和服务等方面，取得了举世瞩目的成就，赢得了国内外学界认知。

　　我国是草地资源大国，草原面积占国土面积的 41.7%，居世界第二位。草原与森林共同构成了我国生态屏障的主体。草业"事关国家生态安全和食物安全，事关资源节约和环境友好型社会建设，事关经济社会全面协调可持续发展"（杜青林，2006，《中国草业可持续发展战略》序言）。这也正是我国新兴的草业科学面临的重大历史任务。

　　我们欣慰地看到，《草业科学研究系列专著》由科学出版社组织出版，对这一重大历史任务作出了正面响应。这一系列专著不仅是内蒙古农业大学草业科学国家重点学科和草地资源教育部重点实验室的宝贵成果，也是我国草业学界对祖国崛起的精诚贡献。

　　我祝贺《草业科学研究系列专著》的出版。衷心祝愿这一系列专著与它所体现的学术集体相偕发展，不断壮大。

中国工程院院士

任继周

于 2009 年新中国成立 60 周年端午节

前　言

　　冰草属（*Agropyron* Gaertn.）是禾本科（Gramineae）小麦族（Triticeae）中的一个多年生草本植物属，属于草原旱生植物类群，广泛分布于欧亚大陆温寒带草原区，集中分布在俄罗斯、蒙古国和中国等一些欧亚国家。其中，俄罗斯的冰草资源最为丰富，拥有世界 86% 的冰草种，主要分布在欧洲部分的整个草原和南部森林草原地带，如西伯利亚、伏尔加河中下游、土库曼斯坦、乌兹别克斯坦、乌克兰大部分地区、远东和高加索及哈萨克斯坦全部地区。蒙古国冰草属出现在除荒漠以外的天然植被中。此外，日本、伊朗和土耳其等国也都有少量分布。

　　我国的冰草资源较为丰富，据《中国植物志》记载，有 5 种 4 变种及 1 变型，主要分布于华北、西北和东北地区，以黄河以北的干旱地区种类最多、密度最大。从水平分布来看，其分布范围广阔，横跨 50 多个经度（东经 81°～132°），东起东北的草甸草原，经内蒙古、华北地区向西南呈带状一直延伸至青藏高原的高寒草原区，遍布 12 个省（自治区），形成一个连续的分布区。其中，内蒙古的冰草种类最多、密度最大，分布区内的水热条件大体保持温带半干旱到半湿润地区的特点，年平均气温–3～9℃，≥10℃积温 1600～3200℃，降水量 150～600mm，且常集中于夏秋雨季；其次是河北、山西、甘肃、宁夏等地；东北地区的种类较贫乏；青藏高原区仅分布有冰草 1 种。从种的分布来看，以冰草（*Agropyron cristatum*）的分布区最广，其次是沙芦草（*Agropyron mongolicum*）、沙生冰草（*Agropyron desertorum*）和根茎冰草（*Agropyron michnoi*），西伯利亚冰草（*Agropyron. sibiricum*）仅出现于内蒙古。

　　冰草属为多年生旱生草本，抗旱性强，在年降水量为 200mm 以上的地区生长良好；抗寒性强，在冬季–45℃的高寒地带能安全越冬；分布生态幅度宽，在不同类型的土壤上都能生长，特别是在栗钙土上生长良好。冰草茎叶柔软，营养丰富，生产性能好，饲用价值高，为各种家畜喜食，春季返青早，在解决春季青饲料短缺方面具有特殊意义，秋季枯黄迟，是秋季家畜抓膘催肥的牧草。冰草生长年限长，一次建植可数年利用，须根系发达，基部茎叶覆盖地面，是沙化退化草地改良、水土保持的适宜草种。

　　美国对冰草种质资源的研究始于 1892 年，植物学家 N.E.Hansen 第一次从俄国 Valuiki 试验站引入冰草材料试种。北达科他州曼丹的美国农业部（USDA）农业研究局（ARS）最早对冰草开始研究。1927 年，加拿大萨斯卡通州的萨斯卡其温育成了第一个冰草品种——二倍体冰草 'Fairway'，该品种在当时的北美洲草地改良和种子贸易中起到了重要的作用。美国植物材料学家 D.R.Dewey 在冰草属种植资源世界范围的征集、原始材料圃的建立、评价和鉴定、远缘杂交及细胞遗传学研究等方面作出了重要贡献，特别是他育成的冰草远缘杂交品种 'Hycrest' 成为当时美国作物育种界的重大成果。截至 2012 年，北美洲共育成冰草品种 16 个，主要推广地区是北部大平原、西部草原区和干燥的山间地带，降水量为230～400mm 的地区，主要用于低产退化的蒿属及灌丛草场的改良、弃耕地的植被恢复及用作早春的放牧地，也有少量用于人工草地、护坡、护路及草坪绿化等。

　　20 世纪 60 年代以来，我国逐步开展了对冰草的研究。内蒙古、宁夏、青海、新疆等省（自治区）的一些教学、科研及生产单位开展了野生冰草的驯化栽培，并陆续从国外引入栽培品种和优良种质材料，丰富了我国的冰草品种资源。中国农业科学院畜牧所牧草饲料研究室从 50 年代开始在引进国外冰草栽培和评价方面作了大量研究。1984 年，内蒙古农业大学的云锦凤教授从美国引入冰草种质材料 274 份，在呼和浩特地区进行种植试验，对冰草的生物学特性、抗逆性、生产性能等进行了测试，从形态学、生理生化、细胞学、分子生物学等水平上进行了系统研究。通过筛选、评价，选育出冰草新品种，并利用国外高产优质材料与国内优异抗性材料进行远缘杂交，获得了初步成果。目前为止，我国共培育登记冰草新品种 6 个，即 '内蒙沙芦草'、'诺丹冰草'、'蒙农杂种冰草'、'蒙农 1 号蒙古冰草'、'杜尔伯特扁穗冰草'及 '塔乌库姆冰草'。新品种的育成和推广有力地促进了我国北方干旱半干旱地区的沙化草地改良和生态环境建设。

　　我国北方草原区面积达 1.62 亿 hm^2，既是草原畜牧业基地，也是我国北方重要的生态屏障及边疆少数民族的聚居区。治理、改善和保护草原生态环境，直接关系到我国北方的生态安全、边疆稳定和地区经济的可持续发展。

　　从 20 世纪 80 年代以来，由于人为因素和自然因素的干扰，草原出现了严重退化。国家从 2000 年西部大开发战略实施以来，相继启动和实施了津京风沙源治理、退牧还草及草原生态保护和建设等一系列政策和重大工程，局部地区草原生态环境得到了明显改善，但草原整体退化的局面尚未得到根本转变，草原生态建设任务依然艰巨。

　　我国北方大多处于干旱半干旱地区，由于气候干旱、寒冷、多风、土壤贫瘠，人工种草和植被建设难度较大，特别是缺乏适宜干旱地区的优良牧草品种和与之相匹配的综合技术，这也是多年来草原生态建设成效不明显的一个重要因素。在干旱半干旱地区，无论是"三化"（退化、沙化、盐碱化）草地改良和恢复，还是人工草地的建设，适宜的牧草品种和优质牧草种子的供应是最重要的物质基础，是植被建设成败的关键。国内外大量的成功经验表明，多年生禾本科牧草，特别是冰草属牧草，在干旱半干旱地区的人工草地建植，沙化、退化草地补播，以及生态环境建设中具有巨大的利用价值和前景。

　　本书是《草业科学研究系列专著》之一，在编撰过程中总结了冰草利用和研究课题组 30 多年的研究工作，并吸纳了国内外重要研究成果，以期对冰草的研究起到承上启下的作用。相关研究工作，从 20 世纪 80 年代起一直得到内蒙古科技厅的关注和支持，先后得到了国家自然科学基金、国家 863 计划、国家 973 计划、农业部重大项目、内蒙古自治区科技重大项目、内蒙古自治区自然科学基金等 10 余项科研项目的资助。例如，国家自然科学基金项目"小麦族内多年生禾草的远缘杂交"、"小麦族内多年生禾草的育性恢复"、"蒙古冰草干旱胁迫差异蛋白基因的克隆及功能分析"，国家 863 计划课题"抗旱、抗寒、耐盐碱冰草及偃麦草新品种选育"，农业部农业科技跨越计划项目"干旱区冰草产业化生产技术试验示范"，内蒙古自然科学基金项目"冰草新品系生物学性状与机理研究"，等等。

　　本书的出版是科研团队和从事冰草科研、生产相关人员多年合作成果的积累和总结，是集体智慧的结晶。全书共分八章，第一章由解新明编写；第二章由高翠萍编写；第三章由张众编写；第四章由云岚编写；第五章由赵彦编写；第六章由王俊杰、米福贵编写；第七章由张众编写；第八章由王俊杰、卫智军、王建光编写。全书的材料组织、内容编排及最后统稿与校对由云锦凤负责。除作者外，参与冰草试验研究的人员有：于卓、霍秀文、李景欣、李瑞芬、解继红、徐春波、王桂花、石凤敏、张辉、王勇、高卫华、李造哲、赵景峰、王照兰、海棠、孙海莲、魏建华、郭文莲、刘凤林、刘春和、李树森、温超、崔爱娇等。在编写过程中，宛涛、贺晓、闫洁、乌兰敖登、牛得草、朝克图、刘及东、刘英俊、金晓明等人提供了相关资料和宝贵建议，值此出版之际，作者向多年来一直关注和支持冰草研究的广大同仁致以衷心感谢！由于作者学术水平有限，书中难免存在疏漏和欠缺之处，希望读者给予批评指正。

云锦凤

2015 年 3 月

目　　录

第一章　冰草属植物的分类与分布

对植物进行分类是人类认识植物、发掘植物的基础。通过对植物的分类学研究，可了解植物类群及其亲缘关系，明确各分类群发生、发展和消亡的规律，使人们更好地认识植物、利用植物和改造植物，从而为人类服务。人们把各种植物用比较、分析和归纳的方法，分门别类，依据植物界自然发生和发展的法则，予以有次序地排列，从而完成分类。按照植物类群之间的亲缘关系进行编排，可反映出植物的演化系统，进而建立分类系统。掌握了植物类群关系的内在规律，既可进一步了解植物界的进化过程，也能在利用和改造植物时从中找到指导准则。

冰草属（*Agropyron* Gaertn.）植物是一类重要的牧草资源，广泛分布于欧亚大陆温带草原区，具有重要的饲用价值及生态价值，要想对其加以开发利用，就必须搞清其分类地位、亲缘演化关系、属内种类变异及地理分布特点。

第一节　冰草属的分类地位及其系统演化关系

冰草属是禾本科（Gramineae）小麦族（Triticeae）中的一个多年生草本植物属。在植物分类学的研究历史上，关于它分类地位的归属问题，不同学者曾存在极大的分歧与争议，带来了分类上的混乱和不稳定性，目前仍有狭义冰草属和广义冰草属之分。

一、冰草属在传统小麦族中的分类地位及系统演化关系

瑞典植物学家林奈（Carl von Linné）于 1753 年在他的《植物种志》中发表了 1 个新种 *Bromus cristatus* L.（*Bromus* 为雀麦属），但德国植物学家 Johann Christian Von Schreber（1769 年）认为该种植物的穗状花序更像小麦，于是将它组合到小麦属（*Triticum*）中，称为 *T. cristatum*（L.）Schreber。几乎同时（1770 年），另一位德国植物学家 Joseph Gaertner 认为 *Bromus cristatus* L.不应属于雀麦属，因为它的小穗无柄，也不形成圆锥花序，而是单生于穗轴的各节上，紧密排列成篦齿状；叶鞘也不像雀麦属那样闭合成管状，而是两缘相互交叠；颖与外稃皆明显具脊，应另立新属。他用希腊字 agros（野生的、田野的）和 pyros（麦、小麦）两个词组合成野麦（*Agropyron*）作为属名，并同时发表了新种 *Agropyron cristatum*（L.）Gaertner，该物种同时也成了冰草属的模式种（颜济等，2006）。

冰草属作为小麦族的一个属，其分类地位也随小麦族中其他属种的变化而变化。对小麦族的分类可以追溯到林奈时代。虽然在当时的分类系统中没有小麦族的概念，但收录了 22 个与现代小麦族有关的物种。这些物种分属于 7 个不同的属，即披碱草属（*Elymus* L.）、黑麦属（*Secale* L.）、大麦属（*Hordeum* L.）、山羊草属（*Aegilops* L.）、*Nardus*、小麦属和冰草属。在林奈分类系统建立后的两个多世纪中，许多分类学家对与小麦族有关种做了多次分与合的处理（表 1-1）。

表 1-1　传统小麦族分类系统

Bentham （1881）	Nevski （1933）	Hichcock （1951）	Pilger （1954）	耿以礼 （1959）	Tzvelev （1976）	Melderis （1980）
Agropyron	*Aegilops*	*Aegilops*	*Aegilops*	*Aegilops*	*Aegilops*	*Aegilops*
Asperella	*Agropyron*	*Agropyron*	*Agropyron*	*Agropyron*	*Agropyron*	*Agropyron*
Elymus	*Aneurolepidium*	*Elymus*	*Amblyopyrum*	*Aneurolepidium*	*Amblyopyrum*	*Crithopsis*
Hordeum	*Anthosachne*	*Hordeum*	*Crithopsis*	*Asperella*	*Dasypyrum*	*Dasypyrum*
Kralika	*Asperella*	*Hystrix*	*Dasypyrum*	*Brachypodium*	*Elymus*	*Elymus*
Lepturus	*Brachypodium*	*Lolium*	*Elymus*	*Clinelymus*	*Elytrigia*	*Eremopyrum*
Lolium	*Clinelymus*	*Monerma*	*Eremopyrum*	*Elymus*	*Eremopyrum*	*Festucopsis*
Nardus	*Critesion*	*Parapholis*	*Henrardia*	*Elytrigia*	*Henrardia*	*Hordelymus*
Oropetium	*Crithopsis*	*Scribneria*	*Heteranthelium*	*Eremopyrum*	*Heteranthelium*	*Hordeum*
Psilurus	*Cuviera*	*Secale*	*Hordelymus*	*Hordeum*	*Hordelymus*	*Leymus*
Secale	*Elymus*	*Sitanion*	*Hordeum*	*Lepturus*	*Hordeum*	*Psathyrostachys*
Triticum	*Elytrigia*	*Triticum*	*Hystrix*	*Lolium*	*Hystrix*	*Secale*
	Eremopyrum		*Leymus*	*Parapholis*	*Leymus*	*Taeniatherum*
	Haynaldia		*Malacurus*	*Psathyrostachys*	*Psathyrostachys*	*Triticum*
	Heteranthelium		*Psathyrostachys*	*Roegneria*	*Secale*	
	Hordeum		*Secale*	*Secale*	*Taeniatherum*	
	Malacurus		*Sitanion*	*Triticum*	*Triticum*	
	Psathyrostachys		*Taeniatherum*			
	Roegneria					
	Secale					
	Sitanion					
	Taeniatherum					
	Terrella					
	Trachynia					
	Triticum					

　　Bentham（1881）第一个应用综合形态特征的研究方法，对小麦族分类系统做了具有划时代意义的订正，非常清晰地确定了小麦族的形态界限，即禾本科中凡含单一穗状花序的种类均被归于小麦族中。他建立了12属的小麦族分类系统（当时称为大麦族 Hordeae），目前只有6属，即冰草属、猬草属（Asperella，现已成为 Hystrix 的异名）、披碱草属、大麦属、黑麦属和小麦属仍被包括在现代小麦族分类系统中。当时的冰草属是一个大属，即广义的冰草属，包括后来被 Nevski（1933；1934）分离出来的旱麦草属（Eremopyrum）、偃麦草属（Elytrigia）、鹅观草属（Roegneria）和狭义的冰草属，即包括小麦族内几乎全部的每节具1小穗的多年生牧草，种类达100～150种之多。其实，这些属在 Nevski 之前分别被 Holmberg（Schulz-Schaeffer and Jurasits，1962）作为不同的组（section）放在广义的冰草属中，即 Section Goulardia（Ausnot）Holmberg（Nevski 分类系统的鹅观草属）、Section Holopyron Holmberg（Nevski 分类系统的偃麦草属）、Section Eremopyrum（Ledeb.）Boiss（Nevski 分类系统的旱麦草属）、Section Agropyron（Nevski 分类系统的冰草属）。

　　Nevski（1933；1934）第一个明确地将种系发生概念和研究方法应用于小麦族的分类，建立了 25 属的小麦族分类系统。随着分类系统的不断发展，他当时发表的许多属名现在已不再出现，但由他建立的一些属，如新麦草属（Psathyrostachys）、带芒草属（Taeniatherum）及冰草属的分类定义，现在仍被广泛地应用。他特别指出，广义的冰草属是一个人为属，应该将其分为旱麦草属（Eremopyrum）、偃麦草属（Elytrigia）、鹅观草属（Roegneria）、花鳞草属（Anthosachne）和狭义的冰草属（Agropyron）。

　　美洲的 Hichcock（1951）并不同意 Nevski 对冰草属分类地位的处理，仍然将其作为广义大属来对待，并将小麦族处理为仅含 12 属的族，出现了细穗草属（Monerma，现已成为 Lepturus 的异名）、假牛鞭草属（Parapholis）和 Scribneria 3 个新属，并用 Hystrix 取代了 Asperella 成为了猬草属的学名，仍然沿袭了 Bentham 的分类系统。目前为止，一些 Hichcock 的捍卫者依然坚持使用广义冰草属的概念。

　　Pilger（1954）的小麦族分类系统包含 18 属，对冰草属给予广义的概念，所不同的是仅将旱麦草属（Eremopyrum）从中分离出来。苏联植物学家 Tzvelev（1976）在 Nevski 分类定义的基础上，对小麦族的分类系统做了重大修订，将其划分为 17 属，纠正了 Nevski 分类系统的某些错误命名（如 Nevski 选错了披碱草属的模式种），并根据新的资料重新排列、合并或剔除了某些属（如将 Nevski 的 Clinelymus 和 Roegneria 合并为 Elymus）（Tzvelev，1973；1976）。现在 Tzvelev 分类系统已成为俄罗斯及其周围一些国家的标准系统，也影响着中国对禾草的分类。

　　Melderis（1980）也对小麦族进行了分类处理，把 Nevski 分类系统与 Bentham 分类系统结合，主要基于形态学性状，同时结合染色体数目、解剖学和细胞学等资料，在欧洲范围内把小麦族分为 14 属。这一分类系统的特点是将偃麦草属（*Elytrigia*）的所有种都包括在披碱草属中，冰草属仍使用狭义的概念。

　　Nevski 和 Tzvelev 的小麦族分类系统，对中国小麦族分类产生了非常重要的影响。中国禾本科分类学之父——耿以礼，在《中国植物图说——禾本科》（1959年）中，基本沿用了 Nevski 的分类体系；1987 年出版的《中国植物志》（小麦族）也基本传承了这一分类体系，属于狭义冰草属的概念范畴。在此基础上，耿以礼和陈守良（1963）对小麦族各属间的演化关系做了总结，认为冰草属与鹅观草属和旱麦草属有最近的亲缘演化关系，是由短柄草属（*Brachypodium*）经鹅观草属的犬草组（Cynopoa）和拟冰草组（Paragropyron）演化而来（图 1-1）。

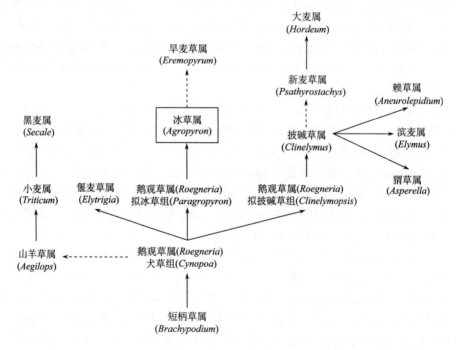

图 1-1　冰草属在传统小麦族中的演化地位（耿以礼和陈守良，1963）

二、冰草属在以染色体组为基础建立小麦族系统演化中的地位

　　染色体组是指配子中所包含的染色体或基因的总和，更准确地说是单倍体的一整套染色体即为一个染色体组。染色体组分析法是用已知染色体组构成的物种（称为"分析者"）与一个未知物种间杂交，然后分析该种间杂种在减数分裂过程中来自不同亲本的染色体组间的配对行为。如果在减数分裂过程中观察到正常的染色体配对，或具有很高的染色体配对数，则表示亲本种之间有非常近的亲缘

关系；如果染色体配对数较低而且染色体之间的联会状况较差，则表明亲本种之间有一定的亲缘关系；如果杂种中的染色体之间完全不发生配对，则亲本之间的亲缘关系很远。同时，杂种育性、花粉育性、结实率等观测数据，也可作为估计亲本之间亲缘关系的补充指标。当然，植物物种间的亲缘关系表现在植物性状的各个方面和各个层次，如表现在形态特征、核型、染色体带型、代谢产物的化学组成及分子水平各类性状上，对这些性状进行比较，便能找出它们的异同，进而推断出物种之间的亲缘关系。在这些比较中，染色体组分析法能够更加全面而深入地比较不同的物种，因为在种间杂种中，来自双亲的各对应染色体将在减数分裂过程中进行所有基因位点上的识别与配对，可以使两个物种染色体的各核苷酸序列得到相似或非相似的比较，从而对两个物种之间的遗传基础进行全面比较和衡量。

小麦族植物分布广泛，形态差异极大，加之不同分类学者对各种形态特征加权标准不同，造成了小麦族分类上的混乱，从而导致冰草属在小麦族中的分类地位存在不确定性。究其原因,是由于传统禾草专家都采用以形态特征来划定属界，而小麦族中存在许多不同的倍性、多倍体的不同类型及种间广泛的杂交，实践中难免出现误判。因此，用染色体组特征来分析小麦族各属间的系统分类关系便成为摆脱这种混乱局面的一种有效手段。

现代分类系统在揭示小麦属及其近缘一年生属复杂的染色体组及与系统发育关系的过程中，证实了染色体组分析的有效性，能够很好地在小麦属及其他一年生种上进行染色体组分析的方法,同样也适合于多年生种。通过基因组分析方法，大多数小麦族种类的基因组构成可被确定，其中 Löve 和 Dewey 的工作为确定小麦族物种基因组的构成奠定了基础。影响最大且争议最大的分类系统是由 Löve（1982；1984）所倡导的，其是以不同物种染色体组的异同来确定小麦族属界限的分类系统（表 1-2）。Löve 对小麦族染色体组分类系统的原始定义是"一个处于染色体组同质状态的分类等级，无论其种类的多少，只要其二倍体含有一个基本染色体组或多倍体系列含有两个或以上的不同染色体组，就应将其定义为一个独立的属，并且将该属的形态性状描述严格地与其染色体组构成相联系"。

表 1-2 以染色体组为基础的小麦族分类系统

Dewey（1984）	Löve（1984；1986）	Chi 等（2009）
Agropyron（P）	Aegilema（B, U）	Agropyron（P）
Critesion（H）	Aegilonearum（D, M, U）	Amblyopyrum（T）
Elymus（S，H，Y）	Aegilopoides（C, U）	Anthosachne（St, W, Y）
Elytrigia（S，X）	Aegilops（M, U）	Australopyrum（W）
Leymus（J，N）	Agropyron（P）	Campeiostachys（H, St, Y）

Dewey（1984）	Löve（1984；1986）	Chi 等（2009）
Pascopyrum（S，H，J，N）	*Amblyopyrum*（Z）	*Crithopsis*（K）
Psathyrostachys（N）	*Australopyrum*（W）	*Douglasdewey*a（P, St）
Pseudorogneria（S）	*Chennapyrum*（L）	*Elymus*（H, St,）
Thinopyrum（J-E）	*Comopyrum*（M）	*Eremopyrum*（F, Xe）
	Critesion（H）	*Festucopsis*（L）
	Crithodium（A）	*Henrardia*（O）
	Crithopsis（K）	*Heteranthelium*（Q）
	Cylindropyrum（C, D）	*Hordelymus*（Xo, Xr）
	Dasypyrum（V）	*Hordeum*（H，I，Xa，Xu）
	Elymus（H, S）	*Kengyilia*（P, St, Y）
	Elytrigia（E, J, S）	*Leymus*（Ns, Xm）
	Eremopyrum（F）	*Lophopyrum*（E^e 或 E^b）
	Festucopsis（G）	*Pascopyrum*（St, H, Ns, Xm）
	Gastropyrum（D, M）	*Peridictyon*（Xp）
	Gigachilon（A, B）	*Psammopyrum*（L, E）
	Heteranthelium（Q）	*Psathyrostachys*（Ns）
	Hordelymus（H, T）	*Pseudoroegneria*（St）
	Hordeum（I）	*Pseudosecale*（V）
	Kiharapyrum（U）	*Roegneria*（St, Y）
	Leymus（J, N）	*Secale*（R）
	Lophopyrum（E）	*Stenostachys*（H, W）
	Orrhopyrum（C）	*Taeniatherum*（Ta）
	Pascopyrum（S, H, J, N）	*Thinopyrum*（E^e 或 E^b）
	Patropyrum（D）	*Trichopyrum*（E, St）
	Peridictyon（G）	*Triticum*（A, A^m, B, B^{sp}, B^b, B^s, B^l, D, D^c, C, M, N, U, Xc, X^t, Zc）
	Psammopyrum（G, J）	
	Psathyrostachys（N）	
	Pseudoroegneria（S）	
	Secale（R）	
	Sitopsis（B）	
	Taeniatherum（T）	
	Thinopyrum（J）	
	Trichopyrum（E, S）	
	Triticum（A, B, D）	

注：表中括号内字母表示染色体组名称

　　Dewey（1984）对以染色体组分析资料为基础的分类方法划分多年生小麦族植物各属的界限做了进一步的定义：①对每个属的模式种进行染色体组构成的分析和确定；②对该属内的所有其他物种的染色体组进行确定，并将与该模式种染色体组一致的其他种保留在该属内；③将与该模式种染色体组不同的其他物种统统从该属中划分出去。基于上述染色体组的分类方法，以及综合众多植物分类学家和细胞遗传学家的研究结果，Löve（1986）建立了一个含有 39 属（表 1-2）的小麦族分类系统。该分类系统虽然采用了一些传统的属名，但对属的定义却与其他小麦族分类系统不同，尤其是一年生小麦族植物属的划分有非常大的变动。这个系统引起了小麦族分类学家的异议和争论，不过其对多数多年生属的定义却被世界许多小麦族分类学家、植物育种学家和细胞及分子遗传学家所采用。这一分类系统也在小麦族系统演化和分类的研究中起到了重要的参考作用并产生了深远的影响。对冰草属的处理，Löve 认为该属仅含有 P 染色体组，其对属界的鉴定与 Nevski 和 Tzvelev 的小麦族分类系统完全吻合。

　　Dewey（1984）通过大量的种间和属间杂种基因组配对分析，确定了小麦族多年生种的9属（表1-2）。需要说明的是，Dewey的小麦族分类系统针对的是小麦族中的多年生植物，小麦属、大麦属和黑麦属等一年生植物类群并没有包括其中。尽管如此，该系统对分类学仍然具有重要的参考价值，尤其它确定了冰草属的分类范围，以及偃麦草属和披碱草属的细胞学界限，明确指出冰草属是仅限于含P基因组的小麦族植物，大大缩小了该属的范围，基本与Löve、Nevski和Tzvelev分类系统中的冰草属同义。此外，携带P基因组的植物还有仲彬草属[也称为礼草属（*Kengyilia*，St PY）]及杜威草属（*Douglasdeweya*，P St）（张新全等，1999），偃麦草属被认为含有S、J、E 3个基因组，而披碱草属则是含有S、H、Y 3个基因组组成的多倍体种，从而结束了这几个属长期界定不清的局面。Bothmer等（1986；1987）发现大麦属含有H、I 等基因组。这些研究结果都说明基因组分析在确定小麦族植物的分类和亲缘关系上发挥了决定性的作用，推动了小麦族演化历史的研究，也为麦类作物和牧草的品质改良提供了实质性的指导。Wang和Jensen（1994）在基于通行的小麦族植物基因组符号的基础上，推荐了一个用于小麦族基因组的符号体系。基因组符号的统一，使小麦族植物的研究更加具有可比性，促进了该族植物系统学研究的发展。

　　中国小麦族分类学专家颜济和杨俊良（2006）也非常赞同 Löve 和 Dewey 的染色体组分类系统，并在多年潜心研究的基础上推出了一个全新的包括 30 属的分类系统（表 1-2），丰富、更新和发展了染色体组的类型，发现了一些染色体组新组合。需要说明的是，该分类系统与 Löve 和 Dewey 的分类系统有许多差异，依然保留了 Nevski 的旱麦草属（*Eremopyrum*）、鹅观草属（*Roegneria*），并以耿以礼和 Dewey 这两位在小麦族分类中作出重要贡献学者的姓名为基础，建立了

2个新属，即仲彬草属（*Kengyilia* C. Yen et J. L. Yang）和杜威草属（*Douglasdeweya* C. Yen, J. L. Yang et B. R. Baum），但对冰草属分类地位及分类界限的处理则与Löve 和 Dewey 的分类系统完全相同。在进行染色体组类型和特征分析的基础上，颜济等（2006）还建立了冰草属及其近缘属的系统演化关系（图1-2）。

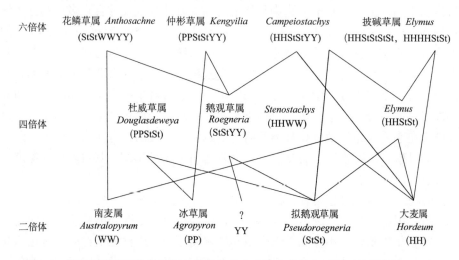

图1-2　冰草属在基于染色体组分析建立的小麦族中的演化地位（仿颜济等，2006）

可以看出，在以染色体组为基础的现代小麦族分类系统中，对冰草属属界的认定是一致的，即欧美人所称的"crested wheatgrass"，这也与 Nevski（1933；1934）、耿以礼（1959）、Tzvelev（1976）、Melderis（1980）等的冰草属概念完全一致，并且被大部分育种学家和分类学家所接受。

小麦族染色体组分类系统看上去简单，但却需要通过种、属间杂交累积大量的细胞遗传学资料，许多国家的科学家在这方面做了大量工作（Dewey，1984），但目前仍缺少一些关键性资料。例如，对 *Elytrigia repens* 和 *Leymus arenarius* 两个模式种的染色体组类型仍不能确定；澳洲的多年生种，以及地中海的 *Festucopsis* 与该族中其他种的基因关系不清楚；*Critesion* 的染色体组也未确定好；等等。总之，有关小麦族染色体组分类系统还需要进一步完善，需要一代又一代科学家的不断努力。

三、冰草属与小麦族其他属的遗传关系

从纯粹的育种和遗传学角度来看，冰草属与小麦族中的其他属基本上无遗传关系，因为除冰草属外，其他属中未发现任何具有未被修饰的P染色体组（Dewey，1984）。但一些学者通过对含有不同染色体组二倍体物种进行杂交，分析这些不同染色体组之间的关系，获得了一些较为可靠的结果，认为冰草属P染色体组能

够与其他染色体组结合，组合成新组型存在于其他物种中。根据杂种在减数分裂期的配对频率，长穗偃麦草（*Elytrigia elongata*）与沙芦草（*Agropyron mongolicum*）的杂种显示P染色体组与E染色体组间存在着相当高的同源性（Wang，1987）；二倍体冰草（*A. cristatum*）、沙芦草和假鹅观草（*Pseudoroegneria libanotica*）二倍体（SS）种间杂种，显示P染色体组与S染色体组间有部分同源性（Wang，1986；1987）。另外，Refoufi等（2001）用基因组原位杂交（GISH）分析表明，在*Elytrigia pycnantha*中具有S、E和P染色体组，其中S基因组与*Pseudoroegneria stipifolia*的S基因组相同，E基因组与*Thinopyrum elongatum*的E基因组相同，P基因组与*A. cristatum*的P基因组相同；进一步检测到E基因组和P基因组分别有2个和10个染色体的着丝点附近包含有S基因组的DNA片段。通过二倍体和四倍体冰草、沙生冰草（*A. desertorum*）、根茎冰草（*A. michnoi*）、西伯利亚冰草（*A. sibiricum*）与普通小麦的成功杂交，证明冰草属与小麦属之间具有亲缘关系，冰草属基因组中具有小麦属中的*Ph*基因系统。Ahmad和Comeau（1991）对普通小麦与*A. fragile*的减数分裂进行观察时发现多价体的存在，认为*A. fragile*中具有修饰的*Ph*基因系统（车永和，2004）。Martin（1999a）获得3粒具萎缩胚乳的双二倍体粗山羊草（*Triticum tauschii*）与冰草（*A. cristatum*）的杂交种子，其中1粒经胚拯救长成具29个染色体的植株。同年，Martin（1999b）还报道了智利大麦（*Hordeum chilense*）同一株四倍体冰草的杂交结果，获得了可育双二倍体杂种。

随着生物化学和分子生物学技术的发展，同工酶和各种分子标记技术被广泛应用于冰草属P染色体组与小麦族中其他染色体组间的系统发育关系研究。通过同工酶（Mcintyre，1988）、rDNA（Scoles et al.，1988；Appels and Baum，1992；Hsiao et al.，1995）、叶绿体DNA（Kellogg，1992）、RFLP（Monte，1993）等聚类分析，可以获得冰草属P染色体组与小麦族中其他染色体组之间的关系（孙志民，2000）。同工酶分析表明P染色体组与N染色体组的关系最近，RFLP的分析结果预示着P染色体组与R染色体组的关系最近。根据叶绿体DNA的分析，P染色体组与F染色体组的亲缘关系最近；rDNA序列比较分析证明，P染色体组与W染色体组有最多的同源性（孙志民，2000）。显然，选用不同方法和不同部位基因组获得的结果不同，要想从上述结论中得出关于P染色体组在小麦族中的进化亲缘关系是相当困难的。

耿以礼和陈守良（1963）曾经分析证明冰草属与鹅观草属具有较近的亲缘关系。闫伟红（2010）也对二者之间的关系进行了分析探讨，从生理特性和醇溶蛋白研究结果可以推测由鹅观草属拟冰草组物种进化到冰草属物种的系统学关系。

第二节　冰草属种质资源与分类

一、冰草属的种类及其分类学问题

从小麦族染色体分类系统来看，冰草属是一个仅含 P 染色体组的小属，不多于 16 种（加上变种、变型和杂交种也不超过 30 种），甚至有人认为只有 3 种（Löve，1984；颜济等，2006）。但在 Nevski（1933；1934）之前，冰草属一直被赋予广义的概念，物种达 100 种以上，包括了几乎所有穗轴每节具 1 枚小穗的多年生种，使该类群不仅在繁殖方式、染色体组成、生态适应性、地理分布等方面差异悬殊，而且在外部形态上变异丰富。从美国密苏里植物园的在线数据库"The Plant List"（http://www.theplantlist.org/）来看，以 *Agropyron* 为属名的物种、杂交种、亚种、变种、变型的拉丁学名就多达 1112 个，有近 1083 种为异名（synonym）或不确定名称（unresolved）。可见有关冰草属属下等级的分类与命名是混乱的。

1770年 Gaertner 建立冰草属（*Agropyron*）时，其实仅包含了2种，即 *Agropyron cristatum*（L.）Gaertn.和 *Agropyron triticeum* Gaertn.。Nevski（1934）研究后发现，前一种是多年生，而后一种是一年生，于是又将后者组合到了旱麦草属中，定名为 *Eremopyrum triticeum*（Gaertn.）Nevski。在此之前，还有冰草属的2种 *Agropyron imbricatum* 和 *Agropyron fragile* 被错误地放入了小麦属中，J. J. Roemer 和 J. H. Schultes，以及 P. Candargy 分别将它们组合到了冰草属中。1817年，J. J. Roemer 还和另外一位奥地利植物学家 J. A. Schultes 发表了 *Agropyron pectiniforme* Roem. & Schult.的新种。1824年 J.A.Schultes 又发表了4个冰草属新组合，其中只有 *Agropyron desertorum*（Fisch. ex Link）Schult. 真正属于狭义冰草属植物。这期间，法国、瑞士、波兰、德国、苏联、乌克兰等国家的植物学家还陆续发表了几十种以 *Agropyron* 为属名的植物，但多数不属于冰草属植物。鉴于这种情况，Nevski（1933）根据穗状花序排列的紧密程度、小穗在穗轴上的排列方式、穗轴顶端是否有退化小穗，以及颖和外稃背部是否有脊等特征，把冰草属从广义的冰草属中分离出来，使狭义冰草属包含有13种（表1-3）。

表 1-3　国外不同学者对狭义冰草属下等级的界定

Nevski (1934)	Jones (1960)	Tzvelev (1976)	Melderis (1980)	Löve (1984)
A.badamense[*]	*A.cristatum*[*]	*A.badamense*[*]	*A.cimmericum*[*]	*A. cristatum*[*]
A.cimmericum[*]	*A.pectiniforme*	*A.cimmericum*[*]	*A.cristatum*[*]	ssp.*cristatum*
A.cristatum[*]	*A.sibiricum*	*A.cristatum*[*]	ssp.*brandzae*	ssp.*badamense*
A.dasyanthum[*]		ssp.*cristatum*	ssp.*pectinatum*	ssp.*birjutczense*

续表

Nevski (1934)	Jones (1960)	Tzvelev (1976)	Melderis (1980)	Löve (1984)
A.desertorum[*]		ssp.*baicalense*	ssp.*pomticum*	ssp.*bulbosum*
A.fragile[*]		ssp.*kazachstanicum*	ssp.*sabulosum*	ssp.*dasyanthum*
A.imbricatum		ssp.*pectinatum*	ssp.*schlerophyllum*	ssp.*desertorum*
A.michnoi[*]		ssp.*pomticum*	*A.dasyanthum*[*]	ssp.*erikssonii*
A.pectiniforme		ssp.*puberulum*	*A.desertorum*[*]	ssp.*fragile*
A.pinifolium		ssp.*sabulosum*	*A.fragile*[*]	ssp.*imbricatum*
A.ponticum		ssp.*schlerophyllum*	*A.tanaiticum*[*]	ssp.*kazachstanicum*
A.sibiricum		ssp.*tarbagataicum*		ssp.*michnoi*
A.tanaiticum[*]		*A. dasyanthum*[*]		ssp.*mongolicum*
		A. desertorum[*]		ssp.*nathaliae*
		A. fragile[*]		ssp.*pachyrrhizum*
		A. krylovianum		ssp.*pomticum*
		A. michnoi[*]		ssp.*puberulum*
		ssp.*michnoi*		ssp.*pumilum*
		ssp.*nathaliae*		ssp.*schlerophyllum*
		A. pumilum		ssp.*sibiricum*
		A. tanaiticum[*]		ssp.*stpposum*
				ssp.*tarbagataicum*
				A.deweyi[*]
				A.pectiniforme
				ssp.*pectiniforme*
				ssp.*baicalense*
				ssp.*brandzae*
				ssp.*sabulosum*

*被"The Plant List"（http://www.theplantlist.org/）认可的学名

在 Nevski 分类系统的冰草属中，*A. dasyanthum*、*A. tanaiticum* 和 *A. cimmericum* 3 种具长根茎，*A. michnoi* 具短根茎。另外，根据穗形不同，把其余的种分为线形穗（*A. fragile* 和 *A. sibiricum*）、近圆柱形穗（*A. badamense*、*A. desertorum* 和 *A. ponticum*）和篦齿状穗（*A. cristatum*、*A .imbricatum*、*A. pectiniforme*、*A. pinifolium*）3 类。根据叶鞘和叶片是否被绒毛，可将 2 个线形穗的种区别开来。其他种的区别也主要依据小穗的被毛情况、小穗密度和基部是否膨大等形态特征。例如，*A.*

badamense 和 *A. ponticum* 的茎秆基部粗厚，而 *A. desertorum* 的基部则不增粗。后来，Kosarev（1949）对 Nevski 的分类处理提出了异议，认为其种类划分过细，分类界限不明显，于是在形态特征的基础上，结合生态地理分布特点将冰草属植物界定为 *A. cristatum*、*A. pectiniforme*、*A. desertorum* 和 *A. sibiricum* 4 种（云锦凤和米福贵，1989a）。更有甚者，认为冰草属仅有 2 种，即 *A. cristatum* 和 *A. desertorum*（Konstantinov，1923）。从美国密苏里植物园的在线数据库"The Plant List"来看，Nevski 分类系统的冰草属也只有 *A. badamense*、*A. cimmericum*、*A. cristatum*、*A. dasyanthum*、*A. desertorum*、*A. fragile*、*A. michnoi* 和 *A. tanaiticum* 8 种是被世界多数学者、专家认可和接受的合法学名，其他几个学名很少被使用，并被作为异名来对待。

之后，法国、苏联及中国的植物学家又陆续发表了一些新种或新组合，其中沙芦草（*A. mongolicum* Keng）就是耿以礼在 1938 年发表在 *Journal of Washington Academy of Science* 杂志上的一个新种，现在已被世界广泛接受。1959 年，耿以礼在《中国主要植物图说——禾本科》一书中记录了产于中国的 4 种（包括他所发表的新种）冰草属植物（表 1-4）。1960 年，英国细胞分类学家 Keith Jones 对冰草属进行了重新分类，并发表了对大量蜡叶标本的研究结果。他在注重与穗密度有关的穗形、穗部被毛程度及地理分布的情况下，把冰草属划分成只包括西部宽穗种（*A. pectiniforme*）、东部宽穗种（*A. cristatum*）和窄穗种（*A. sibiricum*）3 种的属（表 1-3）。西部宽穗种的穗形为篦齿状，穗形宽阔，小穗无毛；包括 $2n=14$、28 和 42 的 3 个染色体组；主要分布于苏联欧洲部分（乌拉尔山脉以西）、东欧巴尔干各国，以及土耳其、伊朗。东部宽穗种主要产于东亚，花序宽而紧密，呈覆瓦状，颖片及外稃密被长柔毛，这些特征与 Nevski 的概念与描述相同。Jones 还推测 *A. michnoi* 可能是 *A. cristatum* 种群的组成成分，但并没有把它与 *A. cristatum* 合并；对于 *A. desertorum* 他将其并入了 *A. sibiricum* 中，现在看来这一处理并不正确。

表 1-4   中国不同学者对狭义冰草属下等级的界定

耿以礼（1959）	杨锡麟和王朝品（1987）	颜济等（2006）
A. cristatum[*]	*A. cristatum*[*]	*A. pectiniforme*
A. desertorum[*]	var. *cristatum*[*]	ssp. *Pectiniforme*
A. mongolicum[*]	var. *pectiniforme*	ssp. *mongolicum*
A. sibiricum	var. *pluriflorum*	*A. cristatum*[*]
	A. desertorum[*]	var. *cristatum*[*]
	var. *desertorum*	var. *michnoi*
	var. *pilosiusculum*[*]	ssp. *desertorum*

续表

耿以礼（1959）	杨锡麟和王朝品（1987）	颜济等（2006）
	A. michnoi*	A. deweyi*
	A. mongolicum*	
	var. mongolicum	
	var. villosum	
	A. sibiricum	
	f. sibiricum	
	f. pubiflorum	

*被"The Plant List"（http://www.theplantlist.org/）认可的学名

　　北美地区没有冰草属的天然野生种，现今北美洲的冰草都是由国外引入的。最初引入北美洲的冰草，是美国南达科他州试验站的 N.E.Hansen 博士于 1892 年从 Valuiki（瓦洛基）试验站（现在的 Volgograd）附近引入的，当时共引入 5 份材料，其引种号分别为 Pls 835、Pls 837、Pls 838、Pls 1010 和 Pls 1012。这些材料引入后曾被分派到几个农业试验站试种，但后来由于种种原因，并没有存留下永久繁殖的植株或种子。1906 年 Hansen 从 Valuiki 试验站第二次引进了 13 份 A. desertorum 材料（引种号为 Pls 19537～19549）和 1 份 A.cristatum 材料（引种号为 Pl19536）。这些材料的种子被分派到 15 个试验站试种。从 1915 开始，设在美国蒙大拿州和北达科他州的农业研究组织（USDA-ARS）对这些材料进行了系统的研究并推广种植，使它们成为最早在北部大平原大面积推广种植的禾本科牧草。美国现有的西伯利亚冰草也是在 1910 年从俄国获得的，其引种号为 pl28307。起初，Hichcock 在她的《美国禾草手册》第一版（1935 年）中仅记载了 A. cristatum 1 种。而 Swallen 和 Rogler（1950）则认为北美洲应该有 A. cristatum 和 A. desertorum 2 种。随后，在第二版的《美国禾草手册》中就出现了 A.sibiricum、A. cristatum 和 A. desertorum 3 种（云锦凤和米福贵，1989a）。由于这几个种在外形上的差别主要表现在花序上，通常可明显地分为两类，一类称为"Fairway"，另一类称为"Standard"。Fairway 为长势低矮、多叶、具宽穗的二倍体，它被给予了 4 个不同的拉丁学名，即 A.cristatum（L.）Gaertn.、A. dagnae Grossh.、A. cristatiforme P. K. Sarkar 和 A. pectiniforme Roem. & Schult.。Taylor 和 McCoy（1973）认为 Fairway 类型更接近于 Nevski 所描述的 A. pectiniforme。Standard 类型是植株相对高大、少叶、具有窄穗的四倍体，看上去接近于 A. desertorum。Taylor 和 McCoy 认为，无论是从形态特征上来看还是从细胞学特征上来看，Standard 类型与 Nevski 分类系统的 A.sibiricum 和 A.fragile 相似，因为它们都是异源多倍体。同时，Taylor 和 McCoy 将所有的二倍体种处理为 A.imbricatum，并将所有的同源多倍体种处理为

A. pectiniforme。但一些北美洲禾草专家则对这些种类的分类处理另有看法。例如，Bowden（1965）和 Jones（1960）将 *A. desertorum* 并入 *A. sibiricum* 中；Knowles（1955）和 Schulz-Schaeffer 和 Jurasits（1962）将 *A. pectiniforme* 处理为 *A. sibiricum*，并且推测 *A. desertorum* 是来源于 *A. cristatum*（Fairway 型）和一个未知二倍体的异源多倍体。

1973 年，Tzvelev 对冰草属进行了重新修订，并在 1976 年出版的《苏联禾本科》一书中将其分类思想完全体现其中，提出了多个亚种组成的分类群概念，并把苏联冰草属分为含 10 种和 11 亚种的属（表 1-3），其中冰草（*A. cristatum*）包括 9 个亚种、根茎冰草（*A. michnoi*）包括 2 个亚种；把 Nevski 分类系统中的 *A. ponticum* 降级为 *A. cristatum* 的亚种，将 *A. imbricatum* 和 *A. pectiniforme* 合并作为 *A. cristatum* ssp. *pectinatum*；将 *A. sibiricum* 并入 *A. fragile* 作为一个种对待，同时认为耿以礼发表的 *A. mongolicum* 也属于该种植物。中国学者刘书润（1982）也赞同将 *A. mongolicum* 和 *A. sibiricum* 一同并入 *A. fragile* 的观点。事实上 *A. mongolicum* 是二倍体（闫贵兴和张素贞，1985；Hsiao et al.，1986），而 *A .sibiricum* 和 *A. fragile* 是四倍体（Sarkar，1956；Taylor and McCoy，1973；Löve，1984），从花粉电子显微镜扫描特征（解新明等，1993）及同工酶酶谱特征（解新明等，1988；1989）来看，也应该是两个不同的物种。但是否应该将 *A. sibiricum* 并入 *A. fragile* 还应认真商榷和研究。对于具有强大根茎的 *A. dasyanthum*、*A. tanaiticum* 和 *A. cimmericum* 3 种，Tzvelev 虽然承认它们具有种的地位，但认为它们可能属于杂交种。

欧洲植物志（*Flora European*）中有关冰草属的分类，基本继承了 Tzvelev 的分类思想，但种类数量有所不同，总计有 6 种 5 亚种（表 1-3）。中国有关冰草属的分类也与 Nevski 和 Tzvelev 的分类思想一脉相承（表 1-4），在耿以礼的分类系统中记录了 *A. cristatum*、*A. desertorum*、*A. mongolicum* 和 *A. sibiricum* 4 种。随后杨锡麟（1979）又对国产冰草属植物进行了整理论证，发表了多花冰草（*A. cristatum* var. *pluriflorum*）、光穗冰草（*A. cristatum* var. *pectiniforme*）和毛沙芦草（*A. mongolicum* var. *villosum*）3 个新变种，并增补了毛稃沙生冰草（*A. desertorum* var. *pilosiusculum*）的新记录。1982 年，刘书润在对内蒙古锡林郭勒盟冰草属植物进行整理时发现，许多被鉴定为 *A. cristatum* 的植物具有根状茎、不形成草丛、小穗排列篦齿状不明显、颖顶端的芒短于颖体，他认为这类植物应该属于 Nevski 和 Tzvelev 分类系统中的 *A. michnoi*，便依据种加词的发音将其中文名称为"米氏冰草"，后来应《中国植物志》命名规范要求，根据该种植物具有根状茎的特征将其中文名改成"根茎冰草"。1987 年，在编写《中国植物志》的过程中，杨锡麟将 *A. michnoi* 纳入其中，同时又在 *A. sibiricum* 的种下增补了毛稃冰草（*A.sibiricum* f. *pubiflorum*）的新记录（表 1-4）。

　　造成冰草属植物分类混乱的原因是复杂的，既有人为的原因，更与冰草属本身复杂的变异性相关。解新明和杨锡麟（1993）在对冰草和根茎冰草的变异式样进行研究时发现，在颖片和外稃的被毛性状上存在如下几种变异类型：颖及外稃均光滑无毛或被短刺毛，这类变异已被确定为 1 个变种——光穗冰草（*A. cristatum* var. *pectiniforme*）；第二类，颖无毛或粗糙，但外稃密被毛；第三类，外稃无毛，而颖之脊和背部脉间被毛；第四类，颖片及外稃均被毛。其中第四类在分布范围和数量上均占绝对优势，成为这一多态现象的主体现象，是干旱生境的最适类型。这 4 种类型是存在过渡性的，通常混生在同一群落中，所以可能是基因突变所致。多态现象往往是一种进化状态或进化的相，也就是说，大多数多态现象是过渡性的，在自然选择的作用下，一部分可能会被淘汰，所以在分类学上对这种多态现象进行处理时需要慎重考虑。

　　1930 年，F. H. Peto 对冰草进行了细胞学观察，确定 *A. cristatum* 有二倍体（$2n=14$）和四倍体（$2n=28$）两种不同倍性的群体，后来又发现了 $2n=42$ 的六倍体群体，这样冰草就成了具有 3 种倍性水平的复合种（颜济等，2006）。随着细胞遗传学家和育种家大量细胞学研究资料的不断积累，又陆续证实沙生冰草（*A. desertorum*）、根茎冰草（*A. michnoi*）、西伯利亚冰草（*A. sibiricum* 或 *A. fragile*）等为四倍体，沙芦草（*A. mongolicum*）为二倍体（解新明等，2001）。据此 Löve（1982；1984）提出了冰草属染色体组分类体系，并将冰草属依据染色体倍性水平的不同分为 3 种，即二倍体种 *A. pectiniforme*、四倍体种 *A. cristatum* 和六倍体种 *A. deweyi*。这一体系中，*A. mongolicum* 被错误地放到了四倍体种 *A. cristatum* 中作为亚种来对待。事实上，*A. mongolicum* 为二倍体，后来又被颜济等（2006）组合到二倍体种中成为了 *A. pectiniforme* 的 1 个亚种（表 1-3、表 1-4）。

　　从美国密苏里植物园的在线数据库中可知，目前被广泛接受和认可的冰草属植物学名有 16 种、3 变种、1 变型及 9 杂交种（表 1-5）。Nevski 分类系统冰草属中的 *A. imbricatum*、*A. pectiniforme*、*A. pinifolium*、*A .ponticum* 和 *A .sibiricum* 均被视为异名（synonym），其余 8 种则被作为公认种（accepted）（表 1-3）来对待；Tzvelev 分类系统冰草属中的 *A. pumilum* 及所有的亚种、Melderis 分类系统冰草属中的所有亚种、Löve 分类系统冰草属中的 *A. pectiniforme* 及所有亚种均未被该目录所认可。《中国植物志》（第九卷，第三分册）（杨锡麟和王朝品，1987）共收录冰草属植物 5 种、7 变种、2 变型，其中有 4 种和 2 变种被 "The Plant List" 作为 "Accepted"（公认的）学名来对待，它们是冰草[*A. cristatum*（L.）Gaertn.]、冰草原变种[*A. cristatum* var. *cristatum*]、沙生冰草[*A. desertorum*（Fisch. ex Link）Schult.]、毛沙生冰草[*A. desertorum* var. *pilosiusculum*（Melderis）H.L. Yang]、根茎冰草[*A. michnoi* Roshev.]和沙芦草（蒙古冰草）[*A. mongolicum* Keng]，其余的被作为 "Synonym"（异名）或 "Unresolved"（未确定）来处理，至于西伯利亚

冰草（*A .sibiricum*），建议使用被世界广为接受的学名 *A. fragile*（Roth）P. Candargy。

表 1-5　世界植物名录（The Plant List）中被公认的冰草属植物列表

拉丁学名	接受状态	接受程度	来源
Agropyron×acutiforme Rouy	已接受	高	WCSP
Agropyron×acutum（DC.）Roem. & Schult.	已接受	高	WCSP
Agropyron acutum var. megastachyum（Fr.）Lange	已接受	低	TRO
Agropyron×apiculatum Tscherning	已接受	高	WCSP
Agropyron badamense Drobow	已接受	高	WCSP
Agropyron×blaviense Malv.Fabre	已接受	高	WCSP
Agropyron brownie（Kunth）Tzvelev	已接受	高	WCSP
Agropyron bulbosum Boiss.	已接受	高	WCSP
Agropyron cimmericum Nevski	已接受	高	WCSP
Agropyron cristatum（L.）Gaertn.	已接受	高	WCSP
Agropyron cristatum var. cristatum	已接受	低	TRO
Agropyron dasyanthum Ledeb.	已接受	高	WCSP
Agropyron desertorum（Fisch. ex Link）Schult.	已接受	高	WCSP
Agropyron desertorum var. pilosiusculum（Melderis）H.L. Yang	已接受	低	TRO
Agropyron deweyi Á.Löve	已接受	高	WCSP
Agropyron×duvalii（Loret & Barrandon）Rouy	已接受	低	WCSP
Agropyron fragile（Roth）P.Candargy	已接受	高	WCSP
Agropyron×interjacens Melderis	已接受	高	WCSP
Agropyron krylovianum Schischk.	已接受	高	WCSP
Agropyron michnoi Roshev.	已接受	高	WCSP
Agropyron mongolicum Keng	已接受	高	WCSP
Agropyron×nakashimae Ohwi	已接受	高	WCSP
Agropyron×nothum Melderis	已接受	高	WCSP
Agropyron retrofractum Vickery	已接受	高	WCSP
Agropyron×tallonii Simonet	已接受	高	WCSP
Agropyron tanaiticum Nevski	已接受	高	WCSP
Agropyron tanaiticum f. villosum（Pidoplitschka）Prokudin	已接受	低	TRO
Agropyron thomsonii Hook.f.	已接受	高	WCSP
Agropyron velutinum Nees	已接受	高	WCSP

注：WCSP. 特定植物科属世界名录；TRO. 密苏里植物园植物信息系统

资料来源：http://www.theplantlist.org/

二、冰草属内各物种间的亲缘关系

1955 年，Knowles 以 *A. cristatum*、*A. desertorum*、*A. sibiricum*、*A. fragile*、*A.michnoi* 和 *A. imbricatum* 6 种植物为材料，进行了种间杂交试验，结果表明四倍体种类间的杂交都得到了充分能育的杂种；尽管二倍体的种系不容易与四倍体杂交，但二倍体 *A. cristatum* 和四倍体 *A. desertorum* 的杂种显示，在其减数分裂中具有高频的三价体，说明二者染色体间具有相当的同源性，因此认为沙生冰草是冰草的同源多倍体，或是冰草同一个相近二倍体种的异源多倍体。但Schulz-Schaeffer 等（1963）认为，沙生冰草不是冰草的同源多倍体，而是一个节段异源多倍体，阐明所有冰草属植物都含有一个称为"C"的基本染色体组，后来转变成了"P"染色体组。Taylor 和 McCoy（1973）采用色谱技术和核型分析研究，确认沙生冰草是两个宽篦齿状穗二倍体种 *A. imbrcatum* 和 *A. pectiniforme* 的杂交种，在形态上 *A. imbrcatum* 和 *A. pectiniforme* 相互之间及与冰草都非常相似，但却不能解释四倍体线形穗的起源。

Hsiao 等（1986）报道，*A. cristatum* 和 *A. mongolicum* 具有相似的染色体组，区别就是一些染色体结构上的重排。Hsiao 等（1989）通过对冰草和沙芦草的杂种 F$_1$ 代及其双二倍体的研究发现，穗形变化范围很大，从宽篦齿状到线形，几乎包括了四倍体种的所有穗形特征，故提出冰草属多倍体物种起源于二倍体冰草与沙芦草杂交后代的衍生系的观点。Asay 等（1992）通过对多价体形态结构特征进行观察研究，发现 *A. desertorum* 是 *A. cristatum* 和 *A. mongolicum* 的杂种后代，进一步设想 *A. fragile* 可能是 *A. mongolicum* 的同源多倍体。车永和（2004）对小麦族 P 染色体组植物系统演化进行了研究，也表明沙生冰草是冰草和蒙古冰草的衍生种。

车永和（2004）认为，无论是从形态来看还是从生化和分子水平来看，中国境内分布的冰草属物种中，冰草和蒙古冰草为冰草属的两个遗传分化较远的物种，沙生冰草为居于中间的物种。冰草和蒙古冰草两者的遗传物质存在较大的不同，假定两者的染色体组分别为 P^{c}P^c 和 P^{m}P^m，则推测四倍体沙生冰草的染色体组为P^{c}P^{c}P^{m}P^m。2 个六倍体居群形态和遗传物质总体上更倾向于蒙古冰草，推测其染色体组为P^{c}P^{c}P^{m}P^{m}P^{m}P^m，可能为沙生冰草与蒙古冰草的天然杂种的衍生种，而在杂交演化过程中，P^m 在很大程度上已被修饰。

三、中国的冰草属植物

1. 冰草 [*Agropyron cristatum*（L.）Gaertn.]

秆呈疏丛，上部紧接花序部分被短柔毛或无毛，高 20～60（75）cm，有时分蘖横走或向下伸成长达 l0cm 的根茎。叶片长 5～15（20）cm，宽 2～5mm，质较硬而粗糙，常内卷，上面叶脉强烈隆起成纵沟，脉上密被微小短硬毛。穗状花序较粗壮，矩圆形或两端微窄，长 2～6cm，宽 8～15mm；小穗紧密平行排列成两行，整齐呈篦齿状，含（3）5～7 小花，长 6～9（12）mm；颖舟形，脊上连同背部脉间被长柔毛，第一颖长 2～3mm，第二颖长 3～4mm，具略短于颖体的芒；外稃被稠密长柔毛或显著地被稀疏柔毛，顶端具短芒长 2～4mm；内稃脊上具短小刺毛。

　　产东北、华北，以及内蒙古、甘肃，青海、新疆等省（自治区）。生于干燥草地、山坡、丘陵及沙地。俄罗斯、蒙古国，以及北美洲也有分布。

　　为优良饲草，牛、马、羊、骆驼等家畜均喜食，饲用价值较高，为中等抓膘饲草（图 1-3）。

图 1-3　冰草（*Agropyron cristatum*）

2. 沙生冰草[*Agropyron desertorum*（Fisch. ex Link）Schult.]

　　秆呈疏丛，直立，光滑或紧接花序下被柔毛，高 20～70cm。叶片长 5～10cm，宽 1～3mm，多内卷呈锥状。穗状花序直立，长 4～8cm，宽 5～10mm；穗轴节间长 1～1.5mm（下部节间有长达 3mm）；小穗长 5～10mm，宽 3～5mm，含 4～7 小花；颖舟形，脊上具稀疏短柔毛，第一颖长（2）3～4mm，第二颖长（2）4.5～5.5mm，芒尖长 1～2mm；外稃舟形，长 5.5～7mm，通常无毛或有时背部及变脉上多少具短刺毛，先端具长 1～1.5mm 的芒尖；内稃脊上疏被短纤毛。

产内蒙古、山西等省（自治区）。多生于干燥草原、沙地、丘陵地、山坡及沙丘间低地。俄罗斯、蒙古国及美国北部均有分布。模式标本采自俄罗斯库马河沿岸草原。

为优良饲草，各种家畜均喜食（图1-4）。

3. 沙芦草（*Agropyron mongolicum* Keng）

秆呈疏丛，直立，高 20～60cm，有时基部横卧而节生根呈匍茎状，具 2～3（6）节。叶片长 5～15cm，宽 2～3mm，内卷呈针状，叶脉隆起成纵沟，脉上密被微细刚毛。穗状花序长 3～9cm，宽 4～6mm，穗轴节间长 3～5（10）mm，光滑或生微毛；小穗向上斜升，长 8～14mm，宽 3～5mm，含（2）3～8 小花；颖两侧不对称，具 3～5 脉，第一颖长 3～6mm，第二颖长 4～6mm，先端具长 1mm左右的短尖头；外稃无毛或具稀疏微毛，具 5 脉，先端具短尖头长约 1mm，第一外稃长 5～6mm；内稃脊具短纤毛。

产内蒙古、山西、陕西、甘肃等省（自治区）。生于干燥草原、沙地。模式标本采自内蒙古乌兰察布盟。为良好的饲草，各种家畜均喜食（图1-5）。

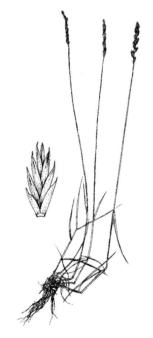

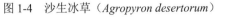

图 1-4　沙生冰草（*Agropyron desertorum*）　　图 1-5　沙芦草（*Agropyron mongolicum*）

4. 西伯利亚冰草[*Agropyron fragile*（Roth）P.Candargy]

秆呈疏丛，直立，高 50～80cm，具 4～5 节。叶片上面糙涩或有时具微毛，下面光滑，长约 20cm，宽 4～6mm，扁平或于干燥时折叠。穗状花序长 7～12cm，

宽 1～1.5cm，微弯曲，穗轴节间长 4～5（7）mm；小穗长 15～20mm，宽 4～6mm，含 9～11 小花，其下常具小形苞片；颖卵状披针形，两边不对称，具短尖头，光滑无毛或脊上粗糙，第一颖长 5～6.5mm，具 3～5 脉，第二颖长 6～7mm，具 5 脉；外稃背部无毛或有时微糙涩，顶端具短尖头，第一外稃长约 8mm；内稃略短于外稃，脊上具纤毛。

产内蒙古锡林郭勒盟。生于草原。模式标本采自苏联西伯利亚地区（图 1-6）。

5. 根茎冰草（*Agropyron michnoi* Roshev.）

植株具多分枝的根茎。秆丛生，直立，节常膝曲，平滑无毛，高 42～68cm。叶鞘无毛；叶舌干膜质，截平，顶端具细毛，长 1mm 左右；叶片扁平或边缘内卷，先端呈刺毛状，长 3～9cm，宽 2～4mm，上面被微小短毛，并稀疏生有长

图 1-6　西伯利亚冰草（*Agropyron fragile*）

柔毛，下面无毛，边缘有时亦具长柔毛。穗状花序宽扁，矩圆形或矩圆状披针形，长 5～10cm，宽 9～14mm，穗轴被毛；小穗紧密地呈覆瓦状排列，近于篦齿状，灰白色或灰绿色，长 3～5.5mm，含 5～7（～9）小花；颖背部脊上被长毛，先端具长 2～3mm 的芒尖，第一颖长 2.5～3.5mm，第二颖长 3～4mm；外稃披针形，全体被绵毛，稀具短刺毛，先端具芒长 2mm 左右，第一外稃长 5～7mm，内稃与外稃等长，脊上被毛。

产内蒙古。生于沙地、坡地。蒙古国和俄罗斯也有分布。本种为牧草，马和羊喜食，也可用作固沙（图 1-7）。

四、冰草属的品种资源

（一）国外品种

截至 2012 年，美国和加拿大共培育出 16 个冰草品种。其中，冰草品种有 7 个（'Fairway'、'Parkway'、'Ruff'、'Kirk'、'Ephraim'、'Douglas'、'Roadcrest'）、沙生冰草品种有 2 个（'Nordan' 和 'Summit'）、西伯利亚冰草品种有 4 个（'P-27'、'Vavilov'、'Vavilov II'、'Stabilizer'）、杂

种冰草品种有 3 个（'Hycrest'、'Hycrest Ⅱ'和'CD-Ⅱ'）。

图 1-7　根茎冰草（*Agropyron michnoi*）

1. 冰草[*A. cristatum*（L.）Geartn.]

'Fairway'：二倍体（2*n*=14），叶量丰富，茎叶纤细，株丛矮，穗短而宽，种子小，可用作干旱地区补播及草坪品种。

'Parkway'：由'Fairway'中选出，在植株活力、高度及叶量上进行了改良，优于原始群体。种子产量高，可作为打草场用草，不宜作为草坪草。

'Ruff'：二倍体，选自'Fairway'群体，株丛大，在北美大平原上用作土壤保持，在降水较少的地区，适于作为路边、公园和运动场低维护草坪，也可用于放牧地补播和植被恢复。

'Kirk'：四倍体（2*n*=28），具有'Nordan'株高较高和'Fairway'穗宽的特点，干草产量和种子产量均较'Nordan'和'Fairway'高，种子活力强，成熟后种子在植株上宿存性好。芒较短，利于播种。在湿度适宜的条件下，适合早春放牧和干草利用。

'Ephraim'：四倍体（2*n*=28），一种持久性草皮型禾草品种，在良好的土壤水分条件下形成根茎，对水分要求较高，适于土壤保持及生态治理。能够适应包括扰动土壤和矿山破坏土壤在内的大范围的草原区，具有较高的耐盐碱性。

'Douglas'：六倍体（$2n=42$），种子较大，种子活力强，植株生长旺盛，草产量与其他冰草品种相比较低，抗逆性（干旱、病虫害）强。适宜作为边坡绿化，不宜作为草坪草。

'Roadcrest'：四倍体，是冰草中稀有的根茎型品种，植株低矮，生物量少，叶片纤细，适用于边坡绿化和低维护草坪。在幼苗活力和抗旱性方面优于'Hycrest'、'CD-Ⅱ'、'Fairway'和'Nordan'。与其他草坪草及低维护草坪，如草地早熟禾（*Poa pratensis*）、粗穗冰草'Sodar'（*Elymus lanccolatus*）、高羊茅（*Festuca arundinacea*）和硬羊茅（*Festuca ovina*）相比，'Roadcrest'更易于建植，春季返青早。

2. 沙生冰草[*A. desertorum*（Fisch.）Schult.]

Nordan：四倍体，抗旱性强，种子较大，无芒，穗型紧凑，幼苗活力强，易立苗，植株直立而整齐，春季和秋季适口性好，夏季适口性较差。能够持久地保持较高的产草量，适合于建立饲料基地和刈割干草。

'Summit'：与'Nordan'相比，其在种子产量和品质上进行了改良。

3. 西伯利亚冰草[*A. fragile*（Roth）P. Candargy]

'P-27'：四倍体，西伯利亚冰草类型，穗窄且无芒，茎叶纤细，适于沙质土壤播种，青绿期保持较长。

'Vavilov'：四倍体，由采集于俄罗斯和土耳其的材料，以及冰草品种'P-27'的无性繁殖系育成。具有很强的幼苗活力，比其他冰草品种易于建植；叶量丰富，夏末营养体仍保持绿色，抗性（干旱、寒冷和病虫害）强，种子和干草产量较高。主要用于土壤保持和温带牧场，特别是干旱沙质地区家畜及野生动物的放牧。

'Vavilov Ⅱ'：选自原始群体'Vavilov'，由50个无性系综合而成。主要特点是特别抗寒、耐旱、耐牧及耐交通车辆碾压。通常用作干旱地区的草地建植，也可作为军事训练基地草地。

'Stabilizer'：与其他西伯利亚冰草相比，植株较矮，建植快，持久性好，种子产量高，具短柔毛，草产量低，适合在半干旱地区草地和路边建植，可作为防火隔离用品种。

4. 杂种冰草[*A. cristatum*（L.）Geartn.×*A. desertorum*（Fisch.）Schult.]

'Hycrest'：四倍体，诱导四倍体冰草和天然四倍体沙生冰草的远缘杂交种。抗干旱和病虫害能力强，有明显的杂种优势，对不良环境适应性强，有较高的青草和种子产量。群体内单株间变异大，有进一步选择潜力。

'Hycrest Ⅱ'：是'Hycrest'原始亲本之一，由10株'Fairway'诱导四倍体的种间杂交后获得。'Hycrest Ⅱ'在被侵扰土地的幼苗建植率高于'Hycrest'和'CDⅡ'。

'CDⅡ'：四倍体，选自'Hycrest'群体，叶量丰富，在寒冷条件下干草产量和种子活力优于'Hycrest'。与'Fairway'、'Nordan'和'Ephraim'等冰草品种相比，在水分缺乏和存在一年生杂草竞争的严峻生长环境中，'CD-Ⅱ'能够更加稳定的生长和建植。

（二）国内品种

中国冰草种质资源丰富，种类齐全。近年来，随着生态建设的加强，畜牧业的快速发展，干旱半干旱北方地区对冰草的需求量越来越大，但绝大多数是未经改良的野生冰草材料。截止 2013 年，中国注册登记的冰草品种有 6 个，即'内蒙沙芦草'、'蒙农杂种冰草'、'蒙农 1 号蒙古冰草'、'诺丹沙生冰草'、'杜尔伯特扁穗冰草'和'塔乌库姆冰草'。

'内蒙沙芦草'（ A. mongolicum Keng cv.'Neimeng'）是采集野生沙芦草（又称为蒙古冰草）的种子，经多年栽培驯化而成的。其特点是抗逆性很强，抗寒冷、干旱和病虫害，耐瘠薄，叶量少而纤细内卷。在干旱草原区（降水量 250～400mm）无灌溉条件下，其抗旱性优于国外任何引进冰草品种。此外，其可用短根茎进行无性繁殖，种子成熟后落地萌发能力强，可延长草群的寿命，适用于天然退化草地的改良。

'蒙农杂种冰草'（ A. cristatum×A. desertorum cv. Hycrest'Mengnong'）由内蒙古农业大学育成。以'Hycrest'作为原始群体，经二次单株选择和一次混合选择育成。植株整齐，生长旺盛，与原始群体比较，植株平均增高 10～15cm，干草产量和种子产量提高 10%～15%。种子成熟后，茎叶仍保持鲜绿，营养丰富，适口性好。

'蒙农 1 号蒙古冰草'（ A. mongolicum Keng. cv. Mengnong No.1）由内蒙古农业大学育成。以'内蒙沙芦草'为原始群体，经过 3 次单株混合选择育成，保持了原始群体抗性强、返青早、青绿期长的优点。与原始群体相比，株丛直立、整齐、高大，分蘖数增多，叶量增大，干草和种子产量提高 20%以上，营养成分含量略有提高，适口性好，消化率高。适宜在中国北方干旱、半干旱地区种植，可用于退化草场改良、人工草地建设及水土流失区和矿区植被恢复。

'诺丹沙生冰草'[Agropyron desertorum （Fisch.）Schult.cv.Nordan]由内蒙古农牧学院、内蒙古包头市固阳县草原站和内蒙古伊克昭盟畜牧研究所育成。适应在中国北方降水量为 250～400mm 的干旱及半干旱地区推广，如内蒙古中、西部，以及宁夏、甘肃、青海和新疆等省（自治区）。

'杜尔伯特扁穗冰草'[Agropyron cristatum （Linn.）Gaerta.cv.Duerbote]由黑龙江省畜牧研究所育成。从大庆市齐家地区采集野生种子，经 15 年引种、栽培驯化而成。抗寒，在中国东北寒冷干旱区−45～−35℃条件下越冬率达 98%；抗旱，在年降水量为 220～400mm 的地区生长良好；土壤要求不严，耐瘠薄，较耐盐碱，土壤 pH 达 7.9，生产性能稳定。适合在中国东北寒冷气候区，西部干旱、半干旱区，以及西北、华北地区种植。

　　'塔乌库姆冰草'[*Agropyron cristatum*（L.）Gaertn.'Tawukumu']由新疆维吾尔自治区畜牧科学院草业研究所育成。刈割-放牧兼用型草原良种，具有抗旱、耐寒、耐盐、栽培生态幅度宽、生育期短、高产、营养丰富、适口性好、饲用价值高等优良特性，是建植优质高产人工草地和改良大面积退化天然草地首选的旱生草种之一，适宜新疆年均降水量 300mm 以上的干旱半干旱地区种植。

第三节　冰草属植物的地理分布及生态环境

一、冰草属植物在欧亚大陆的分布概况

　　冰草属植物大多分布于欧亚大陆温寒带的高草原及沙地上，草原区北侧寒温带针叶林区、南侧欧亚大陆荒漠区及东西侧温带落叶林区的特殊生境也有分布，从行政区域来看，集中分布在苏联、蒙古国和中国等一些欧亚国家。其中，苏联分布最多，按照 Nevski（1934）的分类系统，共有 13 种，其中被世界普遍认可的有 8 种（表 1-3）。这些植物广泛分布于西西伯利亚中西部、顿河流域、伏尔加河中下游、土库曼斯坦、乌兹别克斯坦、乌克兰大部、克里米亚、远东、高加索及哈萨克斯坦全部地区，在蒙古人民共和国（有 3 种，即 *A. cristatum*、*A. michnoi* 和 *A. desertorum*）几乎出现于除荒漠和荒漠草原地区以外的所有自然区中，日本有 2 种（*A. cristatum*、*A. michnoi*），伊朗、土耳其各有 2 种（*A. cristatum*、*A.deweyi*）。欧洲其他国家拥有的冰草种类较少，希腊、西班牙、匈牙利、意大利、南斯拉夫和罗马尼亚各有 1 种（*A. cristatum*），分布区也狭小（表 1-6）。北美洲没有野生冰草种的分布，迄今生长在北美洲的冰草种类都是从国外（多数从苏联）引入的。中国是世界冰草属植物较丰富的国家之一，共有冰草（*A. cristatum*）、根茎冰草（*A. michnoi*）、沙生冰草（*A. desertorum*）、西伯利亚冰草（*A. fragile*）和沙芦草（*A.mongolicum*）5 种。

表 1-6　世界植物名录（The Plant List）中被公认的冰草属植物
在欧亚大陆的自然分布概况

种类	分布及生境
A .badamense	亚洲中部锡尔河沿岸，帕米尔高原和阿尔泰草原坡地
A. cimmericum	乌克兰克里米亚河的沙岸和斜坡
A. cristatum	俄罗斯西伯利亚西部和东部，中亚，高加索；蒙古国；土耳其；伊朗；中国；日本；希腊；西班牙；匈牙利；意大利；南斯拉夫；罗马尼亚
A .dasyanthum	黑海地区的沙质岸边和小丘

续表

种类	分布及生境
A. desertorum	伏尔加低地，顿河下游，伏尔加河中下游；高加索西伯利亚西部，中亚草原黏壤土上；中国；蒙古国
A. deweyi	土耳其东北部和伊朗西部
A. fragile	俄罗斯欧洲部分的东南部，高加索，西伯利亚西部和中亚，哈萨克山地之外平原沙地与草地；中国
A. michnoi	西伯利亚东部河流与湖泊的岸边沙地；中国；蒙古国；日本
A .mongolicum	特产中国
A .tanaiticum	顿河下游河岸沙地

资料来源：http://www.theplantlist.org/

目前有充足的证据证实，四倍体类型的冰草材料是冰草属中 3 个倍数水平中最普遍的一种，其天然分布区，从中欧和中东横跨中亚，直到西伯利亚、中国和蒙古国。冰草二倍体材料的分布区几乎与四倍体材料的分布区相同，但其在分布区内出现的频度较低。冰草六倍体类型过去一直被认为只出现在靠近土耳其东北部和伊朗西部交界处的一个有限地区（Dewey，1984）。然而，在新疆发现了一个六倍体冰草居群，丰富了中国的冰草属种质资源（闫伟红，2010a）。

二、中国冰草属植物的分布及在草地植被中的作用

中国冰草属植物主要有 5 种，遍及北方 12 个省（自治区）（表 1-7），而以黄河以北的干旱地区种类最多，密度也最大。从水平分布来看，其分布范围广阔，大致分布在东经 81°～132° 的广阔地域内，横跨 50 多个经度，东起东北的草甸草原，经内蒙古、华北地区向西南呈带状一直延伸至青藏高原的高寒草原区，形成一个连续的分布区。此外还有一些零星的分布区散布在新疆的阿尔泰山区、伊犁地区，以及青藏高原西部边缘。适合于从温带半干旱过渡到半湿润的气候区，年平均温度为–3～9℃，≥10℃积温为 1600～3200℃，降水量为 150～600mm。

表 1-7　冰草属植物在中国各省（自治区）的分部概况

地区	冰草	根茎冰草	沙生冰草	沙芦草	西伯利亚冰草
内蒙古	+	+	+	+	+
辽宁	+		+		
吉林	+				
黑龙江	+	+			
河北	+	+		+	

地区	冰草	根茎冰草	沙生冰草	沙芦草	西伯利亚冰草
山西	+		+	+	
宁夏	+		+	+	
陕西	+			+	
甘肃	+		+	+	
青海	+				
西藏	+				
新疆	+		+		

　　中国冰草属植物在行政区划上的分布范围是以内蒙古自治区为中心的，该区的冰草种类多且分布范围广，向北延伸到蒙古国，向东抵中国黑龙江、吉林、辽宁的西部，南界大约到甘肃的兰州、会宁，宁夏的固原，陕西的靖边、榆林、绥德，以及山西西北的河曲、偏关等地，东南延伸到河北的北部，西边不连续地延伸到新疆阿尔泰和伊犁地区，向西南不连续地延伸至青藏高原西缘。其中内蒙古的分布最多，拥有几乎全部国产冰草种及其种下单位，且分布密度大，遍及全区各地；其次是河北、山西、甘肃、宁夏，东北地区的种类较贫乏，青藏高原地区仅分布有冰草 1 种（云锦凤和米福贵，1989a）。

　　冰草（*A. cristatum*）属东古北极成分。分布最为广泛，从欧洲中部和中东穿过中亚直至西伯利亚、中国北部、蒙古国和日本，其分布区横跨整个冰草属植物的分布区。它是草原区旱生与中旱生植物的代表种之一，多生于干燥草地、山坡、丘陵及沙地，最适生存条件是草原地带，在针茅草原和羊草草原等群落中，它多为伴生种或亚优势种，在砾质草原和沙质草原上可成为优势种和建群种。除碱滩及涝洼地外，几乎所有的丘陵、平原坡地及沟谷地都能见到冰草。对土壤要求不严，最喜生于草原栗钙土，对湿润的土壤反应良好。可形成冰草+针茅+杂类草、冰草+冷蒿+杂类草、黄柳+褐沙蒿+冰草、小叶锦鸡儿+针茅+冰草、小叶锦鸡儿+羊草+冰草、沙鞭+冰草+冷蒿、羊草+糙隐子草（冰草）+杂类草、大针茅+羊草（冰草）+杂类草、冷蒿+羊草（冰草）、克氏针茅+羊草（冰草）+杂类草等多种草地类型。

　　沙生冰草（*A. desertorum*）属黑海-哈萨克斯坦-蒙古成分。分布区从东欧的黑海沿岸一直到中国松辽平原、蒙古高原和黄土高原。是典型的旱生-沙生草原种，生长于草原和荒漠草原地带的沙地上，为沙质草原的建群种和优势种。可形成沙生冰草+糙隐子草（冷蒿）、小针茅+冷蒿+沙生冰草、狭叶锦鸡儿+沙生冰草+无芒隐子草等多种草地类型。

　　根茎冰草（*A. michnoi*）属东亚种。产于俄罗斯、蒙古国、中国和日本，在俄罗斯分布于东西伯利亚河流与湖泊的岸边沙地；在蒙古国主要出现于鄂尔浑、土拉和色楞格诸河的河间地区；在中国则分布于东北及内蒙古，常见于锡林河和乌拉尔盖河流域。生于砂质草原、灌丛化的禾草草原，在沙质平地和丘陵坡地可成为建群种，构成沙生小禾草草原，是一般草原和沙地植被的伴生种，也可进入地面覆沙的马蔺和芨芨草盐生草甸。

沙芦草（$A. mongolicum$）属蒙古成分。是旱生-沙生荒漠草原种，主要分布于中国内蒙古的蒙古高原东部、乌兰察布盟、阴南黄土丘陵、鄂尔多斯高原及东阿拉善等地。华北、西北区的草原沙地上也有该牧草生长。喜生于固定或半固定沙丘，出现于干草原和荒漠草原的典型沙质环境中，是沙地植被的优势种。在草原化荒漠中多以伴生成分出现。

西伯利亚冰草（$A. fragile$）是典型的旱生-沙生草原种。分布区较狭，主要生于伏尔加河下游，黑海到巴尔喀什湖的中亚地区；中国仅见于蒙古高原东部小腾格里沙地及内蒙古锡林郭勒盟。

总之，冰草属植物在中国境内成为群落优势种和建群种，分布面积主要集中于温带干旱半干旱地区。从以冰草为群落优势种和建群种在中国的分布省份看，内蒙古冰草分布面积居全国各省（自治区）的首位（占全国冰草群落总面积的59.89%），新疆居于第二位（占全国冰草群落总面积的26.95%），陕西、甘肃和青海分别为4.61%、3.60%和3.02%。内蒙古和新疆是全国的主要分布区，占全国冰草群落总面积的85.84%（表1-8）（陈世璜和齐智鑫，2005）。

表1-8　冰草植物为建群种和优势种草地群落面积的统计

省（自治区）	总面积/hm^2	所占比例/%	可利用面积/hm^2	所占比例/%
内蒙古	2 545 286	61.87	2 171 337	58.89
新疆	1 018 680	24.76	976 993	26.95
陕西	189 872	4.61	148 958	4.11
甘肃	148 298	3.60	134 816	3.71
青海	124 398	3.02	117 166	3.23
黑龙江	25 741	0.63	21 377	0.59
宁夏	23 696	0.58	20 527	0.57
辽宁	21 510	0.52	20 560	0.67
吉林	11 095	0.27	8 322	0.23
山西	5 680	0.14	5 680	0.15
合计	4 114 256	100.00	3 625 730	100.00

资料来源：陈世璜和齐智鑫，2005

　　以冰草为建群种的冰草草原全国总面积为 164.03 万 hm²，分布于全国 8 个省（自治区），其中新疆冰草草原面积最大，占全国冰草草原总面积的 57.04%，占可利用面积的 59.21%；其次是内蒙古，冰草占全国冰草总面积的 24.53%，占可利用面积的 23.28%；二者之和占全国冰草草原总面积的 81.56%、占可利用面积的 82.49%（表 1-9），是冰草较为集中的面积（陈世璜和齐智鑫，2005）。

表 1-9　中国以冰草为建群种的冰草草原面积及分布

省（自治区）	总面积/ hm²	所占比例/%	可利用面积/ hm²	所占比例/%
新疆	935 560	57.04	901 426	59.21
内蒙古	432 290	24.52	354 439	23.28
甘肃	145 298	9.04	134 816	8.86
青海	52 702	3.21	48 022	3.15
陕西	49 571	3.02	39 102	2.57
黑龙江	25 741	1.57	21 377	1.40
宁夏	16 106	0.98	13 690	0.90
辽宁	10 062	0.61	9 618	0.63
合计	1 640 330	100.00	1 522 490	100.00

资料来源：陈世璜和齐智鑫，2005

　　从群落类型而言，冰草+冷蒿群落面积最大，总面积为 77.6 万 hm²；第二位是冰草+杂类草群落，面积为 33.9 万 hm²；第三位是冰草+糙隐子草群落和冰草+高山绢蒿群落，面积分别为 20.9 万 hm² 和 17.76 万 hm²。灌丛化中冰草为优势种的面积，是一类特殊的植被类型，这类群落在我国约有 30 万 hm²，可利用面积约为 19 万 hm²，分别占全国冰草群落总面积的 56.02% 和 53.64%（表 1-10），可见灌丛化冰草群落面积是相当可观的。其中，内蒙古灌丛化冰草群落总面积占全国灌丛化冰草群落面积的 92.97%。灌丛化植物主要有小叶锦鸡儿（*Caragana microphylla*）、中间锦鸡儿（*C. intermedia*）、家榆（*Ulmus pumila*）、胡枝子（*Lespedeza bicolor*）等（陈世璜和齐智鑫，2005）。

表 1-10　灌丛化冰草群落面积及分布　　　　　　　　（单位：hm²）

省（自治区）	总面积	可利用面积
内蒙古	2 142 996	1 816 898
陕西	100 708	75 506
新疆	50 147	44 247
吉林	11 095	8 322
合计	304 946	1 944 973

资料来源：陈世璜和齐智鑫，2005

　　冰草属植物的生态作用是巨大的，除了在群落中做建群种和优势种之外，还在糙隐子草草原、丛生小禾草草原、针茅草原、长芒草草原、克氏针茅草原、大针茅草原、羊草草原、羊茅草原等群落作为伴生成分出现。随着气候干旱、草场利用强度加大，草场沙化面积越来越扩大，为冰草属植物创造了良好侵入、定居和扩大的生态环境，从而改变原生群落种类组成与群落结构，进一步发挥冰草在群落中的作用。

第二章 冰草的生长发育与产量品质形成

冰草属植物是欧亚大陆温带地区重要的牧草之一，春季返青早、青绿期持续长，且抗寒耐旱。冰草的生长发育要经历种子萌发、幼苗形成、花的产生、授粉受精、结实、衰老等阶段。生长发育的每一阶段，冰草属植物体内都要发生不同的代谢变化，同时环境条件，如光照、温度、水分、土壤和营养等对其生理过程也会产生显著的影响。在冰草生产中，其产量的增长与营养物质含量的增长并非一致，它们除取决于冰草种（品种）、生活年限、栽培条件、收获和加工调制方法等因素外，还与生育期有着密切的关系，在不同的生育期，冰草的产量和营养物质含量变化很大。

第一节 冰草种子生物学特性

种子是裸子植物和被子植物特有的繁殖体，是由胚珠中的胚囊经受精后发育而成的，在种族延续上起着遗传信息保存与传递的作用，是物种在环境胁迫中存活和繁衍的适应性策略。种子也是农业、林业、草业和园艺生产中最基本的生产资料，种子质量的好坏直接影响播种质量和产量。因此，研究种子生物学特性对冰草的生产利用具有重要意义。

一、种子发育

冰草属植物的果实为颖果，其果皮与种皮紧密结合，不易分离。科研生产中所谓的种子实质上是包被有内外稃的颖果。冰草属植物的种子小而轻，千粒重一般为 2~3g，具稃、芒附属物。通过双受精之后，受精卵发育成胚，初生胚乳核发育为胚乳，成熟的子实体为颖果，其果皮由子房壁和珠被愈合而成。下面以诺丹冰草（*Agropyron desertorum* cv.Nordan）为例，介绍冰草属植物种子的发育过程（闫洁等，2004）。

诺丹冰草为沙生冰草，多年生丛生禾草，四倍体（$2n=28$），抗寒、耐旱。适应在中国北方降水量为 250~400mm 的干旱及半干旱地区推广。

（一）胚的发育

开花第 1 天完成受精形成合子（图版 I -1）。花后 2~3 天，合子进行第一次横分裂，形成具顶细胞和基细胞的二细胞原胚。两个细胞体积基本相等，细胞核大，细胞质浓（图版Ⅰ-2）。花后 3~4 天，顶细胞纵裂为两个细胞，形成三细胞胚（图版Ⅰ-3），继而基细胞也横裂为二，顶细胞再次纵裂成四细胞，形成为六细胞胚（图版Ⅰ-4）。花后 5 天左右，由顶细胞分裂形成的四个细胞及基细胞横裂形成的胚柄，又向各个方向分裂形成多细胞原胚，基细胞参与胚体的形成（图版Ⅰ-5）。花后 6~7 天，随着胚细胞进一步分裂形成椭圆形胚（图版Ⅰ-6）。花后 8~9 天，胚细胞继续分裂达到一定数量形成棒状胚，下部形成狭长的胚柄（图版Ⅰ-7）。花后 10 天左右，在棒状胚远离胚乳一侧出现凹陷，凹陷区上部进一步分化出盾片和胚芽鞘的大部分，凹陷区的下方为生长点。在生长点下部出现突起，为胚芽鞘的下半部分，胚芽鞘生长很快将生长点包围。在此过程中，生长点上远离盾片一端形成第一营养叶叶原基（图版Ⅰ-8、图版Ⅰ-9、图版Ⅱ-10、图版Ⅱ-11）。在 8~20 天，胚分化形成成熟胚，具胚根、胚芽、盾片、胚芽鞘、胚根鞘、外子叶等结构（图版Ⅱ-12）。发育 29 天的成熟胚，胚体大、细胞数目多，并分化出第一营养叶、第二营养叶的叶原基（图版Ⅱ-13）。

（二）胚乳的发育

初生胚乳核首先进行核分裂，游离核沿着胚囊周边分布（图版Ⅱ-14）。当胚细胞发育为多细胞原胚时，开始从珠孔端到合点端（沿胚囊边缘）依次形成细胞壁。在胚乳细胞壁的形成过程中，见到胚囊中央的核仍在进行有丝分裂，增加细胞量，最后胚乳细胞充满整个胚囊（图版Ⅱ-15）。当原胚分化盾片或盾片迅速生长时，在花后 8~10 天，胚乳最外层的胚乳细胞径向伸长，细胞质增加，外切向壁和两个径向壁增厚，细胞内的淀粉粒减少，并出现糊粉粒，最终发育为糊粉层（图版Ⅱ-10、图版Ⅱ-15）。

（三）珠心、珠被、子房的发育

诺丹冰草珠柄生于子房的侧壁，珠被两层，珠孔位于子房基部，为横生胚珠。成熟的籽实体为颖果，其果皮由子房壁和珠被愈合而成。

1. 珠心

在合子胚时期，珠心细胞为 2~8 层，为薄壁组织，排列紧密，无胞间隙，细胞核大，细胞质浓，可见有丝分裂各个时期的分裂相（图版Ⅱ-16）。随着种子的发育和体积的增大，珠心组织的体积也相应增加，当幼胚在三细胞阶段时（图版Ⅱ-14 箭头所示）珠心组织开始解体，以后珠心表皮以内细胞明显解体，在颖果完全成熟之前仅剩下珠心表皮细胞一层，为长方形、半透明状，表皮外壁加厚，内层与胚乳的糊粉层相连，外层与着色深的珠被层相连（图版Ⅱ-11 箭头所示）。当颖果成熟时，珠心细胞的细胞质被吸收，细胞壁挤压并与珠被成一体，留下细胞壁的残迹（图版Ⅱ-13 箭头所示）。

2. 珠被

珠被由 4～8 层长方形、大小不等的细胞构成，细胞核大，细胞质浓。当卵细胞受精形成合子时，珠被细胞开始被挤压、吸收变薄（图版Ⅰ-1 箭头所示）。随着胚的发育、颖果的膨大和扩张，珠被变为一层被挤压的、扁平而小的细胞，着色较深（图版Ⅱ-11 箭头所示）。当胚发育成熟后，珠被细胞的细胞质被吸收，细胞壁被挤压并与珠心细胞壁一起形成一层厚壁覆于糊粉层外、以纤维素为主要成分的种皮。

3. 子房壁

单核胚时期的子房壁，有 6～16 层细胞，内、外皆覆有一层表皮。外表皮细胞为长方形，靠近子房顶端的表皮细胞凸起形成表皮毛；里面为薄壁组织，内表皮细胞比外表皮细胞明显要小一些，呈砖形，整个子房细胞内含有大量的淀粉粒（图版Ⅱ-16）。随着幼胚和颖果体积的增大，中部薄壁组织逐渐解体、变薄，颖果成熟前，在开花 3～4 周后子房体积达到最大。子房壁仅剩内、外两层表皮细胞。外表皮细胞纵向较长，细胞壁较厚，外壁角质化，细胞排列比较整齐；内表皮细胞比较规则，小而呈四边形、砖形，细胞壁较厚，半透明状，着色较浅，整个细胞中细胞质含量较少，细胞核明显。当颖果成熟时，子房壁外表皮被挤压呈扁状，为一层模糊不清的细胞壁，半透明。内表皮细胞形状规则，砖形，半透明状。此时，果皮和种皮愈合在一起，形成的复合组织即为颖果的籽实皮（图版Ⅱ-15）。

二、种子发育过程中的生理生化变化

冰草属植物种子发育过程中，随着种子的发育成熟，种子含水量逐渐下降，种子的干物质和种子活力不断增加。陈志宏等（2004）对冰草（*A.cristatum*）种子发育过程中生理生化变化的研究结果表明，冰草种子的鲜重在发育初期迅速增加，在盛花期后第 21 天达到最大，为 2.661mg/粒，此后由于水分的散失和成熟早的种子落粒，鲜重不断下降。冰草种子的干物质质量由盛花期后第 6 天的 0.837mg/粒，以平均 0.038mg/（粒·天）的速率迅速增加到第 30 天的最大干重 1.754mg/粒，种子进入生理成熟期之后，干重略有下降。种子的含水量由盛花期后第 6 天的 56.16% 以每天 0.56% 的速率缓慢下降到第 16 天的 50.61%，第 16 天后，种子的含水量以平均每天 1.7% 的速率迅速下降到盛花期后第 35 天的 15.95%，此后含水量趋于稳定（图 2-1）。

随着种子的发育成熟，干物质不断积累，在盛花期后第 25 天种子产量达到最高为 1425kg/hm²，之后有所下降，但各次收获种子产量差异不显著（$P>0.05$）。种子标准发芽率整体上呈上升趋势，即由盛花期后第 12 天的 58% 一直到盛花期后第 35 天的最大值 89%，但盛花期后第 25～40 天，各次收获种子的标准发芽率之间差异不显著（$P>0.05$），说明在盛花期后第 25 天种子的发芽能力已达到较

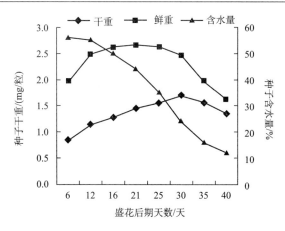

图 2-1　冰草种子发育过程中鲜干重和含水量变化（陈志宏等，2004）

高水平，此后维持在这一水平。在种子发育成熟过程中对种子进行高温、高湿等加速老化的处理试验，老化后发芽率在不断地增加，在盛花期后第 12 天，老化发芽率仅为 6%；到盛花期后第 25 天老化发芽率增加到 44%；在盛花期后第 35 天，老化发芽率达到最高为 51%，种子活力达到最高水平。在整个发育过程中冰草种子的种苗芽长不断增加，到盛花期后第 35 天，种苗芽长达到最大，而且同各次收获种子的种苗芽长差异显著（$P < 0.05$）；到盛花期后第 40 天，种苗芽长有所下降。冰草种子的发芽指数逐渐增加，在盛花期后第 35 天达到最高为 75.56，并与盛花期后第 35 天前的发芽指数间差异显著（$P < 0.05$）；盛花期后第 40 天，发芽指数有所下降，但同第 35 天的发芽指数差异不显著（$P > 0.05$）。活力指数的变化趋势与发芽指数相似，到盛花期后第 35 天，活力指数达到最高为 130.76（表 2-1）。

表 2-1　冰草种子发育过程中种子产量及其活力的变化

盛花期后天数/天	种子产量/（kg/hm²）	标准发芽率/%	加速老化发芽率/%	发芽指数	活力指数	种苗芽长/cm
12		58Cc	6CDd	43.68Bc	48.03Cd	2.56CDc
16		71Bb	18BCDcd	34.17Bc	23.00De	2.41CDc
21		51Cc	29ABCbc	35.13Bc	51.82Cd	2.38Dc
25	1425Aa	83Aa	44ABab	64.78Ab	90.99Bc	4.05ABb
30	1406 Aa	87Aa	41 ABab	61.96Ab	104.01Bb	3.82ABb
35	1265 Aa	89Aa	51Aa	75.56Aa	130.76Aa	4.68Aa
40	1003 Aa	88Aa	29ABCbc	70.32Aab	121.16Aa	3.48BCb

注：同列中不同大写字母表示在 0.01 水平上差异显著，不同小写字母表示在 0.05 水平上差异显著。

资料来源：陈志宏等，2004

　　由此说明,至盛花期后第 35 天种子活力达到最高水平,并保持在高活力状态。种子浸出液的电导率在盛花期后第 16 天最大, 为 154.42μs/(cm·g), 此后种子浸出液的电导率逐渐下降,在盛花期后第 40 天电导率降至最低,为 47.38μs/(cm·g)(表 2-2),说明种子活力达到最高水平。冰草种子的 2,3,5-氯化三苯基四氮唑(TTC)含量随着种子的发育不断增加,到盛花期后第 25 天, 种子的 TTC 含量达到最高为 16.38μg/ml,随后种子的 TTC 含量降低,但仍高于第 25 天前种子的 TTC 含量,试验结果表明, 盛花期第 25 天后种子活力达到最高水平(表 2-2)。在盛花期后第 12 天种子的三磷酸腺苷(ATP)含量较高为 50.67×10^{-10} 发光强度/50 粒,高于第 16 天和第 21 天收获种子的 ATP 含量;第 21 天后种子的 ATP 含量显著增加,至盛花期后第 35 天, 种子的 ATP 含量达到最高为 166.67×10^{-10} 发光强度/50 粒(表 2-2)。之所以出现第 12 天的 ATP 含量高于第 16 天和第 21 天的,可能是种子的质量差异造成的, 在盛花期后第 12 天, 50 粒种子的质量为 0.097g,而在第 16 天和第 21 天, 50 粒种子的质量分别为 0.085g 和 0.094g(陈志宏等,2004)。

表 2-2　冰草种子发育过程中电导率、TTC 含量和 ATP 含量的变化

盛花期后天数/天	电导率	TTC 含量	ATP 含量/($\times 10^{-10}$发光强度/50 粒)
6	200.01Aa	7.75Dd	
12	134.90Cc	9.45CDcd	50.67Cc
16	154.42Bb	11.55BCDbcd	38.67Dd
21	127.05Cc	10.12BCDbcd	47.00CDcd
25	91.69Dd	16.38Aa	75.33Bb
30	77.88De	13.44ABab	
35	53.20Ef	13.64ABab	166.67Aa
40	47.38Ef	12.21BCbc	

注: 同列中不同大写字母表示在 0.01 水平上差异显著,不同小写字母表示在 0.05 水平上差异显著。

资料来源:陈志宏等,2004

三、种子的萌发特性

　　种子萌发是牧草生命周期的起点,是生命活动最强烈的一个时期。冰草种子的萌发与种子成熟度、储藏时间、收获部位和生态条件等都有着密切的联系。冰草种子的萌发是在水、热及其他条件相互配合时发生的,各种条件缺一不可,而且只有在各种外界条件处于最适时种子才会尽快萌发。冰草属植物种子较小,内部贮藏的营养物质较少,田间出苗率较低。大田春播(播种深度 2~3cm)的冰草种子,出苗率仅为 10%~20%,在水、热条件较好的温室,发芽率可达 50%~60%;在实验室培养皿内发芽率可达 80%左右。

（一）萌发的生物因素

1. 种子的发育程度

Hill（1980）将多年生牧草种子的发育分为 3 个时期：①快速生长时期，此阶段种子的鲜重迅速增加，含水量高，不具生活力；②贮藏物质积累时期，此阶段种子干重迅速增加，并达到最大值，含水量保持稳定，种子具有一定生活力；③成熟时期，此阶段种子干重保持稳定，含水量迅速下降到与空气相对湿度一致，此阶段种子已经具备了一定的活力，部分植物种还需要经过后熟处理，使活力达到最大状态。闫洁等（2004）关于不同发育阶段冰草种子萌发特性的研究见图 2-2，结果显示，冰草种子在盛花期后 15 天左右约有 10%的种子已具萌发力，但发芽势、发芽指数及活力指数均很低，表明种子的活力较低。随着种子的发育成熟，各项指标逐渐增高，到花后 25 天左右时发芽率达到 60%左右，以后继续增高。到 35 天时，发芽率和发芽指数均明显下降，而发芽势和活力指数均继续升高。花后 40 天收获的种子各项指标均达到最高，表明种子活力也达到最高。

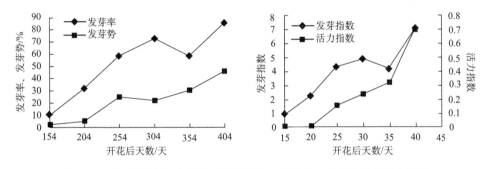

图 2-2　不同发育阶段冰草种子的发芽率、发芽势、发芽指数及活力指数

植物的开花习性与传粉受精和种子发育也有很大关系。冰草为异花授粉植物，依靠风力传粉，为无限花序，同一个穗子上小花的发育程度不同，小花因它在穗子上着生位置不同开放次序不同，其开放顺序为穗子中上部小花先开，然后逐渐向上、向下扩展，基部小花最后开放。这样由于同一穗子上小花的发育程度不同、开花的先后顺序不同，穗子不同部位种子的发育程度就有差别。

冰草穗顶、穗中、穗基 3 个部位的种子千粒重不同，分别为 2.55g、2.85g、2.26g，以穗中部种子千粒重最高，穗顶部次之，穗基部最低，且差异显著（0.05 显著水平）。冰草穗不同部位种子千粒重的高低与其小花开放先后顺序呈正相关，即开花越早的部位所结种子越重。冰草穗顶、穗中、穗基 3 个部位的发芽率分别为 80.0%、76.3%、84.0%，发芽势分别为 50.0%、44.3%、56.0%，发芽指数分别为 18.3、17.0、19.3。冰草穗基部的 3 个萌发指标均最高；穗中部的最低，即穗中部种子的千粒重较高，萌发力却较弱；穗基部种子的千粒重较低，萌发力却较强。冰草穗中部和穗基部种子萌发力存在差异，并且差异显著（表2-3）。

表2-3　冰草穗不同部位种子的千粒重和发芽状况

萌发指标	穗顶	穗中	穗基
千粒重/g	2.55a	2.85b	2.26c
发芽率/%	80.0ab	76.3b	84.0a
发芽势/%	50.0ab	44.3b	56.0a
发芽指数	18.3a	17.0a	19.3a

注：不同小写字母表示在 0.05 水平显著

2. 种子劣变

种子达到生理成熟后进入广义的"贮藏"阶段，在此阶段种子将发生劣变，种子活力随之下降。种子的劣变可定义为"降低种子生存能力，导致种子丧失活力及发芽力的不可逆变化"。种子的劣变是一个伴随着种子贮藏时间的增加而发生的、自然的、不可避免的过程。一般认为，种子的劣变开始于种子生理成熟时。劣变发生时，种子的各功能、结构受到伤害，如酶活性降低、贮藏营养物质被消耗、呼吸作用减弱、ATP含量下降、脂质的过氧化、膜透性增强、细胞内物质渗漏、合成能力下降、有毒物质含量增加等。同时，劣变对种子造成的损害随时间进程而逐渐增加。这一系列因素最终导致种子活力降低，以致种子失活。董玉林等（2007）曾对不同贮藏年限的蒙农杂种冰草（*A.cristatum*×*A. desertorum* cv.Hycrest-Mengnong）种子萌发能力进行研究（表2-4），结果显示，冰草种子发芽率在贮藏初期的1～4年基本无差异，而贮藏4年后，冰草种子发芽率和种子活力随着贮藏年限的延长明显降低。

表2-4　蒙农杂种冰草种子萌发特性

贮存年限	发芽率%	发芽势%	活力指数	发芽指数
1	76.5ab	73.5a	85.93c	16.38bc
2	79.5ab	75.5a	99.6b	18.3b
3	84.5ab	76a	103.5b	20.73b
4	87.5a	82.5a	138.25a	25.96b
5	74.5b	56.5b	77.6c	12.6c
6	45c	28c	62.51d	11.95c
7	23d	16.5d	24.07e	6.06d

注：不同小写字母表示在 0.05 水平显著

（二）萌发的生态条件

1. 水分

水分作为一切生命活动的必要因子，是种子萌发的先决条件。水分供应不足以满足种子萌发期物质代谢的需求，种子不能萌发；但水分过多会造成氧气供应不足，不仅使种子发芽能力下降，还会导致种苗的形态异常，故适当的水分供应对种子的萌发有利。

冰草是具稃种子，吸水量较多，占种子干重的121.9%～196.0%（表2-5）。去稃处理后，种子的吸水量为50%左右。在田间条件下，种子萌发所需水分主要来自土壤。试验证明，最适于冰草种子萌发的土壤湿度是田间持水量为40%～60%。当田间持水量为15%～20%时，种子虽能萌发，但萌发速率慢，出苗率也低；当田间持水量达80%以上时，由于氧气供应不足，种子发芽率及发芽势反而降低，甚至出现种子霉烂现象。

表2-5　冰草种子萌发时的吸水量

冰草种（品种）	干种子重/（g/100 粒）	吸水种子重/（g/100 粒）	吸水量/（g/100 粒）	吸水量占种子干重/（g/100 粒）
蒙古冰草	0.320	0.710	0.390	121.9
冰草	0.370	0.850	0.480	129.7
沙生冰草	0.240	0.620	0.380	158.3
杂种冰草[*]	0.250	0.740	0.490	196.0

注：诱导的四倍体冰草×天然的四倍体沙生冰草的学名为 *A. cristatum*×*A.desertorum* cv.Hycrest。下表同

2. 温度

温度也是影响种子萌发的重要环境因子之一。种子萌发时内部进行着一系列的物质和能量转化，而这一系列代谢过程需要多种酶的催化，酶的活动必须在一定的温度范围内进行。温度低时酶的活性低或无活性，随着温度的增高，酶活性增加，催化反应的速率也加快。但酶本身是蛋白质，温度过高，酶将受到破坏而失去活性，使催化反应停止。冰草种子萌发的温度为5～30℃，最适温度为25℃。在5℃条件下，种子虽可萌发，但发芽率显著降低，而且不整齐；当温度达35℃以上时，发芽率受到严重影响（表2-6）。金晓明等（2010）分析了温度变化对呼伦贝尔沙地根茎冰草（*A.michnoi*，又称为米氏冰草）和冰草（*A.cristatum*）种子萌发过程的动态特征（表2-7），也发现两种冰草的发芽率均在25℃条件下最高，分别为94%和85%，且随着温度进一步升高，发芽率呈下降趋势。

表 2-6　不同温度条件下冰草种子的发芽势和发芽率　（单位：%）

冰草种	5℃		10℃		15℃		20℃		25℃		30℃		35℃	
	发芽势	发芽率	发芽势	发芽率	发芽势	发芽率	发芽势	发芽率	发芽势	发芽率	发芽势	发芽率	发芽势	发芽率
杂种冰草	0	8.3	10.2	47.2	18.4	64.5	23.0	81.3	75.0	89.0	73.1	82.3	15.7	30.2
蒙古冰草	0	5.8	7.1	31.6	9.4	43.2	10.3	65.7	33.0	65.7	4.0	39.0	3.0	19.0
沙生冰草	0	4.7	8.0	29.2	16.7	40.4	20.0	63.7	42.0	65.0	18.0	43.7	10.0	23.7
冰草	0	4.0	5.0	18.4	9.8	27.5	19.0	40.0	40.7	62.0	6.0	33.3	4.1	17.0

表 2-7　冰草种子发芽率对气温变化的响应　（单位：%）

冰草种	温度处理				
	15℃	20℃	25℃	30℃	35℃
根茎冰草	21.50	59.00	94.00	57.50	43.00
冰草	45.50	60.50	84.50	56.00	38.00

在冰草种子萌发过程中，如果采用变温处理，对其萌发有明显影响。例如，将杂种冰草的种子在 20℃条件下放置 18h，再移到 30℃条件下放置 6h 后就可发芽，且发芽率和发芽势均比最适温度（25℃）下高。

在适温条件下，种子吸水萌发，随之呼吸作用增强，消耗一定量的营养物质。冰草种子的胚与胚乳相比，所占比例较小，因而在萌发过程中营养物质消耗不多，其消耗量为萌发前种子重的 15%～25%（表 2-8）。

表 2-8　冰草种子萌发时营养物质的消耗量

种（品种）	萌发前去稃种子干重 /（g/100 粒）	萌发后去稃种子风干重 /（g/100 粒）	营养物质消耗量 /（g/100 粒）	营养物质消耗量 /%
杂种冰草	0.26	0.22	0.04	15.4
冰草	0.25	0.19	0.06	24.0
沙生冰草	0.24	0.18	0.06	25.0
蒙古冰草	0.30	0.24	0.06	20.0

3. 光照

一般植物种子萌发与光照关系不大，无论是在黑暗条件还是在光照条件种子都能正常进行，只有少数植物的种子，需要在有光照条件下才能萌发良好。冰草种子的萌发与光照关系不大，在光、暗条件下均可萌发。光照长短对种子萌发没有明显影响。但黑暗与光照相比，前者发芽势较低而发芽率较高（表 2-9）。

表 2-9　　不同光照条件下冰草种子的萌发状况　　　（单位：%）

种（品种）	24h		18h		6h		0h（全暗）	
	发芽势	发芽率	发芽势	发芽率	发芽势	发芽率	发芽势	发芽率
杂种冰草	28.7	49.7	33.3	49.3	33.3	66.0	75.0	89.0
冰草	29.7	54.3	19.7	39.3	27.0	53.0	10.7	42.0
沙生冰草	23.3	43.3	17.0	31.0	26.0	47.0	22.0	65.0
蒙古冰草	35.0	67.3	16.0	41.7	16.7	49.0	3.0	65.7

（三）种子萌发过程中的生理生化变化

云锦凤等（1988）对从美国引入的冰草品种杂种冰草（*A. cristatum×A.desertorum* cv. Hycrest）、诺丹冰草（*A.desertorum* cv.Nordan）、伊菲冰草（*A. cristatum* cv. Ephraim）和采自中国内蒙古巴彦诺尔盟的蒙古冰草（*A. mongolicum* Keng.）（对照）的种子活力进行了测定。4 份冰草均为 1983 年采种。杂种冰草是人工诱变四倍体冰草（*A.cristatum*）和天然四倍体沙生冰草（*A.desertorum*）的杂种品种，由美国农业部犹他州作物研究室育成。诺丹冰草是沙生冰草，由美国北达克达州农业试验站等单位育成。伊菲冰草是根茎性的，由美国爱达荷大学农业试验站等单位联合育成。对照品种是引入栽培驯化不久采自中国内蒙古巴彦诺尔盟的蒙古冰草。

1. 酶活性的差异

种子脱氢酶活性的强弱与种子活力呈正相关。酸性磷酸酶在种子萌发前期随种子萌发进程其活性增加。结果表明，杂种冰草脱氢酶活性较强，酸性磷酸酯酶活性升高也较快；伊菲冰草脱氢酶活性次之，酸性磷酸酯酶活性也低于杂种冰草；诺丹冰草脱氢酶活性较低，但酸性磷酸酯酶活性高于杂种冰草；蒙古冰草两种酶的活性都最低（表 2-10、表 2-11）。

表 2-10　　脱氢酶测定冰草种子活力情况

测定项目	杂种冰草	伊菲冰草	诺丹冰草	蒙古冰草
光密度值	0.51	0.45	0.32	0.26
TTC 含量/（mg/ml）	5.1	4.5	3.2	2.6

表 2-11　　酸性磷酸酯酶测定冰草种子活力

测定项目	杂种冰草	伊菲冰草	诺丹冰草	蒙古冰草
光密度值	0.63	0.53	0.72	0.43
酶活性/（nmol/分粒）	10.21	8.66	11.31	7.06

2. 电导率的差异

随着浸泡时间的增加，种子的外渗物增多，电导率及相对电导率都增大，且随着时间的推移，冰草品种间的差异越来越明显。杂种冰草的电导率及相对电导率增加最慢，其次是伊菲冰草，再次是诺丹冰草，蒙古冰草增加最快（表 2-12）。

表 2-12　冰草种子相对电导率的测定

种（品种）	0	3	5	7	9	11	13
杂种冰草	3.4	10.5	17.1	23.2	27.1	30.9	34.2
伊菲冰草	3.5	23.4	25.1	32.6	37.4	42.7	46.3
诺丹冰草	4.0	29.0	38.1	45.8	50.3	53.5	56.7
蒙古冰草	3.9	30.2	39.6	46.5	50.9	55.3	63.5

3. 发芽情况

在室温条件下，杂种冰草的发芽率、平均根长发芽指数及活力指数都较高，发芽较快，幼苗生长快；伊菲冰草次之，诺丹冰草较慢，蒙古冰草最差（表 2-13、表 2-14）。各品种间的活力差异极显著。各品种活力指数的平均数相互比较（ISR法），说明各品种间活力指数的差异都达到了显著水平（表 2-15、表 2-16）。

表 2-13　4 个冰草品种种子活力实验

种（品种）	第 1 天	第 2 天	第 3 天	第 4 天	第 5 天	第 6 天	第 7 天	第 8 天	发芽率/%	平均根长/cm	苗高/cm
杂种冰草	0	45.25	21.75	42.75	5.75	4.75	2.25	0.75	93.25	5.75	9.06
伊菲冰草	0	35.0	17.25	13.0	10.0	6.75	1.75	1.25	85	4.63	7.16
诺丹冰草	0	8.75	13.25	7.5	8.75	10.0	8.5	2.25	59	3.75	6.48
蒙古冰草	0	0.5	2.25	0.75	3.0	9.25	5.75	4.75	26.25	1.70	4.42

表 2-14　4 个冰草品种种子活力的比较

种（品种）	发芽率/%	平均根长/cm	发芽指数	高峰值	日平均发芽率/%	活力指数	平均发芽天数	简化活力指数
杂种冰草	93.25	5.75	35.42	22.6	11.7	197.26	3.06	519.40
伊菲冰草	85	4.63	30.03	17.5	10.6	139.04	3.37	393.55
诺丹冰草	59	3.75	15.59	7.3	7.4	58.46	4.55	221.25
蒙古冰草	26.25	1.70	4.74	2.6	3.3	8.09	6.08	44.63

表 2-15　4 个冰草品种活力指数的方差分析

变异来源	DF	SS	MS	F	$F_{0.01}$
品种间	3	85 356.44	28 452.15	381.34	5.95
品种内	12	895.31	74.61		
总变异	15	86 251.75			

表 2-16　4 个冰草品种活力指数的差异显著性

品种	平均数（X_i）	$\overline{X_i}-8.09$	$\overline{X_i}-58.46$	$\overline{X_i}-139.04$
杂种冰草	197.29**	189.20**	138.83**	58.25**
伊菲冰草	139.04**	130.95**	80.58**	
诺丹冰草	58.46**	50.37		
蒙古冰草	8.09**			

**表示在 0.01 水平下的差异显著。

4. 活力指数与 TTC 含量、酸性磷酸酯酶活性及电导率的相关性分析

TTC 含量和相对电导率与活力指数均相关。其中 TTC 含量与活力指数呈强正相关，电导率与活力指数呈强负相关。酸性磷酸酯酶活性与活力指数相关不显著。这说明冰草品种由于脱氢酶活性较高，有利于贮藏物质的分解，可提供幼苗所需要的营养物质。同时，由于原生质及细胞器膜修复能力较强，有效地阻止了内含物的外渗，电导率较低，由此延缓了种子活力的下降速率，有利于种子的萌发，种子的活力指数较高。

以上结果表明，3 个引入品种杂种冰草、伊菲冰草及诺丹冰草的种子活力均高于对照蒙古冰草。其中，杂种冰草的种子活力最高，幼苗生长快，生长潜势较高，具有明显的杂种优势。这种尽快发芽、出苗，以及迅速生长的特性，是牧草与杂草竞争，抵御虫害侵袭的优良种性。酸性磷酸酯酶活性与活力指数的相关性不显著，产生这样差异的原因尚待进一步研究。

第二节　冰草生长发育与器官形成

一、生长发育特性

（一）生长发育习性

无论春播或夏播，当土壤水分适合时，冰草种子播后 8～10 天就能出苗，如遇雨水 5 天左右即可出苗。出苗时首先在地面露出胚芽鞘并很快出现第一片真叶，待第一片真叶长到 2～4cm 时，其由棕绿色变为绿色，约 8 天后长出第二片真叶。第三片真叶出现后，开始分蘖。

　　冰草属冷季型禾草。播种当年，大多数植株处于营养生长的叶丛状态，很少进入生殖生长。据云锦凤和米福贵（1989c）在内蒙古伊克昭盟东胜试验观察，5月10日播种，在生长结束时有85%～90%的植株处于分蘖-拔节期，10%～15%的植株可抽穗、开花，但不能成熟，这与苏联学者 Л.К.韦利奇科认为冰草是冬性作物的观点一致。冰草的分蘖能力较强，如果水分和温度条件适合，其分蘖过程可贯穿整个生长季，特别是7月月底生殖生长完成以后，表现出很强的分蘖能力。在春季，条播在内蒙古锡林郭勒盟白旗的冰草，当年分蘖数为5～10个；而在土壤肥力尚好的东胜当年分蘖数可达10～20个，当年株高为30～40cm。

　　冰草是喜凉爽的禾草，春季返青较早。在呼和浩特地区，3月下旬开始返青，5～7天后达到盛期。这时气候冷凉，气温和地温都不高，日平均气温为2～5℃，地表日平均温度为8～10℃，5cm土深处温度为5～7℃，10cm深处温度为3～5℃，15cm深处温度为2～4℃。

　　冰草的抗寒性也较强，在冬季寒冷的呼和浩特（最低温度为-22℃以下）和锡林郭勒盟白旗（最低温度为-35℃以下）均能安全越冬，没有出现冻死的记录。冰草返青后10～15天，上一年的主枝开始生长，并以分蘖节形成新的侧枝，由单株发育为株丛。条播第二年的单株分蘖数为20～50个，在单株间隔种植条件下，分蘖数高达100个以上。返青后约65天，时值5月下旬或6月月初，植株开始抽穗。群体的抽穗比较整齐，从始期到盛期需4～6天。开花始于6月下旬，持续15～20天；盛花后约15天种子开始乳熟，7月月底至8月月初成熟。从植株返青到种子成熟120天左右（表2-17）。

表 2-17　冰草属牧草的生育时期（日/月）

冰草种类	年份	返青期	抽穗期		开花期		结实期		成熟期		枯黄期	生育期/天	青绿期/天
			始	盛	始	盛	始	盛	始	盛			
冰草	1986	30/3	25/5	31/5	13/6	16/6	25/6	30/6	24/7	31/7	12/11	123	225
	1987	1/4	26/5	1/6	14/6	18/6	27/6	2/7	25/7	2/8	15/11	124	228
沙生冰草	1986	26/3	25/5	31/5	10/6	14/6	22/6	27/6	22/7	28/7	10/11	124	226
	1987	28/3	24/5	28/5	11/6	15/6	23/6	28/6	24/7	31/7	13/11	125	227
蒙古冰草	1986	28/3	25/5	31/5	10/6	14/6	25/6	25/6	21/7	28/7	12/11	124	226
	1987	30/3	26/5	1/6	12/6	18/6	26/6	3/7	24/7	30/7	15/11	122	228
脆冰草	1986	26/3	24/5	31/5	13/6	17/6	26/6	2/7	22/7	28/7	10/11	124	226
	1987	30/3	28/5	2/6	15/6	18/6	28/6	4/7	25/7	2/8	14/11	125	227
西伯利亚冰草	1986	28/3	24/5	29/5	12/6	17/6	24/6	30/6	20/7	28/7	10/11	122	224
	1987	30/3	25/5	2/6	13/6	18/6	28/6	4/7	24/7	31/7	13/11	123	226
根茎冰草	1986	1/4	26/5	1/6	12/6	17/6	27/6	2/7	25/7	30/7	10/11	120	224
	1987	3/4	27/5	4/6	14/6	18/6	28/6	4/7	26/7	4/8	15/11	123	226

种子成熟后容易落粒，收获不及时，种子中上部先成熟的种子就会掉落。因冰草成熟期正值雨季，此时气温也高，因而撒落在地面的种子容易萌发长成植株，从而延长群体寿命。冰草的这一特性，特别是蒙古冰草，对草场的补播和改良具有重要意义。

种子成熟后，生殖枝虽枯黄，但营养枝仍呈绿色，由于水、热条件适合，这时正是营养枝形成时期。9月月底营养枝高度达20cm，此后基本不再生长，但维持青绿，直到11月中旬土地封冻为止。这时的气温为−1～3℃，地表温度为−3～0℃，地下5cm处温度为−1.5～−1℃，10cm和15cm土深处温度分别为−0.8℃和−0.5℃左右。从返青到冬初地上部分冻死，青绿持续时间达225天左右。

冰草的再生性能一般，初花期刈割后再生草很难抽穗。据试验，在抽穗至初花期（6月上、中旬）刈割（此时正值气候干旱），再生草生长缓慢，直到7月和8月方能很好生长。因此，冰草一般不宜多次刈割利用。

冰草属牧草寿命较长。据苏联学者Л.K.韦利奇科报道，其寿命为20年左右，但产量最高的时期是生活的第3～5年。据云锦凤等（1989b）在呼和浩特观察，生长在较贫瘠干旱土壤上的沙生冰草，第4年的生活力有明显下降趋势，而同期播种后在肥力和水分尚好地块上的冰草，直到第5年也无生活力衰退现象。就群体而言，因冰草种子有自落自生特性，所以草群建植后，便可维持利用10～20年或更长。

（二）幼苗生长与定居

成熟的冰草属植物种子进入土壤后，当外界条件（水分、温度、播种深度）适宜时，播种后8～10天就可出苗。种子萌发时，最初突破种皮的是根鞘。根鞘的生长长度有限，从种皮伸出后很快就停止生长，之后，根穿破胚根鞘，向下生长，发育成主根。同时，胚芽鞘也生长，穿出土层到地面，和第一片真叶一起露出地面。待第一片真叶长到2～4cm时，幼苗由棕绿色变为绿色。当种植种子开始20天，第二片真叶长出一定时间后，不定根出现。种植种子后24天时，从主根的基部连续长出3条不等长的不定根；播种42天左右时，冰草幼苗出现分蘖枝条、分蘖芽，并具有了完整的沙套。通常，当分蘖节出现不定根之后，胚根的生长受到抑制，但在不良气候条件下，不定根形成受到抑制时，胚根能够继续保存下来。冰草种子在大田里萌发需要10～15天，出苗速率主要取决于播种深度、土壤含水量和温度（图2-3）。据穆怀彬（2005）调查，冰草种子播种深度为0.5～2cm时，出苗最好，随着播种深度的增加，种子出苗率明显降低。关于冰草萌发与出苗的沙地试验显示（朱选伟等，2005），土壤含水量低于3%时，冰草种子在土壤中不能萌发；土壤含水量在6%时，虽然能够萌发，但是生活力较弱，出苗率极低，适宜萌发和出苗的土壤含水量应该为12%～20%。另外，还发现冰草幼苗能够在水分含量为6%～20%的沙质土壤上正常生长，但从生物量的积累速率来看，12%的土壤含水量最有利于冰草幼苗生物量的积累，过高（≥16%）或过低（≤8%）的土壤含水量都使冰草幼苗的生物量降低，且在6%～8%的土壤含水量条件下，植株将更多的生物量投资于根的生长（图2-4）。因此，在沙地上种植冰草，12%土壤含水量最有利于种子萌发、出苗和幼苗生长。

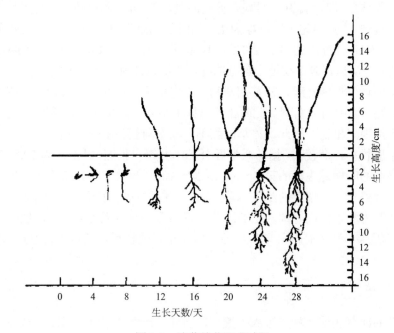

图 2-3　冰草幼苗形成过程

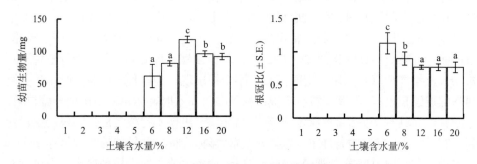

图 2-4　不同土壤含水量条件下冰草幼苗的生物量和根冠比

　　成熟的植物种子脱离母体，散落到株丛周围的土壤表面，当生态条件适宜时萌发所产生的幼苗，称为实生苗。成熟的冰草种子落粒性较强，如果收获不及时，尤其是遇到降雨时，掉落在地面的种子容易萌发长成植株，一般而言，这一部分种子饱满度高、品质较好、对外界适应性较高、容易萌发，并能发育成健壮的株丛。据云锦凤和米福贵（1990）调查，试验区种植的蒙古冰草每平方米的实生苗可达 100 多株，且 2/3 可以越冬。种子脱落为种子收获带来了很大的不利，但是，由于冰草随着生长年限的增加会出现株丛衰退的现象。所以，实生苗的生长与定居在某种程度弥补了冰草株丛衰退所造成的损失，对冰草种群的持续更新、巩固草场建植效果及扩大建植面积具有重要意义。

（三）分蘖特征

分蘖是禾本科植物进行无性繁殖的主要方式，也是禾本科植物的固有特性。每一种禾本科植物都有特定的分蘖方式。一般而言，分蘖由 3 个同时相互关联的过程组成：①枝条的生长和发育；②下一级侧枝的生长和发育；③发育的侧枝生根。分蘖的方式、时间、数量受植物自身生物学特性及外界环境条件的共同影响。冰草属植物的分蘖是其生长过程中的重要组成部分，既是扩大株丛、决定植株枝条多少的因素，也是影响产量的重要因素。

1. 分蘖芽的形成

穆怀彬和陈世璜（2005）观察发现，冰草的分蘖芽呈乳白色半透明状，最初呈"小米粒"状的钝圆形，即从休眠芽转变成活动芽，成为分蘖芽的先雏。分蘖芽外被蜡质苞片，苞片坚硬，对分蘖芽具有保护作用。分蘖芽产生的部位广泛，最基部的分蘖节上可以产生分蘖芽，产生部位紧贴在上一年秋季分蘖形成的营养枝上，也可在春季出土的枝条基部产生，同时在生殖枝基部的节上两侧或旧枝条的不同节上产生分蘖芽。枝条基部多数产生一个分蘖芽，也有 2 个分蘖芽对生于基部，3 个分蘖芽生于同一枝条基部不同部位属极少数。枝条上产生 2 个或 3 个分蘖芽时，在其生长过程中，营养首先供给近地面的分蘖芽生长，其他芽在养分和水分充足的条件下可陆续生长，但生长缓慢。在土壤干旱、贫瘠的条件下，冰草春季分蘖芽在拔节期由于植株生长消耗大量能量，导致养分不足而使大量分蘖芽停止生长甚至死亡。

2. 分蘖规律

分蘖芽产生的多与少直接决定植株枝条的数量，进而影响产草量和种子产量。分蘖数量的多少首先取决于植物的遗传特性，其次取决于生态因子，特别是水分因子的供应状况。干旱时，冰草叶鞘紧包着枝条，分蘖芽往往被迫干死或停止生长。根据道格通（2003）、殷国梅和陈世璜（2003）的长期定位观测显示，一般情况下，冰草属植物在整个生长季节具有两个明显的分蘖时期，即春季的返青期和秋季的果后营养期，且分蘖芽的产生主要集中于秋季（表 2-18）。另外发现，秋季雨水的多少是决定秋季分蘖芽数量的重要因子。2002 年秋季，冰草地未进行灌溉作业，土壤含水量在 2%左右，植物分蘖过程受到严重抑制，蒙古冰草和沙生冰草的分蘖芽分别为 69 个/m² 和 369 个/m²；2003 年，于果后营养期进行了灌溉，秋季土壤含水量为 12%左右，蒙古冰草的分蘖芽达 1980 个/m²，沙生冰草达 2808 个/m²。穆怀彬和陈世璜（2005）也曾观察发现，冰草分蘖芽在干旱时长度虽已达 3.5cm，但还突不出叶鞘而干死，可见冰草分蘖对水分的高敏感性。

表 2-18　2 种冰草不同年份分蘖芽的变化情况　　　（单位：个/m²）

材料	2002 年		2003 年		2004 年	
	春季	秋季	春季	秋季	春季	秋季
蒙古冰草	3	69	1350	1980	99	—
沙生冰草	9	369	576	2808	918	—

　　春季冰草返青后，地下贮藏器官的营养物质为牧草的生长提供了养分，冰草的分蘖数量增加。随着冰草由营养生长阶段进入生殖生长阶段，植物体营养物质主要集中供给开花、结实的需要，养分供应不足限制了地下的分蘖过程。待植株地上部分成熟后，即进入果后营养期阶段，冰草地上的同化产物转移到分蘖上来，出现第二次分蘖高峰。此时正值北方地区的雨季（7～9 月），有利于冰草植物果后营养期同化物质的积累，最终使秋季产生的分蘖芽远远大于春季产生的分蘖芽数量。可以说，冰草植物的分蘖存在两次高峰期，并以第二次高峰期为主，这是长期形成的生物学规律，而水因子是冰草分蘖的限制因子。另外，秋季雨水主要是通过影响果后营养期阶段冰草的同化代谢速率，从而影响秋季分蘖芽数量的，这对冰草翌年生长具有重要意义。

　　3. 分蘖与枝条的关系

　　枝条是由分蘖芽发育而来的，枝条形成与分蘖芽生长发育呈正相关，同时也受水分、温度和土壤养分等生态因子影响。冰草是冬性植物，由分蘖形成的幼枝，当年一般仅停留在营养状态，越冬以后，第二年才能形成生殖枝。不过，如果遇到恶劣环境条件，如干旱、缺乏营养等情况下，第二年的枝条仍然停留在营养状态，甚至 2～3 年不能转变为生殖枝（乌兰等，2003）。另外，据穆怀彬（2005）观察，产生于生殖枝节上的一些分蘖芽，在外界条件适合的情况下，不需经过春化作用，可在当年转变为生殖枝。

（四）开花习性

　　冰草属牧草，大致 6 月中旬开始开花，初花后 4～7 天进入盛花期，并持续到 7 月月初，历时约 20 天，这时的日平均气温为 20～22℃。

　　小花的开放依据在穗轴上着生位置的不同而有先后。就一个花序而言，中上部的花先开放，之后逐渐向上、向下开放，基部的小花最后开放。小穗的小花开放顺序与此相反，先从基部开起，直至顶端。

　　冰草花序持续开花 11～13 天，不同种之间稍有差异，但最多相差 2～3 天。开花的高峰期是在初花后的 4～6 天，此时约有 80%的小花开放，开始和近于结束时，日开花数较少。

　　就一日而言，在晴朗无风的条件下，开花时间可从 11 时持续到 18 时，大量开花集中在 14～17 时。开花最适宜的温度为 28～32℃，相对湿度为 40%左右。阴雨天不开花或很少开花。所以，连续阴雨天对冰草的开花结实产生很大影响。

　　在适宜的温度、湿度条件下，小花开放首先是内外稃张开，露出黄绿色的花药，经 15～20min 后，内外稃夹角加大到 45°，柱头展出，花药下垂，散出花粉，花朵正式开放。小花开放约 50min 后内外稃逐渐闭合，30min 全部闭合，开花结束。一朵小花由内外稃开始张开到完全闭合约需 120min。

　　冰草花药较大，长约 4mm，异花授粉，高度自交不育禾草。对冰草进行套袋自交，其结实率为 3%～7%，而蒙古冰草自交几乎不结实。冰草具异花授粉特点，染色体倍数相同的冰草种间极易进行天然杂交，这为有性杂交培育新品种提供了极为有利的条件。

（五）花粉形成和发育特点及花粉粒形态特征

1. 冰草花粉的形成

　　花粉是包括冰草属植物在内高等植物生活史的组成部分。高等植物在它的一个生活周期中包括无性世代和有性世代两个阶段。无性世代称为孢子体世代，是具双倍体的营养植物体。当植物体生长发育到一定阶段后，生殖器官内部便开始进行减数分裂，形成单倍体的大孢子和小孢子；它们进一步分化形成雌、雄配子体，为受精作用做好了准备，这时植物体就进入了有性世代，即配子体世代。可见高等植物的雄配子体就是一个成熟的花粉粒，所以说花粉的形成与高等植物的减数分裂有着密切的联系，花粉是小孢子母细胞减数分裂的最终产物。

2. 冰草花粉的发育

　　四分体中的每一个子细胞均需要在花药中进行进一步的发育方可形成具有 3 个细胞核的成熟花粉粒，以实现传粉。在整个减数分裂过程中一直伴随着胼胝质的活动，当减数分裂过程结束时，胼胝质已将子细胞密封起来。四分体在胼胝质酶的作用下使胼胝质溶解，使单核花粉粒从四分体中游离出来。在形成初期，单核花粉粒的细胞壁较薄，细胞质较浓，因此它们可以不断地从周围已解体的绒毡层细胞摄取营养物质及水分。不久便开始进行细胞的有丝分裂，形成 1 个生殖核和 1 个营养核。在这次分裂过程中，细胞质是不均等的分配。在生殖核附近形成一个弧形的、由胼胝质构成的细胞壁，造成营养细胞较大而生殖细胞较小的形态。不久，胼胝质细胞壁开始溶解，使生殖细胞进入营养细胞，形成"细胞中含细胞"的特殊现象。所谓 3 核花粉粒，实际上就是生殖细胞再进行一次有丝分裂，形成

2个精细胞,但在这次分裂过程中没有细胞壁的形成,这样便构成了3核花粉粒。

在花粉内部发育的同时,花粉壁也在发育,一般开始于减数分裂结束以后。在四分体形成后,四分体及每个子细胞周围都有由胼胝质构成的壁。在子细胞胼胝质壁的内侧,有纤维素等物质积累在细胞膜和细胞壁之间,它们将来发育成初生外壁,这是花粉外壁的前身。但初生壁的发育在整个子细胞表面的分布是不均匀的,在萌发孔或萌发沟周围,则没有初生壁的继续发育。在初生壁发育过程中,细胞膜上形成许多突起,这些突起逐渐穿过初生壁,垂直排列于子细胞表面,将来形成花粉表面各种各样的表面纹饰。随着绒毡层细胞的解体,其细胞内各种细胞器所含的类胡萝卜素、类黄酮素及脂类等物质逐渐形成孢粉素。一些含有孢粉素的小颗粒不断地运动、积累,使花粉外壁呈现出艳丽的黄色或橙黄色等,同时也使花粉表面具有一定的黏性,这有利于昆虫附着和携带。

在花粉外壁的内侧发育出内壁。它首先是从萌发孔或萌发沟的位置开始的,然后遍及整个外壁内侧。内壁主要由纤维素、果胶质、半纤维素及蛋白质等物质构成。经过上述过程,冰草属植物一个成熟的花粉粒便发育完成。

3. 冰草花粉粒的形态特征

植物花粉的特点一般包括花粉粒的轮廓及形状、花粉粒的极性、花粉粒的对称性、花粉粒的大小及组成、花粉粒的萌发器官、花粉粒的表面纹饰等方面。

(1)花粉粒的轮廓及形状。冰草花粉的轮廓为微波浪形,花粉粒边缘起伏较小;冰草小孢子减数分裂后所形成的四分体为四面体型,极轴长和赤道轴长比值(P/E)为7∶8~8∶7(0.88~1.14),所以其花粉粒形状为圆球形。

(2)花粉粒的极性。因为冰草的四分体为四面体型,四个小细胞相交的中心就是它们的近极点,而萌发孔位于远极面。但冰草的花粉粒经赤道面分割后,会形成对称的两个面,故为等极花粉。

(3)花粉粒的对称性。通过显微观察,冰草的花粉粒为圆球形,同时其四分体又为四面体型,两极与赤道面均不易区分,存在无数个对称面,所以冰草的花粉粒属于完全对称的类型。

(4)花粉粒的大小及组成。根据测量数据表明,冰草花粉粒的直径一般为23.5~41.6μm,10~25μm及25~50μm,属于中等略偏小的花粉粒。

减数分裂后,冰草的花粉粒在四分体解离时胼胝质溶解得非常彻底,每一个四分体之一的小细胞都能够游离,故冰草的花粉粒为单粒花粉。

(5)花粉粒的萌发器官。经扫描电子显微镜观察和光学显微镜观察,冰草花粉粒的萌发器官为单孔类型,即只有1个位于远极的萌发孔,并具孔盖及孔环,符合禾本科植物花粉的标准形态。按照NPC系统划分,冰草萌发器官属于134类型。NPC是著名的瑞典孢粉学家额尔特曼(G.Erdtman)在1979年,根据一个花粉表面萌发器官的数量(N: 拉丁文 Numerus)、着生的位置(P: 拉丁文 Positio)

及固有的特征（C：拉丁文 Character）的排列，提出的一个萌发器官的分类系统。NPC 为 134 类型的含义是：1 个萌发器官、位于远极、是萌发孔类型。

（6）花粉粒的表面纹饰。外壁的表面纹饰具有遗传性，在植物的科、属、种中是稳定的。所以花粉粒的表面纹饰也是鉴定花粉的一个重要特征。冰草花粉粒的表面纹饰是最简单的颗粒状纹饰，即在花粉粒表面表现为颗粒状突起或颗粒状的图案，这也是禾本科植物花粉的标准形态。

4. 冰草花粉的形态特征

1）内蒙沙芦草（*A.mongolium* Keng cv.Neimeng）

花粉形态：花粉粒圆球形，直径 38.6μm（35.9～40.1μm）。单孔，具孔环、孔盖，孔盖形状不规则，表面为颗粒状纹饰。孔环略向外突出，呈稍加厚状，孔环相对宽而低。孔环内缘较整齐，孔口直径约 4.7μm。

花粉粒表面为颗粒状纹饰，颗粒分布较均匀。

花果期：6～8 月。

内蒙沙芦草花粉粒形态见图 2-5。

图 2-5　内蒙沙芦草花粉粒的萌发孔、孔环及孔盖

2）杂种冰草（*Agropyron cristatum*×*A.desertorum* cv.Hycrest）

花粉形态：花粉粒圆球形，直径 35.9μm（23.5～40.3μm）。单孔，孔盖较小，表面颗粒较少，孔环边缘不整齐，孔环向外突出强烈，造成孔环较高，孔口直径约 2.6μm。

花粉粒表面为颗粒状纹饰，颗粒分布均匀。

花果期：6～8 月。

杂种冰草花粉粒形态见图 2-6、图 2-7。

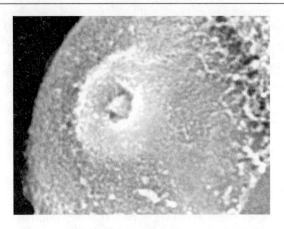

图 2-6　杂种冰草花粉粒的萌发孔、孔环及孔盖

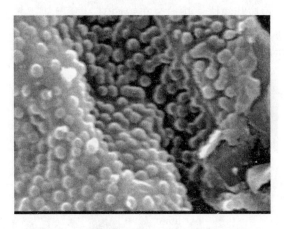

图 2-7　杂种冰草花粉粒表面的颗粒状纹饰

二、器官形成

植物器官的形成和分化在其个体发育过程中具有重要意义，这是因为所有器官都具有特殊功能。在植物生长发育的某一阶段，如果能了解器官的形成特点及有机体对外界条件的要求，人们就可以根据需要来加强或削弱某个器官的生长。对于禾本科作物和牧草来说，其结实器官的形成特点直接影响许多重要经济性状的形成，如花序的小穗数、小花数、种子产量和品质、种子落粒性、籽粒的饱满度和整齐度，以及抗病虫害能力等。因而对禾本科粮食作物和牧草结实器官的形成早已得到人们的重视。

20 世纪 50 年代初，苏联学者 Ф. M. 库别尔曼等对禾本科粮食作物，如小麦、黑麦和大麦等的结实器官形成进行了研究；E.и. 尔日诺娃对禾本科牧草，如猫尾草、狐茅及冰草等的茎生长锥分化和幼穗形成进行了探讨。

（一）生殖生长锥分化过程

生长第 3 年的冰草，在春季返青后不久（4 月月初），茎生长锥即开始形成，这时的生长锥只是一个很小的突起。刚形成时，生长锥并不立即伸长，而是下部的叶原基先进行分化。随着幼苗的不断生长，很快茎生长锥开始分化，由初生期转入伸长期，进而又出现一系列的形态变化，直至形成穗状花序。冰草生长锥的分化是一个连续的过程，但根据其生长和分化的形态特征，按照 Φ. M. 库别尔曼的划分原则，可把冰草茎生长锥分化划分为 8 个时期（表 2-19），各时期分化特征如下所述。

表 2-19 冰草茎生长锥的分化过程及特征

分化过程（时期）	茎生长锥特征	物候期
初生期	呈半球形突起	返青
伸长期	超出基部两个茎叶原基而伸出	返青
结节期	基部结节	返青
小穗突起期	叶突起腋内形成小穗突起	分蘖
颖片突起期	茎基部出现颖片突起	拔节
小花突起期	小穗中形成小花突起	拔节
雌雄蕊形成期	发育最好的小花中形成雌雄蕊突起	孕穗
抽穗始期	穗形成并开始抽穗	抽穗

初生期：生长锥为半球形突起，此时茎叶原基已经形成，包被在生长锥外围。伸长期：生长锥开始伸长，锥体形成，很快超出基部两个茎叶原基而伸出（图版III-1）。结节期：随着茎生长锥的进一步伸长，在锥体基部，茎叶原基腋内形成一些环状突起（节），并依次向上、下发生（图版III-2、3）。小穗突起期：穗突在叶突起腋内形成小穗突起（二次生长锥），结节期形成的叶突起则逐渐退化（图版III-4、5）。颖片突起期：随着小穗突起的进一步分化，茎基部形成颖片突起。小花突起期：小穗突起继续分化，颖片原基也开始伸长形成颖片，茎生长锥上发育最快的部位已由基部向上转移至中部小穗，在小穗突起上出现外稃突起（图版III-6、7），在其腋内形成小花突起（图版III-8）。雌雄蕊形成期：最明显的是在最早形成的小花突起中首先形成 3 个雄蕊突起，继而又在中间出现了雌蕊突起，雌蕊原基最初为一半球形，随后在顶端稍靠下的部位形成一环状突起（图版III-9），这一突起向上生长，将顶端包围，且生长不均一，两侧生长较快，形成两个锥状突起，为柱头原基（图版III-10、11）；柱头原基进一步伸长，并形

成许多乳头状突起，将来发育成为两个羽状柱头（图版Ⅲ-12）；与柱头分化的同时，下部的子房也逐渐长大，由球形逐渐变为倒锥形（图Ⅲ-13），在近轴面形成一凹沟。抽穗始期：小穗分化结束，处于发育时期，冰草开始抽穗。

冰草在茎生长锥分化过程中，小穗突起的形成基本上是从下往上进行的；小穗中的小花是自下往上顺序形成的。在小花突起期，虽然小穗中大部分的小花已经形成，但在小穗上部，新的小花原基却仍在继续分化。

从生育期来看，返青期的冰草，其生长锥基本处于器官形成的前 3 个时期，这一时期持续十几天。生长锥分化的第 4 阶段、第 5 阶段、第 6 阶段大多处在分蘖期和拔节期，第 7 阶段多处于孕穗期。就冰草群体而言，分化速率不一致，各阶段生长锥分化交错现象十分明显，拔节和分蘖几乎同时进行。早春分蘖的枝条，当年可开花结实（云锦凤等，1989b）。

（二）小孢子的发育

冰草小孢子的发生与其他被子植物一样，小孢子母细胞经过减数分裂而产生。当冰草花药直径为 0.6～1.0mm 时，小孢子母细胞即已形成。以后随着花药的伸长，小孢子母细胞体积增大，形态发生变化，由多面体形逐渐变为圆形，便进入减数分裂时期，这时植株处于抽穗期，其穗下部距旗叶 3～4cm。其减数分裂过程与许多植物一样，在染色体形态结构上要发生一系列变化，在染色体的行为表现上又具有自己的特点，具体过程如下所述。

前期Ⅰ：冰草小孢子母细胞的发育在这一时期持续时间最长，长度为 0.8～1.5mm 的花药大都处于这一时期。由于要进行 DNA 复制及同源染色体联会，所以细线期和偶线期在这一时期持续时间较长，而终变期持续时间较短。其染色体形态结构的变化是：细线期小孢子母细胞开始分裂，核内出现细长如线状的染色体，互相缠绕成一团；偶线期同源染色体配对，配对后的染色体仍缠绕成一团；粗线期染色体开始收缩变粗，在制片中已能很清楚地观察到，但个数难以查清；双线期染色体更为短粗，可观察到有交叉现象，联会染色体呈 8、0 等形态；终变期染色体高度缩短，是观察染色体行为的最适时期和染色体计数的清晰时期。

中期Ⅰ：染色体排列在细胞中央的赤道板上，同源染色体开始互斥和分离，同时，染色体继续缩短。这一时期的持续时间也很长，是观察染色体核型的最适时期。例如，从图版Ⅲ-8 可观察到 6 个棒状二价体、6 个环状二价体和 1 个环状四价体，它们均排列在赤道板上。此外，还有一对明显小于正常染色体、并不与正常染色体配对的超数染色体被排斥在赤道板外。

后期Ⅰ：中期Ⅰ结束后，染色体分为两组，分别移向两极。由于染色体分离速率不一致，在后期Ⅰ有一个分散时期，此时染色体缩短到极限，也可进行染色体计数。

末期Ⅰ：移到两极的染色体开始伸长、解旋，逐渐形成新核，并在细胞中央形成细胞板细胞壁，细胞分裂为二，成为二分体。

前期Ⅱ：减数分裂第一次分裂结束后，很快又进入第二次分裂。在该期染色体互相缠绕成团状，核较二分体时期有所增大，并居于细胞中央。

中期Ⅱ：两个子细胞的染色体浓集短缩，整齐地排列在赤道板上。

后期Ⅱ：二分体内的各组染色体开始分离，分为两组，分别移向两极。

末期Ⅱ：染色体移到两极后，逐渐解体形成圆形的核，在细胞中央形成壁。至此一个小孢子母细胞分裂为四分体。四分体形成不久即彼此分开发育成单核花粉粒，减数分裂过程结束。

单核花粉粒持续一段时间后，细胞核进行有丝分裂形成含一个大核和一个小核的双核花粉粒。其中大核为营养核，小核为生殖核，生殖核再进行一次有丝分裂后，双核花粉粒发育成三核花粉粒。三核花粉粒形成初期，两个生殖核呈圆形，以后逐渐发育成楔形，具有传粉受精能力，至此小孢子发育结束。

就冰草一个花序而言，中上部小穗最先发育，然后向上、向下顺序发育，基部小穗最后发育。每一小穗基部小花首先进入减数分裂期，然后向上顺序进行。在一朵小花中，冰草小孢子发育的同步性较强，从花粉母细胞成熟至花粉粒成熟几乎都是同步进行的。减数分裂过程不同时期有交错进行的现象，但以某一分裂时期的细胞为主，相邻2～3个时期的细胞所占比例不大。

减数分裂过程中，除了在终变期和中期Ⅰ清楚地观察到染色体构型外，在后期Ⅰ和末期Ⅱ还可观察到落后染色体和染色体桥等染色体行为异常现象，其发生频率统计于表2-20。

表 2-20　冰草减数分裂异常细胞发生频率

分裂时期	统计细胞总数	具染色体桥的细胞		具落后染色体的细胞	
		数目	占细胞总数的比例/%	数目	占细胞总数比例/%
后期Ⅰ～末期Ⅰ	243	18	7.4	55	22.6
后期Ⅱ～末期Ⅱ	204	9	4.4	30	14.7

冰草减数分裂时染色体的配对是比较规则的，大多形成二价体，也形成部分四价体（分别具1～4个），少数细胞中还有三价体和单价体出现，可见冰草属于同源或近似同源的四倍体。除正常数目的染色体外，在许多分裂的细胞中还可观察到1个或2个超数染色体。在中期Ⅰ，共统计了279个细胞，其中具1个和2个超数染色体的细胞分别为178个和28个，各占观察细胞总数的53.1%和10.0%，总计出现超数染色体的细胞频率为63.1%。

小孢子在二分体和四分体时有微核出现，出现频率为17.1%，一般为2个或

3 个，多时可达 5 个或 6 个。这些微核很可能来源于后期Ⅱ或末期Ⅱ的落后染色体和染色体桥。末期Ⅱ细胞核重新形成后，落后染色体及染色体桥未能突破核膜进入核内，而是留在细胞质中形成微核。在观察中发现带有微核的四分体出现的频率与后期Ⅱ及末期Ⅱ的落后染色体和染色体桥出现的频率之和非常相近，这也许可从一个侧面证实微核的来源（云锦凤等，1989b）。

（三）根系的形成

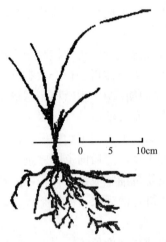

图 2-8　沙生冰草幼苗的根系特征

1. 根系生长

冰草属植物种子萌发时胚根鞘先长出，紧接着胚根突破胚根鞘向下生长发育成主根，待第二片真叶长出后，有不定根从主根基部产生，播种后约 28 天时，不定根产生完整的砂套。砂套是由根系分泌物和细砂凝结而成围绕根系的一层套状结构体，砂套起着预防外力对根系造成机械损伤和保持根系周围一定湿度的作用，为根系生长提供有利环境。通常，当不定根出现之后，胚根生长将受到抑制，并逐渐死亡。以沙生冰草为例，播种后约 40 天时，由胚根发育的主根已消失，数条不定根聚集在一起形成了须根系（图 2-8）（道格通，2003），为接下来幼苗生长时养分和水分的迅速供给奠定了基础。发育成熟的冰草属植物须根系发达，多分布在地下 20～30cm 处，并且一些种具有根茎。根茎一般在分蘖节部位产生，具有节和节间、退化的鳞片、生长点等结构，无根冠，在节上也可产生分蘖芽和不定根，从分蘖节上产生不定根，其中新根长 2mm 时开始形成砂套，根茎的存在不仅能增加地下根的数量，而且能增加地上枝条的数量。具有根茎的冰草株丛的分布空间和吸收营养面积比无根茎植物的大，使其能更有利地适应外界的恶劣环境。根茎节间的长度随着土壤含砂量的增加而增长。例如，冰草根茎节间的长度在典型栗钙土中为 2cm，而在沙质栗钙土中可达到 3.5cm；同样沙生冰草（*A. desertorum*）在沙质栗钙土中可长达 8cm。水分也是影响冰草属植物根茎发育的重要因素，降水量较多时，有利于根茎生长，同时促进不定根的形成。殷国梅（2004）在干旱荒漠区对冰草属植物的根系特性进行了定点观察，2001 年秋季播种的沙生冰草，2002 年在灌溉条件下，其分蘖形成的根茎长达 8.5cm，每个枝条平均根数为 3.38 个，2003 年虽无灌溉条件，但降水量较往年偏高，同期测得沙生冰草的根茎可长达 13.7cm（图 2-9），每枝条平均根数为 6.72 条。冰草属植物根系生长最适温度为 15～20℃。

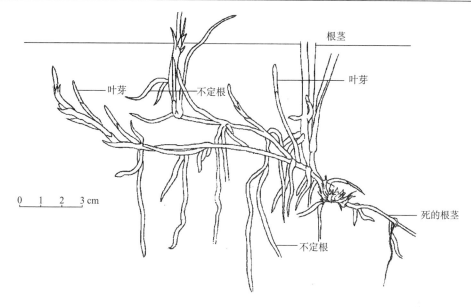

图 2-9　沙生冰草根茎示意图

2. 分蘖节移位

冰草属植物的株丛经长时间生长之后，株丛基径变得越来越大，株丛中央基本由枯死的旧枝条和枯叶鞘所覆盖，逐步限制了分蘖芽的发生，于是大部分分蘖芽从紧贴株丛外围的新枝条产生，由此发育的新枝条与靠近株丛中央方向的"母体"枝条呈锐角存在，同时长出较多不定根。这种分蘖芽产生的位置由株丛中心向外围水平转移的现象，称为分蘖节移位（图 2-10）。分蘖节移位现象还包括分蘖芽产生的位置在垂直方向上的移动。冰草属植物分蘖节位于地面下 2～5cm 处，当枝条基部被沙子掩埋后，新的分蘖节可在靠近地表枝条节上形成，同时产生较多不定根，当新生枝条基部再次被沙覆盖后，分蘖芽产生部位再次向地表上移，于是随沙子掩埋程度，分蘖芽产生位置呈现两次或多次向地表移动的现象，也称为分蘖节移位（图 2-11）。分蘖节移位现象是冰草属植物适应、抵抗沙埋的一种特性，同时也是冰草属植物拓展株丛面积竞争资源的有效方式。在新枝条产生根系的同时，旧的分蘖节生长受到抑制，其上生长的根系生活力逐渐降低，新长出的须根数量也逐渐减少。在发生分蘖节移位之后形成的新枝条，其生长出的须根数量较多，生活力较强，长度可达 90cm，同时一条根上形成较多分蘖。道格通（2003）对春季风沙频发的冰草人工草地进行观察时发现，杂种冰草分蘖节移位现象比较强烈，被沙埋的枝条几乎都出现分蘖节，并且这些分蘖节移位不在一个水平面上，而是在水平方向和垂直方向交叉进行。分蘖节移位也是其枝条增加的主要方式，一般 1 个株丛地下有 5 个或 6 个移位分蘖节，移位分蘖节的节间相对比较短。老分蘖节（第一分蘖节）一般有 2 个或 3 个枝条，在这个基础上不断移位又不断分蘖，最后能形成地上枝条 20～30 个，也有达 60 多个的。第一分蘖节上分 2 个枝条的植株，最后地上能形成 21 个枝条。地上枝条基本是从移位分蘖节上产生的。这种分蘖方式使杂种冰草从返青到果后营养期的整个生活周期都能不断的分蘖，使枝条不断地从营养枝转变成生殖枝，导致杂种冰草种子成熟不齐，生产上需要考虑二次收获问题，但对获取干草是有利的。

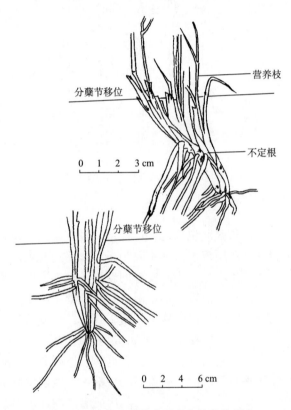

图 2-10　冰草分蘖节水平方向的移位现象

3. 根系类型

　　冰草属植物为了更好地适应土壤中水分、温度，以及土壤质地的变化，保障种群的生存和获得稳定的产量，形成了不同的根系类型，主要分为疏丛型、疏丛-根茎型、根茎型 3 种类型。陈世璜和齐智鑫（2005）对在内蒙古苏尼特右旗建植的以沙生冰草为主要物种的人工混合冰草草地进行调查时发现，荒漠草原典型棕钙土上疏丛型占调查群体的 70%，疏丛-根茎型和根茎型占 30%，并且后两种根系类型的出现与土壤基质含沙量增多有密切关系。根系类型形成的生物学过程主要与分蘖芽的生长行为有关，分蘖芽开始时紧贴于母枝，继续生长突破叶鞘的包

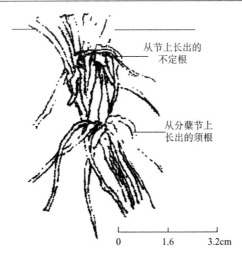

图 2-11 冰草分蘖节垂直方向的移位现象

被，与母枝呈锐角向上生长形成疏丛型；分蘖数个枝条后，从分蘖节基部分蘖出的根茎芽开始水平方向生长，然后再向上伸长，构成的株丛即为根茎型；同一株丛开始发育成疏丛型，然后疏丛中的分蘖根茎芽发育为根茎，即为根茎-疏丛型。3 种根系类型的存在是对生态环境的一种适应，有利于冰草属植物充分利用土壤空间的养分和水分，为植物的生长发育提供了结构性基础。

以内蒙古地区常见的冰草属植物为例，阐述冰草 3 种不同根系类型的特征。

（1）疏丛型。其枝条和不定根在土表下部的茎节上形成，侧枝从位于表土下 2~5cm 处的分蘖节上以锐角方向生长。株丛经长时间生长后丛径越来越大，株丛中央基本由枯死的枝条和枯叶鞘组成，逐步限制了分蘖芽的发生，新的分蘖芽紧贴在外侧产生，以至于新的枝条多在株丛边缘形成。植物在生长期间多次出现分蘖节移位现象，并且受覆沙影响，分蘖节移动在水平方向和垂直方向交叉进行。新枝条上产生的不定根，多数在第二年春季返青时产生，少数在当年果后营养期产生，根幅约大于丛幅 3 倍，土壤剖面根系总体外观呈纺锤形。紧靠表土的不定根与地表近平行走向，但株丛被沙埋、分蘖节向上移位后这种现象就不存在了，这时旧的分蘖节失去繁殖能力，新长出的分蘖芽减少，营养物质转移到新的分蘖节和分蘖芽，新分蘖芽基部长出的不定根普遍粗壮，入土也深（图 2-12）。沙生冰草的这种分蘖类型在内蒙古苏尼右旗沙生冰草试验田中占调查群体的 50%以上，这种分蘖类型在内蒙古西部乌审旗半固定沙丘和乌拉特后旗丘陵坡地也曾见到过。

（2）疏丛-根茎型。此类型根系从外观看株丛偏大，枝条分化较为典型。疏丛是这种株丛的主体，株丛间由短根茎连接，从而在地下形成密集的根网。此类

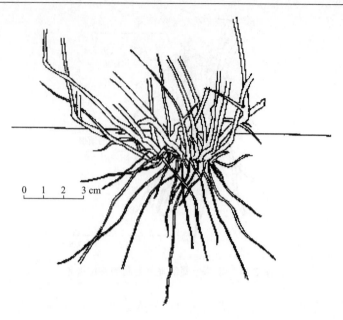

图 2-12　疏丛型

型的分蘗方式似疏丛型根系，分蘗芽顶端渐尖至钝尖，乳白色，直径可达 0.15～
0.2cm，有退化鳞片叶包着。根茎产生于母丛的基部，位于表土下 3～6cm，直径
可达 0.3cm，节间长 5cm 左右，少数在一个节上有对生芽出现，同时向下产生 1～
3 条具有砂套的不定根（图 2-13）。根茎的产生时间多数在第二年的果后营养期，
但在极干旱条件下不产生或中途死亡。这种现象在群体中仅次于疏丛型，在内蒙
古典型草原沙质栗钙土壤中发现这种分蘗类型。

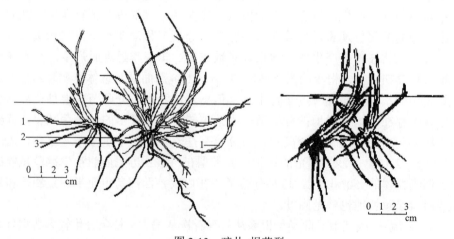

图 2-13　疏丛-根茎型

1. 分蘗芽；2. 根茎；3. 不定根

（3）根茎型。此根系类型从外观上看与疏丛-根茎型相似，但株丛较小，不过，所有株丛连在一起，使得整个植物覆盖面积较大，分蘖芽位于根茎节上，根茎走向与土壤近水平方向。根茎具有节和节间，节上具有退化的鳞片叶，节间相对比较长，质地坚韧，有利于扩大株丛吸收营养的面积。根茎节上的分蘖芽产生后发育为地上枝条，并向下产生不定根（图2-14）。在根茎的节上也可产生新的根茎，集中于4cm深的土壤中。当生境条件恶化时，老根茎会死亡，株丛分化成不同的个体。

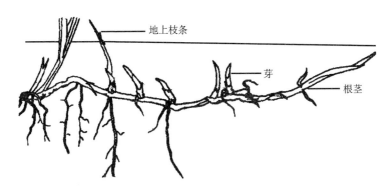

图2-14 根茎型

4. 根系垂直结构

根系在土壤中的分布涉及根幅、根深，以及根系生物量在土壤垂直剖面上的集中部位。根系的分布特点主要取决于内在的遗传特性，此外还受到水分、营养、土壤基质和土表下的坚实度等外界因素的影响，据观察，土壤水热条件越差根量越向表层集中，水热条件越好植物根量在各土层中趋向于均匀分布。根系干重是分析根系生长最常用的指标之一，可以反映根系生长与环境的关系。穆怀彬和陈世璜（2005）比较了3种冰草（沙生冰草、蒙古冰草和杂种冰草）秋季根系的分布特征，发现不同物种之间0～70cm土层总根系生物量存在较大差异（表2-21），其排序为：沙生冰草＞蒙古冰草＞杂种冰草。另外，不同物种根系集中分布的土层也存在差异，3种冰草根系在土壤剖面的二维图见图2-15～图2-17。杂种冰草根系随着土壤深度的增加而逐层递减，0～5cm土层根系干重占0～70cm土层总根系干重的39.28%，70%以上的根系分布在0～15cm土层中。沙生冰草与杂种冰草相比，根系分布浅层化，0～5cm土层根量干重占0～70cm土层总根系干重的56.24%，根系约70%分布在0～10cm土层中。蒙古冰草与杂种冰草相比，0～5cm、5～10cm和10～15cm土层的根系分布较为均匀，其根量干重分别占0～70cm土层总根系干重的28.58%、23.71%和18.53%。上述3种冰草的根系集中分布在20cm以内的土层中，可延伸到70cm以下土层中。0～70cm土层3种冰草根系的总体积、总长度和总表面积也存在明显差别。

表 2-21　3 种冰草根系分布特性比较

冰草种	深度/cm	干重/g	占干重%	体积/cm³	占总体积/%	长度/km	占总长度/%	表面积/m²	占总面积/%
杂种冰草	0~5	153.50	39.28	275.00	23.19	4.51	39.32	14.16	39.31
	5~10	85.00	21.75	350.00	29.52	2.50	21.80	7.85	21.79
	10~15	44.00	11.26	187.50	15.81	1.29	11.25	4.05	11.24
	15~20	19.75	5.05	47.50	4.01	0.58	5.06	1.82	5.05
	20~25	13.25	3.39	35.00	2.95	0.39	3.40	1.22	3.39
	25~30	12.75	3.26	62.50	5.27	0.37	3.23	1.16	3.22
	30~35	9.25	2.37	35.00	2.95	0.27	2.35	0.85	2.36
	35~40	10.75	2.75	32.00	2.70	0.32	2.79	1.00	2.78
	40~45	9.00	2.30	25.00	2.11	0.26	2.27	0.82	2.28
	45~50	9.00	2.30	35.00	2.95	0.26	2.27	0.82	2.28
	50~55	6.50	1.66	30.00	2.53	0.19	1.66	0.60	1.67
	55~60	7.25	1.86	25.00	2.11	0.21	1.83	0.66	1.83
	60~65	4.75	1.22	23.75	2.00	0.14	1.22	0.44	1.22
	65~70	6.00	1.54	22.50	1.90	0.18	1.57	0.57	1.58
	总计	390.75		1185.75		11.47		36.02	
沙生冰草	0~5	313.25	56.24	950.00	49.93	10.43	56.41	32.75	56.32
	5~10	58.75	10.55	175.00	9.20	1.96	10.60	6.15	10.58
	10~15	51.75	9.29	195.00	10.25	1.72	9.30	5.40	9.29
	15~20	21.75	3.90	125.00	6.57	0.72	3.89	2.26	3.89
	20~25	29.25	5.25	67.50	3.55	0.66	3.57	2.07	3.56
	25~30	14.00	2.51	47.50	2.50	0.47	2.54	1.48	2.55
	30~35	19.25	3.46	75.00	3.94	0.64	3.46	2.01	3.46
	35~40	6.50	1.17	55.00	2.89	0.48	2.60	1.51	2.60
	40~45	11.75	2.11	52.50	2.76	0.39	2.11	1.22	2.10
	45~50	11.25	2.02	50.00	2.63	0.37	2.00	1.16	1.99
	50~55	6.00	1.08	32.50	1.71	0.20	1.08	0.63	1.08
	55~60	8.75	1.57	37.50	1.97	0.29	1.57	0.91	1.56
	60~65	2.75	0.49	22.50	1.18	0.09	0.49	0.28	0.48
	65~70	2.00	0.36	17.50	0.92	0.07	0.38	0.22	0.38
	总计	557.00		1902.50		18.49		58.05	

续表

冰草种	深度/cm	干重/g	占干重%	体积/cm³	占总体积/%	长度/km	占总长度/%	表面积/m²	占总面积/%
蒙古冰草	0～5	117.25	28.58	365.00	32.30	2.84	28.60	8.92	28.64
	5～10	97.25	23.71	245.00	21.68	2.35	23.67	7.34	23.56
	10～15	76.00	18.53	150.00	13.27	1.84	18.53	5.78	18.56
	15～20	33.50	8.17	75.00	6.64	0.81	8.16	2.54	8.15
	20～25	9.75	2.38	42.50	3.76	0.24	2.42	0.75	2.41
	25～30	12.50	3.05	45.00	3.98	0.30	3.02	0.94	3.02
	30～35	14.00	3.41	50.00	4.42	0.34	3.42	1.07	3.43
	35～40	13.75	3.35	52.50	4.65	0.33	3.32	1.04	3.34
	40～45	10.25	2.50	22.50	1.99	0.25	2.52	0.79	2.54
	45～50	7.25	1.77	12.50	1.11	0.18	1.81	0.57	1.83
	50～55	5.25	1.28	17.50	1.55	0.13	1.31	0.41	1.32
	55～60	6.25	1.52	15.00	1.33	0.15	1.51	0.47	1.51
	60～65	3.75	0.91	20.00	1.77	0.09	0.91	0.28	0.90
	65～70	3.50	0.85	17.50	1.55	0.08	0.81	0.25	0.80
	总计	410.25		1130.00		9.93		31.15	

注：单位面积（m²）为基础

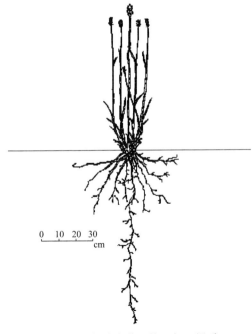

图 2-15　杂种冰草（第 3 年）根系

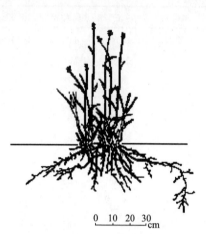

图 2-16　沙生冰草根系

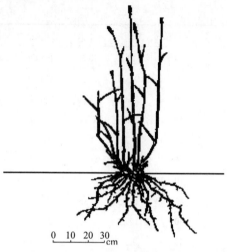

图 2-17　蒙古冰草根系

三、光合生理特性

植物的光合作用是其在长期进化过程中形成的对环境的一种适应,是植物生长的重要决定因素,是一切生长发育的基础,其特征不仅与植物的遗传特性有关,同时还受到环境、生长季节、生长状况等诸多因素的影响。植物的光合作用、呼吸作用及水分利用状况与环境和植物内部因子之间均有密切联系,其中光合有效辐射（PAR）是影响因子中的主导因子（林金科等,2000）,它不仅是植物生理活动的物质和能量基础,同时还影响着植物的生长、发育、繁殖和分布（祁娟,2009）。光合作用是植物十分复杂的生理过程,叶片净光合速率（Pn）与自身因素,如叶绿素含量、叶片厚度、叶片成熟度、叶片水压亏缺等密切相关,又受光照强度、气温、空气 CO_2 浓度、空气相对湿度、土壤含水量等影响。

杜占池和杨宗贵（2000）采用移植盆栽的方法对冰草叶片光合速率与生态因子的关系进行了研究,发现冰草属于 C_3 阳性草本植物中光合效率较高、对温度适应性较广的一类。在适宜条件下,光饱和点和光合速率较高,接近一般 C_3 阳性植物的上限,其光补偿点和 CO_2 补偿点较低,在 C_3 阳性植物的下限。最适温度范围较宽,为 19～28℃,高温补偿点高达 63℃,远远超出 C_3 阳性草本植物的范围。与 C_3 植物羊草比较,冰草的土壤水分补偿点较低,当土壤由湿变干时,其光合生态特性指标的变化率较小,表明其耐干旱能力较强。冰草的温度饱和点较低,高温补偿点较高,最适和适宜温度范围较宽,表明其对温度的适应性较广。冰草的最大光合速率较高, CO_2 补偿点较低,对 CO_2 的利用能力较强。何文兴等（2004）对包括蒙古冰草在内的 6 种禾草乳熟期净光合速率日变化进行了比较研究后认为，蒙古冰草的净光合速率日变化曲线呈"双峰形"，大气相对湿度偏低（＜55%）和叶片温度偏高（＞36℃）是导致"午休"的重要因素。蒙古冰草的净光合速率第一峰值出现在 9：06；"午休"经历时间是 467 分钟；"午休"期间的叶片温度均值为 37.0℃。羊草和蒙古冰草具有相似的净光合速率日变化曲线。

2005 年，内蒙古农业大学课题组对内蒙沙芦草（*A.mongolium* Keng cv.Neimeng）、蒙农 1 号蒙古冰草（*A.mongolium* Keng cv.Mengnong No.1）和蒙农杂种冰草的光合生理特性进行了测定。

（一）净光合速率

各材料随着光照强度的不断增大，净光合速率也相应出现增大趋势，但增加的幅度越来越小，最后趋于平稳或缓慢下降。内蒙沙芦草在 PAR 为 2400μmol/（m²·s）时，净光合速率达到最大值 20.7μmolCO$_2$/（m²·s），之后随着光照强度的增大净光合速率略有下降；蒙农 1 号蒙古冰草在光照强度为 2800μmol/（m²·s）时，净光合速率达到最大值 23.8μmolCO$_2$/（m²·s）；蒙农杂种冰草在光照强度为 1200μmol/（m²·s）时净光合速率达到最大值 10.59μmolCO$_2$/（m²·s），之后随着光照强度的增加，净光合速率缓慢下降，当光照强度为 2800μmol/（m²·s）时其净光合速率为 9.42μmolCO$_2$/（m²·s），可能是出现了微弱光抑制现象（图 2-18）。

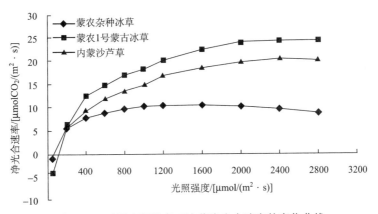

图 2-18　不同光照强度下冰草净光合速率的变化曲线

从整个过程来看，蒙农 1 号蒙古冰草各个光照强度下的净光合速率要明显高于内蒙沙芦草，这说明蒙农 1 号蒙古冰草的光合性能要强于内蒙沙芦草。蒙农 1 号蒙古冰草和内蒙沙芦草的净光合速率要远大于蒙农杂种冰草，其原因是光响应曲线的测定时间在 9 月中旬，此时蒙农 1 号蒙古冰草和内蒙沙芦草的长势比较旺盛，而蒙农杂种冰草的长势较弱，蒙农 1 号蒙古冰草在果后营养期的长势好于蒙农杂种冰草。蒙农 1 号蒙古冰草和内蒙沙芦草在强光下均未出现净光合速率急剧下降现象，表明蒙农 1 号蒙古冰草的光饱和点较高。蒙农 1 号蒙古冰草和内蒙沙芦草的光补偿点差异不大,蒙农 1 号蒙古冰草的光补偿点为 50μmol/(m²·s) 左右,内蒙沙芦草的光补偿点为 60μmol/(m²·s) 左右,蒙农 1 号蒙古冰草的光补偿点低于内蒙沙芦草,蒙农 1 号蒙古冰草在早晚或阴天下的光合性能强于内蒙沙芦草。蒙农 1 号蒙古冰草和内蒙沙芦草的暗呼吸速率相差不大,蒙农 1 号蒙古冰草的暗呼吸速率为 $-3.01\mu molCO_2/(m^2·s)$ 左右,内蒙沙芦草的暗呼吸速率为 $-3.48\mu molCO_2/(m^2·s)$ 左右。

(二) 胞间 CO_2 浓度

3 个冰草材料的胞间 CO_2 浓度 (Ci) 变化趋势基本一致,随着光照强度的提高,都呈下降趋势,下降速率越来越慢,最后趋于平稳。在光照强度为 0~600μmol/(m²·s) 时,3 个冰草材料对光照强度增加的反应很敏感,胞间 CO_2 浓度急速下降;在光照强度为 1000~2800μmol/(m²·s) 时,胞间 CO_2 浓度已经达到一种平衡状态,蒙农杂种冰草的胞间 CO_2 浓度基本稳定在 300μmol/mol 左右,蒙农 1 号蒙古冰草和内蒙沙芦草的胞间 CO_2 浓度稳定在 320μmol/mol 左右 (图 2-19)。CO_2 是光合作用的基本原料,胞间 CO_2 浓度从一定程度上可以反映植物细胞利用空气中 CO_2 合成有机物的能力及植物光合与呼吸的强度,随着光照强度的增大,所测试叶片均表现为胞间 CO_2 浓度下降,表明高光照强度能够提高蒙农 1 号蒙古冰草和蒙农杂种冰草的光合作用效率。

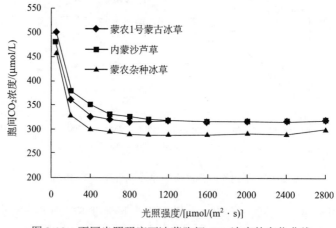

图 2-19　不同光照强度下冰草胞间 CO_2 浓度的变化曲线

(三) 气孔导度

蒙农 1 号蒙古冰草和内蒙沙芦草的气孔导度 (Gs) 变化在光照强度为 0~400μmol/(m²·s) 时上升速率较快,当光照强度大于 400μmol/(m²·s) 时,上升速率变小，最后趋于稳定。当光照强度为2800μmol/（m²·s）时，蒙农1号蒙古冰草和内蒙沙芦草的气孔导度达到最大值，蒙农1号蒙古冰草为0.2830mmol/（m²·s），内蒙沙芦草为0.2580mol/（m²·s）。当光照强度大于400μmol/（m²·s）以后，蒙农1号蒙古冰草的气孔导度明显大于内蒙沙芦草的。根据赵秀琴等在水稻上的试验，水稻的净光合速率与气孔导度呈显著正相关，说明蒙农1号蒙古冰草的光合能力要强于内蒙沙芦草。当光照强度为0～200μmol/（m²·s）时，蒙农杂种冰草气孔导度随光照强度的增大而快速增加，当光照强度大于200μmol/（m²·s）时，增长速率变缓，在光照强度为1600μmol/（m²·s）时，气孔导度达到最大值0.1186mmol/（m²·s），之后随着光照强度的增强而缓慢下降（图2-20）。蒙农1号蒙古冰草和内蒙沙芦草的气孔导度要大大高于蒙农杂种冰草的气孔导度，表明蒙农1号蒙古冰草和内蒙沙芦草此时的光合能力强于蒙农杂种冰草的光合能力。

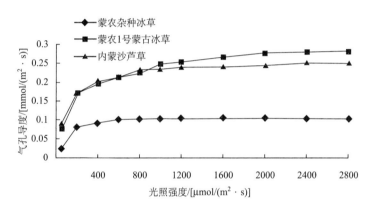

图 2-20 不同光照强度下冰草气孔导度的变化曲线

（四）蒸腾速率

蒙农 1 号蒙古冰草和内蒙沙芦草在不同光照强度下蒸腾速率（Tr）的变化趋势与气孔导度的变化趋势基本相同，随着光照强度的增大而增大，但增大的速率越来越小，最终达到或接近一种平衡状态。当光照强度为 2800μmol/（m²·s）时，蒙农 1 号蒙古冰草和内蒙沙芦草的蒸腾速率最大，蒙农 1 号蒙古冰草为 7.654molH$_2$O/（m²·s）、内蒙沙芦草为 6.902molH$_2$O/（m²·s）；蒙农杂种冰草在光照强度为 200～400μmol/（m²·s）时蒸腾速率增加最快，光照强度为 2000μmol/（m²·s）时蒸腾速率最大，为 4.564molH$_2$O/（m²·s）；当光照强度大于 800μmol/（m²·s）后，蒙农 1 号蒙古冰草的蒸腾速率要明显大于内蒙沙芦草的蒸腾速率，在整个光响应过程中蒙农 1 号蒙古冰草和内蒙沙芦草的蒸腾速率均大于蒙农杂种冰草，这与它们气孔导度的大小有关（图 2-21）。

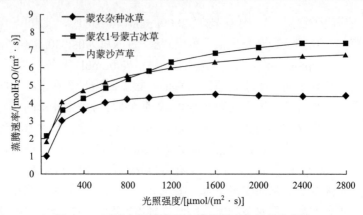

图 2-21　不同光照强度下冰草蒸腾速率的变化曲线

（五）日进程变化

蒙农 1 号蒙古冰草、内蒙沙芦草和蒙农杂种冰草的净光合速率日进程均呈双峰曲线，蒙农 1 号蒙古冰草和内蒙沙芦草的峰形基本一致，3 个材料第一峰出现在 9：00 左右，此峰值也是 3 个材料一天中的瞬时最大净光合速率值，蒙农 1 号蒙古冰草为 23.0μmolCO₂/（m²·s）、内蒙沙芦草为 21.4μmolCO₂/（m²·s）、蒙农杂种冰草为 26.3μmolCO₂/（m²·s）。第二峰出现在 18：00 左右，3 个材料第二峰的峰值明显小于第一峰的峰值（图 2-22）。3 个材料在 13：31～15：27 的净光合速率很低，光合午睡现象很明显。蒙农 1 号蒙古冰草叶片温度和湿度均随外界温度和湿度的变化而变换，叶片温度略低于空气温度，叶片湿度略高于空气湿度，9：00之后到 17：00 之前，湿度日变化曲线与净光合速率日变化曲线很吻合，湿度对光

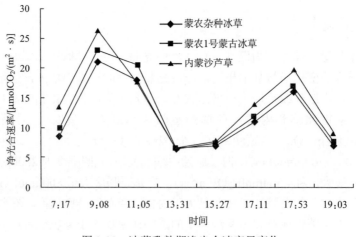

图 2-22　冰草乳熟期净光合速率日变化

合作用的影响很明显。在 9：00 之前和 17：00 之后，光照强度比较弱，光合作用受到光照强度的限制，净光合速率较低（图 2-23）。

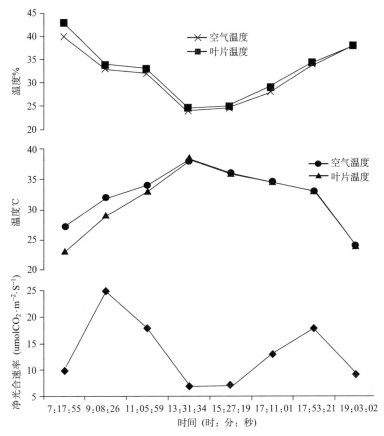

图 2-23 冰草叶片温度和湿度的日变化曲线

（六）光合特性

蒙农 1 号蒙古冰草和内蒙沙芦草的光合特征值基本符合 C_3 阳性草本植物的光合特征值[光补偿点 PAR 为 30～60μmol/（m^2·s），最大净光合速率为 25molCO_2/（m^2·s）]，但蒙农 1 号蒙古冰草和内蒙沙芦草的光饱和点 PAR 为 2600μmol/（m^2·s），远大于 C_3 阳性草本植物的光饱和点[1090～1710μmol/（m^2·s）]，也大于该地区当时最大自然光照强度，这可能与测定时的环境条件有关，测定时水分条件很好，气温不高，很适合植物的光合作用（表 2-22）。通常认为 C_3 植物和 C_4 植物的最大区别在于自然条件下 C_3 植物在最高光照强度的 1/4～1/2 即达到饱和，而 C_4 植物没有光饱和点（石井龙一和村田吉男,1978）。杜占池等（1999）对草原某些植物的光合特性进行研究后也证明在 C_3 植物中有在自然最大光照强度下达不到光饱和的种类。蒙农 1 号蒙古冰草与内蒙沙芦草在乳熟期存在明显的光合午睡现象，外界湿度对其光合作用有明显的影响。这与许多学者的研究结果相似，即大气相对湿度低是导致光合午睡现象的重要生态因子（王德利等, 1999；王玉辉和周广胜，2001）。

表 2-22　　冰草基本光合特征值　　　　　[单位：$\mu mol/(m^2 \cdot s)$]

品种（系）	光饱和点	最大净光合速率	暗呼吸	光补偿点
蒙农 1 号蒙古冰草	>2400	23.8	-3.01	50 左右
内蒙沙芦草	>2400	20.7	-3.48	60 左右

闫伟红等（2010）研究发现，在自然晴天条件下，冰草叶片净光合速率日变化呈双峰形，上午的峰值高于下午的，也出现了明显的光合"午休"现象。造成植物叶片光合"午休"的因素有两个，即气孔限制因素和非气孔限制因素，前者是由于强光、高温、低湿度等环境因子引起气孔部分关闭，造成胞间 CO_2 浓度降低而引起净光合速率下降；后者是由于叶肉细胞自身羧化酶活性（羧化阻力增加）降低导致净光合速率下降，此时胞间 CO_2 浓度增高（杨全等，2009），即强光不是引起"午休"的直接原因，它是通过影响温度、湿度、空气 CO_2 浓度等环境因子而进一步影响植物的气孔导度、胞间 CO_2 浓度、叶片水压亏缺等生理因子而引起的。因此，冰草净光合速率午后降低时，气温、PAR 未达到最大值，空气相对湿度（RH）也不是最低值，而大气 CO_2 浓度（Ca）逐渐上升，此时叶片水压亏缺（VPD）达到峰值，引起蒸腾速率（Tr）升高，但是总体来看气孔导度呈下降趋势，胞间 CO_2 浓度、水分利用效率（WUE）下降至低谷，由于蒸腾作用导致叶片水分胁迫的产生，生理特性、气孔状况发生变化，进而引起光合速率的下降；同时发现，各环境因子间相互制约，不同时段起主导作用的环境因子有所差异，同一环境因子不同时段对净光合速率的影响也不同，主要是通过对蒸腾速率、叶片水压亏缺和水分利用效率的作用来影响净光合速率；表明抽穗末期、开花初期冰草净光合速率午间降低出现光合"午休"是由气孔限制因素和非气孔限制因素共同作用引起的。

冰草净光合速率的主要自身影响因子为叶绿素 b 含量；蒸腾速率日变化影响较大的本身生理因子是叶绿素 a 含量，同时叶绿素 a 含量与叶片水压亏缺呈现显著正相关，说明冰草自身生理状况对其光合作用影响较大；蒸腾速率日变化受胞间 CO_2 浓度影响较大，进而制约光合速率的变化。蒸腾速率的强弱是表明植物水分代谢的一个重要生理指标，与净光合速率有着紧密的联系。植物净光合速率的变化是各生理因子和环境因子综合作用的结果，而不同时间段各因子的影响存在差异，甚至效应相反（许大全，1990）。由此可见，冰草光合作用是植物体本身的生理因子和环境因子共同作用的结果。

第三节　冰草产量与品质形成的生物学基础

牧草生产的目的在于获得高产优质的饲草和种子产量，最大限度地满足畜牧业及草业生产需求。在生产中，产量增长与品质增长并非一致，它们与草种（品种）、生活年限、栽培条件、收获加工及生育时期等因素有着密切的关系。

一、不同生育时期产量与品质的形成

冰草返青后，随着生育时期的推进鲜草产量一直呈上升趋势，干草产量则呈双峰动态曲线，第一高峰出现在开花期，第二高峰出现在成熟期；粗蛋白质、粗脂肪、粗灰分、胡萝卜素，以及钙、磷的含量随生育时期的推进而降低，无氮浸出物和粗纤维含量则随之增加，随生育时期的变化各营养物质之间表现出明显的相关性。

有关冰草属牧草产量和营养物质含量的变化规律，中国学者研究甚少。云锦凤等（1989b）对诺丹冰草（*A.desertorum* cv.Nordan）、杂种冰草（*A. cristatum* × *A.desertorum* cv.Hycrest）、伊菲冰草（*A. cristatum* cv. Ephraim）和蒙古冰草（*A. mongolicum* Keng.）从返青期到成熟期的产量及营养物质含量进行了研究。在生长季内，冰草产量处于动态变化中，随着生育时期的推进干物质积累逐渐增加，在开花期和成熟期出现两个高峰值。在冰草生育前期，其粗蛋白质、粗脂肪、粗灰分、胡萝卜素，以及钙、磷的含量均高，随着生长发育的进展而逐渐下降，特别是粗蛋白质的含量在返青-拔节和抽穗-开花两个时期的下降幅度较大。而无氮浸出物和粗纤维的含量随着生育期的推移而增加，其中粗纤维含量的增加更为明显，二者分别在开花期和结实期达到高峰值。随生育期的变化，各营养成分之间具有明显的相关性。其中粗蛋白质含量和粗纤维含量之间存在着很强的负相关，而粗蛋白质含量与粗灰分、胡萝卜素及磷的含量之间存在着很强的正相关。

（一）产量动态

冰草返青后，随着生育时期的推移鲜草产量逐渐增加，在整个生长期内呈上升趋势。除伊菲冰草外，其余 3 个冰草品种的产量在成熟期达到最高，亩[①]产均在 540kg 以上。干草产量动态则呈双峰曲线，第一高峰在生长最旺盛的开花期，结实期产量稍有下降，至成熟期又迅速增加，出现另一高峰。总的来看，4 个冰草品种干物质积累动态呈现出由低→高→稍下降→高的规律，干物质最高产量出现在开花期和成熟期（表 2-23）。

表 2-23　不同生育时期内 4 个冰草品种的鲜、干草产量　　（单位：kg/亩）

冰草品种	返青期		拔节期		抽穗期		开花期		结实期		成熟期	
	鲜重	干重	鲜重	干重	鲜重	干重	鲜重	干重	鲜重	干重	鲜重	干重
杂种冰草	26.67	16.63	88.54	24.58	177.58	69.00	376.25	236.38	457.88	182.32	541.13	263.47
伊菲冰草	16.97	11.08	38.75	14.83	103.75	30.42	189.58	116.22	249.75	106.56	228.93	118.61
诺丹冰草	21.71	12.96	69.92	19.29	155.75	58.55	240.00	170.56	457.88	179.82	603.56	275.14
蒙古冰草	34.63	19.71	107.71	33.63	228.71	94.48	483.75	252.90	541.13	244.44	541.13	271.06

注：1 亩≈666.7m^2

　　不同生育时期 4 个冰草品种的产量均有差别。返青期到结实期以蒙古冰草的产量为最高，杂种冰草和诺丹冰草的产量相差不大；成熟期则以诺丹冰草的产量最高；伊菲冰草在 6 个生育时期的产量均远低于其他各种冰草，即使在其产量高峰的结实期，其亩产干草也只有 106.56kg，比同期的蒙古冰草、杂种冰草、诺丹冰草分别低 56.4%、41.6%和 40.7%。

（二）营养动态

　　4 个冰草品种都具有较高的营养价值，特别是粗蛋白质含量同禾本科其他一些牧草相比具有明显的优势。例如，抽穗期羊草的粗蛋白质含量为 13.35%，老芒麦为 13.9%，而供试 4 个冰草品种的粗蛋白质含量均达到 18%以上（表 2-24）。

表 2-24　不同生育时期内 4 个冰草品种的营养成分变化

冰草品种	物候期	占风干物质的比例/%								胡萝卜素/（mg/kg）
		水分	粗蛋白质	粗灰分	粗脂肪	粗纤维	无氮浸出物	钙	磷	
杂种冰草	返青期	5.77	26.02	10.13	5.27	21.77	31.64	2.40	0.68	450.71
	拔节期	8.18	20.08	7.55	5.05	26.25	32.59	1.14	0.40	433.15
	抽穗期	4.45	19.57	7.63	5.31	26.64	36.40	1.10	0.41	281.15
	开花期	4.70	10.80	6.30	4.41	30.53	43.26	0.40	0.33	145.60
	结实期	7.93	10.10	5.37	2.87	32.74	40.99	0.09	0.26	95.20
	成熟期	8.35	9.37	5.36	2.87	31.47	42.58	0.07	0.22	70.40
伊菲冰草	返青期	6.18	27.78	10.23	5.22	20.40	30.19	1.96	0.82	494.87
	拔节期	8.76	20.52	7.56	5.06	25.98	32.12	1.07	0.43	443.12
	抽穗期	3.03	19.93	7.42	6.01	29.44	34.17	1.26	0.46	312.45
	开花期	4.69	11.60	6.00	4.10	31.65	41.96	0.56	0.31	218.15
	结实期	7.25	12.14	6.17	3.07	32.46	38.91	0.10	0.21	106.40
	成熟期	8.29	10.36	5.37	2.76	29.87	43.35	0.10	0.26	63.20

续表

冰草品种	物候期	占风干物质的比例/%								胡萝卜素/（mg/kg）
		水分	粗蛋白质	粗灰分	粗脂肪	粗纤维	无氮浸出物	钙	磷	
诺丹冰草	返青期	6.10	20.75	10.74	5.53	19.60	29.28	3.92	0.97	433.84
	拔节期	8.64	21.05	7.82	4.03	26.29	31.27	1.52	0.49	359.49
	抽穗期	3.84	18.81	6.93	5.05	28.77	36.60	1.01	0.47	299.48
	开花期	3.82	10.58	5.99	4.07	33.36	42.18	0.41	0.30	174.76
	结实期	7.56	10.78	5.64	3.06	32.87	40.09	0.16	0.20	90.40
	成熟期	8.72	11.56	6.67	2.22	33.78	37.05	0.08	0.28	39.60
蒙古冰草	返青期	5.03	24.30	10.09	5.53	22.38	32.67	2.05	0.60	457.71
	拔节期	8.76	19.60	7.61	4.25	29.67	30.71	1.17	0.43	433.89
	抽穗期	3.87	18.64	7.16	4.17	31.20	34.96	0.92	0.44	297.22
	开花期	4.30	10.59	5.03	3.87	35.95	40.86	0.42	0.27	139.15
	结实期	6.73	10.64	5.65	3.04	36.23	37.71	0.09	0.22	58.00
	成熟期	7.11	8.51	4.98	2.64	33.50	43.26	0.07	0.18	54.00

　　4 个冰草品种在不同的生育时期，粗蛋白质含量的变化规律基本相同。例如，各生育时期 4 种冰草的粗蛋白质含量均以返青期为最高（在 23%以上），以后随着生育时期的推移呈下降趋势，尤以返青-拔节和抽穗-开花这两个时期的下降幅度最大。粗蛋白质含量的下降是由于植物春季返青后生长逐渐加快，一方面大量的蛋白质用于新器官的建成，另一方面植物由营养生长转入生殖生长要消耗大量的有机质。4 个冰草品种中除蒙古冰草粗蛋白质含量较低外，其他 3 个冰草品种较为接近。蒙古冰草粗蛋白质含量低可能与其叶量少有关。

　　各冰草粗纤维含量从返青期至开花期呈明显的增加趋势，除诺丹冰草外，其他均在结实期达到含量高峰。同粗蛋白质含量变化相反，粗纤维含量在返青-拔节期和抽穗-开花期增加的幅度较大，如蒙古冰草在这两个时期分别增加了 7.29%和 4.75%。

　　随着生育期的变化，冰草的粗蛋白质含量逐渐下降，粗纤维含量逐渐增加，从而使冰草的饲用价值逐渐降低，特别是开花后的营养价值明显下跌。因此，冰草的利用以开花期以前为最好。

　　粗灰分、钙和磷的含量代表着植物体内矿物质的含量。在整个生长期内，它的变化规律同粗蛋白质含量的变化一样，从返青期开始呈下降趋势，其中尤以返青-拔节期和抽穗-开花期下降幅度最大。相比之下，诺丹冰草在返青期钙、磷含量较高，分别为 3.9%和 0.97%，随后迅速下降，拔节期后钙、磷的含量与其他冰草无多大差别。

　　粗脂肪的含量除蒙古冰草从返青期开始呈急剧下降趋势外，其他 3 个冰草品种在抽穗期均有所增加,其中伊菲冰草达到其最高值(6.01%),比返青期高 0.79%。抽穗期过后,各种冰草的粗脂肪含量均急剧下降,至成熟期达到最低值。

胡萝卜素含量的变化在 4 种冰草间差异不大,大体都呈直线下降趋势,成熟时其含量降到最低值。无氮浸出物含量从返青期到开花期表现出明显增加趋势,4个冰草品种均在开花期达到高峰值,以后随着生育期的推移,诺丹冰草呈直线下降趋势,而其他 3 个冰草品种在经历了结实期的低峰之后又有所增加,至成熟期达到另一高峰值。

各营养物质之间随生育时期的变化互相制约,并表现出一定的相关性。各冰草品种粗蛋白质含量与粗纤维含量之间存在着很强的负相关,相关系数(r)小于0.9243,而粗蛋白质含量与磷、粗灰分和胡萝卜素的含量之间存在着很强的正相关,相关系数(r)分别大于 0.9300、0.9468 和 0.9297(表 2-25)。

表 2-25　4 个冰草品种主要营养成分间的相关性

冰草品种	相关系数(r)			
	粗蛋白质与粗纤维	粗蛋白质与粗灰分	粗蛋白质与磷	粗蛋白质与胡萝卜素
杂种冰草	−0.9830	0.9697	0.9300	0.9543
伊菲冰草	−0.9900	0.9468	0.9599	0.9297
诺丹冰草	−0.8576	0.9772	0.9465	0.9321
蒙古冰草	−0.9039	0.9686	0.9887	0.9648

二、种子产量构成因子的分析

牧草种子产量是指单位面积上形成的种子质量。单位面积种子产量的大小取决于单位面积生殖枝数量、每个花序上的小穗数量、每个小穗上的小花数量、种子数量及种子质量,这 5 个因素构成了牧草种子的产量组成部分。牧草种子产量的构成因素属于数量性状,数量性状受多基因控制,易受环境条件的影响,不同条件下产量构成因素对产量的贡献率大小不一。

不同的植物种子产量构成因子对产量的贡献大小不同,在大多数禾本科牧草中每花序小穗数、每小穗小花数和种子千粒重是相对稳定的因子。2004 年,海棠和韩国栋在内蒙古西苏旗对蒙古冰草的种子产量构成因子进行了分析。采用灌溉和旱作两种处理,半移动式喷灌,苗期和抽穗期灌溉。蒙古冰草的种子产量构成因子中变异最大的是有效分蘖数和每穗种子数,因此,在生产实践中应针对限制因子制订合理的技术措施从而达到增产的目的。蒙古冰草的每穗小穗数、每穗小花数、千粒重的变幅最小,如果能够用一些手段选育出每穗小穗数多、每穗小花数多和种子千粒重大的蒙古冰草新品系将对其种子产量的提高有更大的作用,且性状会稳定的遗传下去。

一般牧草在一定范围内，种子产量随生殖枝数目的增加而增加，两者之间具有显著的相关关系，在生产中通过田间管理措施（首先对生态系统的健康基本没有影响，其次在最经济的条件下）以最佳的行间距、最有效的灌溉量及时期可最大限度地提高有效分蘖数。每小穗上的小花数目和每小花上结的种子数之比构成结实率，不同牧草中的胚珠数目各不相同。禾本科牧草每朵小花中最多含有 1 枚胚珠，牧草生产中并不是所有胚珠都能发育为种子，由于牧草自身的结构障碍、遗传特性、环境因素的影响，大部分胚珠不能发育为种子，从而影响牧草种子产量的提高。据报道，种子生产中限制潜在种子产量实现的主要原因是传粉率低、受精率低、受精后合子败育率高和结实率低，同时环境因素对开花时间、花粉的成熟、花粉的传播与萌发也有影响。

种子千粒重代表种子个体的发育程度，它在一定程度上影响着种子产量。从试验结果看，不同条件下其千粒重变幅很小。据报道，花期喷施营养液对提高种子千粒重有重要作用。

蒙古冰草表现产量与潜在产量之间存在着很大差异，这与花粉的败育性、花粉萌发率低、花粉管伸长受阻有关，与不能够完成正常的受精过程、胚胎发育不正常、半途死亡等现象有关，与牧草开花成熟期不太一致及具有很强的落粒性有关。蒙古冰草具有很强的落粒性，这也是影响实际种子产量的一个因素。当然在天然草地的补播中，蒙古冰草的落粒性对植被恢复具有积极的作用，但在人工草地的建立及种子繁殖中，落粒性却是一个缺点。

蒙古冰草在旱作条件下每株穗数为 1～3 个，每穗小穗数为 22～27 个，每穗小花数为 114～160 个，每穗种子数为 39～63 个，结实率为 31.11%～40.12%，千粒重为 1.839～1.886g。其中变幅最大的为每株穗数 0.3513，其次为每穗种子数 0.1720，变异最小的为千粒重 0.0079（表 2-26）。这说明种子生产中有效分蘖数的增产效应最大，其次为每穗种子数，千粒重的变异范围最小。每株穗数对产量的贡献率为 50.89%，每穗种子数为 24.91%，其次为每穗小花数为 16.50%（表 2-27）。

表 2-26 旱作条件下蒙古冰草种子产量构成因子统计

序号	有效穗数	每穗小穗数	每穗小花数	每穗种子数	结实率/%	千粒重/g
1	1	22	141	50	35.46	1.845
2	2	25	160	61	38.12	1.886
3	3	25	138	42	31.11	1.865
4	2	27	157	63	40.12	1.852
5	2	23	130	45	34.61	1.851
6	3	24	122	40	32.78	1.863

续表

序号	有效穗数	每穗小穗数	每穗小花数	每穗种子数	结实率/%	千粒重/g
7	2	27	162	53	33.75	1.878
8	1	23	136	45	33.83	1.839
9	3	25	141	46	32.62	1.849
10	2	24	114	39	35.77	1.857

表 2-27　旱作条件下蒙古冰草种子产量因子贡献率统计表

条件		每株穗数	每株小穗数	每穗小花数	每穗种子数	千粒重/g
旱作	X	2.1	24.5	140.1	48.4	1.858
	CV	0.3513	0.0452	0.1139	0.1720	0.0079
贡献率/%		50.89	6.54	16.50	24.91	1.133
灌溉	X	4.1	25.4	146.4	63.4	1.878
	CV	0.2125	0.0497	0.0938	0.1455	0.0065
贡献率/%		41.83	9.78	18.46	28.64	1.28

　　蒙古冰草在灌溉条件下每株穗数的变幅为 3~5 个，变异系数为 0.2125，即灌溉能够促进有效分蘖的增加；每穗小穗数的变幅在灌溉条件为 23~27 个，说明每穗小穗数性状较稳定，不易受环境条件的影响；每穗小花数增幅不大；但每穗种子数的变幅为 51~78 个；千粒重的变幅很小，变异系数为 0.0065，说明千粒重的增产潜力不大。产量构成因子对产量的贡献率大小顺序为每株穗数、每穗种子数和每穗小花数（表 2-28）。

表 2-28　灌溉条件下蒙古冰草种子产量构成因子统计

序号	每株穗数	每穗小穗数	每穗小花数	每穗种子数	结实率/%	千粒重/g
1	5	25	146	60	40.09	1.902
2	3	27	166	78	46.98	1.896
3	3	25	145	57	39.31	1.885
4	5	26	137	51	37.22	1.863
5	4	24	136	72	52.94	1.852
6	4	23	135	59	43.70	1.898
7	5	26	141	63	44.68	1.845
8	3	25	129	52	43.33	1.863
9	4	26	165	73	44.24	1.901
10	5	27	164	69	42.07	1.877

　　旱作条件下蒙古冰草的潜在种子产量为 309.87kg/hm²，但表现产量为 107.96kg/hm²，实际产量为 51.22kg/hm²。实际产量只有潜在产量的 16%、表现产量的 47.21%。灌溉条件下种子的潜在产量为 659.75kg/hm²，实际产量为 140.87kg/hm²，表现产量为 285.89kg/hm²。灌溉条件下实际产量为潜在产量的 21.35%、表现产量的 49.27%，无论是旱作条件还是灌溉条件蒙古冰草的增产潜力还是很大的（表 2-29）。

表 2-29　蒙古冰草种子产量分析　　　　　（单位：kg/hm²）

条件	潜在种子产量	表现产量	实际产量（收获产量）
旱作	309.87	107.96	51.22
	120×24.5×5.67×1.858/1000	120×24.5×48.4×1.858/1000	(1.28g/m×40m)/ 10×(667×15)/1000
灌溉	659.75	285.89	140.87
	240×25.4×5.67×1.878/1000	240×63.4×5.67×1.878/1000	(3.52g/m×40m)/ 10×(667×15)/1000

第四节　冰草产量和品质形成的影响因素

　　获得产量高、品质好的饲草是牧草生产的最终目的，而产量和品质的形成受牧草种（品种）、气候条件、播种因素、管理措施等的影响。

一、不同种（品种）对产草量的影响

　　冰草属植物具有优异的抗寒、耐旱和耐牧特性，是欧亚草原区分布广泛的、生态幅度宽的优良多年生禾草。20 世纪初引入北美洲，经过多年的引种栽培和育种工作，北美洲已培育出一批冰草新品种，广泛用于北美洲干旱地区的草地改良和植被恢复。冰草属植物是中国温带干旱半干旱地区天然草原植被的重要组成成分，合理保护和利用冰草资源，在中国北方草地植被建设和畜牧业发展中发挥着重要作用。为了适应草地畜牧业生产和生态植被建设的需要，中国北方一些地区大量引进了北美冰草品种资源。为了充分利用和开发中国冰草资源，以及为成功地引进北美冰草属牧草提供科学依据，谷安琳等（1998）在内蒙古干旱半干旱地区（内蒙古呼和浩特市南部郊区和包头市达茂旗海雅牧场）对中国和美国冰草属共 11 个材料进行了为期 7 年的常规评价试验[中美合作项目"北美和亚洲牧草种质资源评价"（1990～1998 年）]，材料包括蒙古冰草（*A. mongolicum* Keng ）、西伯利亚冰草[*A. sibiricum* (willd.) Beauv.]、蒙古冰草 1（*A. mongolicum* Keng ）、杂种冰草（*A. cristatum*×*A. desertorum* cv. Hycrest）、航道冰草（*A. cristatum* cv. Fairay）、P-27 冰草（*A. sibiricus* cv. P-27）、苛克冰草（*A. cristatum* cv. Kirk）、综合冰草（Synthetic-H）、帕克维冰草（*A. cristatum* cv. Parkway）、沙生冰草 [*A. desertorum*（Fisch.）Schult.]和伊菲冰草（*A. cristatum* cv. Ephraim）。

（一）品种效应

1. 旱年播种的品种效应

试验地区 1991 年为旱年，6 月中旬播种后至 9 月下旬，呼和浩特和海雅牧场两地所获雨量分别为同期常年值的 61.00%和 67.35%。内蒙古的 4 个冰草材料播种当年在呼和浩特的建植水平较低，但在海雅牧场的建植很成功，其中蒙古冰草 1 的建植率高达 80%。所有供试的北美冰草品种建植失败，没有获得牧草产量。对旱年播种建植的材料连续 5 年的牧草产量分析表明，材料间差异在两个地点分别达到了 1%和 5%的显著水平。极差测验指出（表 2-30），两个蒙古冰草材料的主效最好，其中原产于内蒙古锡林郭勒盟的蒙古冰草（蒙古冰草 2）在呼和浩特试验点牧草产量显著高于西伯利亚冰草，极显著高于沙生冰草；原产于内蒙古巴彦诺尔盟的蒙古冰草（蒙古冰草 1）在海雅试验点显著优于同一产地的沙生冰草和西伯利亚冰草。

表 2-30　冰草草产量极差测验（LSR）（1992～1996 年）

材料	主效	0.05	呼和浩特			海雅牧场		
			平均产量 /（kg/hm²）	0.05	0.01	平均产量 /（kg/hm²）	0.05	0.01
蒙古冰草 2	119	a	815	a	A	389	ab	A
蒙古冰草 1	113	a	681	ab	AB	511	a	A
西伯利亚冰草	−109	b	513	bc	AB	235	b	A
沙生冰草	−122	b	456	c	B	266	b	A

2. 降水丰年播种的品种效应

1992 年呼和浩特地区生长季降水量为常年值的 140%左右，播种的材料/品种全部建植。其中，蒙古冰草材料已获得了 5 年的牧草产量，北美冰草品种仅获得了 2～3 年的牧草产量。

对不同建植期的牧草产量分别进行方差分析，结果表明品种间差异均达到了 1%的显著水平。极差测验表明（表 2-31），无论何种水平比较，蒙古冰草 2 表现最好，其次是蒙古冰草 1 和西伯利亚冰草。沙生冰草虽然在建植初期产量相对较低，但 2 年后产量高于北美的冰草品种。建植 2 年期的北美品种以杂种冰草和航道冰草产量最高，3 年期则以 P-27 冰草和综合冰草产量最高。

表 2-31 冰草材料/品种不同建植期的牧草产量极差测验（LSR）

建植第 2 年（1993 年）				建植第 3 年（1994 年）				建植第 2～6 年（1993～1997 年）平均			
品种/材料	干草产量 /（kg/hm²）	0.05	0.01	品种/材料	干草产量 /（kg/hm²）	0.05	0.01	品种/材料	干草产量 /（kg/hm²）	0.05	0.01
蒙古冰草 2	2406	a	A	蒙古冰草 1	1839	A	A	蒙古冰草 2	1265	a	A
西伯利亚冰草	1712	b	B	蒙古冰草 2	1626	ab	AB	蒙古冰草 1	997	a	AB
蒙古冰草 1	1416	bc	BC	沙生冰草	1143	bc	BC	西伯利亚冰草	833	ab	AB
杂种冰草	1234	bcd	BCD	西伯利亚冰草	1071	C	BCD	沙生冰草	514	b	B
航道冰草	1218	bcd	BCD	P-27 冰草	658	cd	CDE				
P-27 冰草	1141	cd	BCD	综合冰草	652	cd	CDE				
苛克冰草	1100	cde	BCD	苛克冰草	525	D	CDE				
综合冰草	1017	cde	BCD	航道冰草	507	D	CDE				
帕克维冰草	805	de	CD	杂种冰草	479	D	CDE				
沙生冰草	583	e	D	帕克维冰草	348	D	DE				
伊菲冰草	560	e	D	伊菲冰草	258	D	E				

（二）草产量年度变化

1. 国内引种材料建植 6～7 年的产量变化

建植多年的内蒙古冰草材料年度间的产量差异极显著，因地点和播种年份不同，牧草产量的年变幅有所不同，但基本的变化趋势一致，即与牧草的生长年限和生长季降水量的年度变化密切相关。试验还表明，播种当年的建植水平直接影响第 2 年的牧草产量甚至整个建植期的产量变化趋势。如图 2-24 所示，所有供试材料产量高峰出现的年份在降水丰年或建植第 2 年。

1991 年呼和浩特试验点播种当年的建植水平较低，第 2 年即便获得了充足的雨量，牧草产量也较低，在以后的 2～4 年，最高产量出现在降水丰年（图 2-24A）。但在海雅牧场试验点播种当年的建植水平高，第 2 年雨量充足，因此牧草产量高，以后随着生长年限的增加，产量逐年下降（图 2-24C、D），年度变化与生长年限呈负相关（偏相关系数显著）。从图 2-24C 可以看出，在生长季降水较好的年份，蒙古冰草 1 和蒙古冰草 2 的产量随生长年限下降不显著，甚至较前一年有所增加。可见，生长季降水量对产量变化产生重要影响。

同理，呼和浩特 1992 年播种当年，蒙古冰草 1 和沙生冰草的建植率较低，牧草产量峰值出现在降水充足的第 3 年；而西伯利亚冰草和蒙古冰草 2 的建植水平高，第 2 年即便为干旱年份，牧草产量仍是几年中最高的（图 2-24B）。

分析表明（表 2-32），蒙古冰草的稳产性较好，产量变异小于西伯利亚冰草和沙生冰草，其中蒙古冰草 2 的变异系数最小。

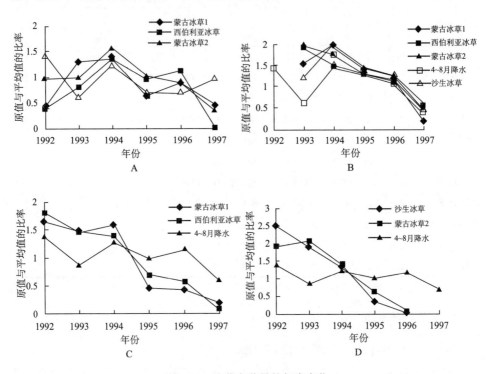

图 2-24　冰草产草量的年度变化

A. 呼和浩特试验点 1991 年播种；B. 呼和浩特试验点 1992 年播种；C. 海雅试验点 1991 年播种；D. 海雅试验点
1992 年播种

表 2-32　冰草草产量平均值、标准差和变异系数

材料	呼和浩特（1992～1996 年）			呼和浩特（1993～1997 年）			海雅牧场（1992～1996 年）		
	X /(kg/hm²)	S /(kg/hm²)	CV /%	X /(kg/hm²)	S /(kg/hm²)	CV /%	X /(kg/hm²)	S /(kg/hm²)	CV /%
蒙古冰草 2	814.73	178.87	21.95	1264.67	751.18	59.40	388.73	172.73	44.43
蒙古冰草 1	680.73	237.38	34.87	997.06	652.70	65.46	510.67	261.03	51.12
西伯利亚冰草	512.67	149.32	29.13	832.53	579.76	69.64	235.47	180.78	76.77
沙生冰草	455.53	186.02	40.84	513.73	379.95	75.43	266.07	234.67	88.20

注：X. 平均值；S. 标准差；CV. 变异系数

2. 北美品种建植 3 年期的产量变化

7 个北美品种，降水丰年播种后，第 2 年的产量均高于第 3 年的产量，尽管

第 2 年生长季降水较少（比常年值少 20.58%），而第 3 年为降水丰年（比常年值多 43.24%）。这说明，来自北美的冰草品种，如果在播种当年获得较高水平的建植，第 2 年同样可以获得较高的牧草产量。但 2 年的产量差异极显著，相对而言，P-27 冰草和综合冰草稳产性较好。

在内蒙古干旱半干旱地区旱作条件下，蒙古冰草的适应能力强、牧草产量高、稳产性好，是适宜北方典型草原和荒漠草原补播的优良牧草。西伯利亚冰草和沙生冰草仅次于蒙古冰草，但仍不失为草原补播利用的适宜草种，其中沙生冰草更适宜在荒漠草原区利用。7 个北美冰草品种均不适应内蒙古干旱地区的旱作条件。但在半干旱地区降水好的年份播种可获得较理想的建植水平，旱作条件下可收获 2～3 年牧草。如果有较好的水分条件，P-27 冰草、综合冰草、杂种冰草和航道冰草可短期利用。

冰草属牧草的生长年限和生长季降水量对产量的年际变化产生重要影响，播种当年的建植水平也直接影响第 2 年的牧草产量。一般来说，如果播种当年建植水平较高，则第 2 年的产量最高，以后逐年下降，在生长季降水丰沛的年份，牧草产量可大幅度增加，或随建植年限产量下降不显著。

二、不同播种因素对种子产量和品质的影响

田间密度是影响牧草种子生产的重要因素。合理密植不仅可以提高种子的产量和品质，而且可以有效地控制田间杂草，降低成本，提高生产效益。生产实践证明，选择适宜的播种行距和播种量是实现田间合理密度的关键。

孙铁军和韩建国（2005a）在河北省张家口市塞北管理区研究了疏行处理与不疏行处理对冰草种子产量的影响，每平方米营养枝数和生殖枝数随行距增大而减少，但每生殖枝小穗数、每小穗小花数、种子数、种子千粒重及种子产量随行距增大而增加，其中疏行与不疏行之间的营养枝数、生殖枝数、小花数、种子千粒重差异显著，小穗数与种子数差异不显著，行距为 45cm 时，种子产量最高，为 924.3kg/hm²，各种子产量组成因素除生殖枝数最低外其他因素达到最大。

三、施肥对种子产量的影响

肥料也是影响种子产量和品质的关键因素。在确定了生产区域和种子田建植方式之后，田间土壤营养是制约种子生产的关键因素。不同施肥期及同期一次性不同施肥量水平处理对冰草生长发育和种子产量构成因子均有较大影响。

孙铁军等（2005）研究发现，限制冰草种子产量的主要营养元素依次是氮、磷、钾。连续两年施氮，种子产量显著增加，秋季施氮 45kg/hm²、春季施氮 90kg/hm²、行内疏枝到 45cm 的冰草种子产量最高达 924.3kg/hm²；同一施氮量下，秋季、春季两次施氮的冰草种子产量高于春季一次施氮处理，而且春季施氮可增加种子发

育前期的鲜重、千粒重和发芽率，降低种子的空瘪率，提高种子叶绿体色素和赤霉素含量、酸性磷酸酯酶活性和浸出液电导率；施氮有利于种子发育前期可溶性糖的形成，并促进种子发育后期淀粉的积累。另外，氮、磷、钾配施可以显著提高冰草种子产量。单位面积生殖枝数是影响冰草种子产量的主要组成因素，秋季施氮可以显著增加第二年单位面积生殖枝数；春季施磷有利于生殖枝数、小穗数、种子千粒重增加；春季施钾可以增加每小穗小花数、每小穗种子数及种子千粒重；疏行处理可以提高每生殖枝小穗数和小花数、每小穗种子数、种子千粒重。张瑞博等（2010）发现，在盛花后 25 天时收获种子，不同施肥期的冰草种子产量最高；盛花后 30 天时收获种子，不同施肥期的冰草种子发芽率最高；返青期施肥，不同收获期冰草种子的产量和发芽率均最高；施肥期、收获期两因素对冰草千粒重影响不大。

第三章　冰草的适应性与抗性研究

对植物产生伤害的环境称为逆境或胁迫（stress）。植物对逆境的适应性主要包括避逆性（stress avoidance）和耐逆性（stress tolerance）两个方面。避逆性是指植物能够在时间或空间上躲避不良环境的特性。例如，沙漠中的植物只在雨季生长，阴生植物可在树阴下生长。耐逆性是指植物能够忍受逆境的特性。植物有各种各样抵抗或适应逆境的本领。例如，在形态上可以通过扩大根系、缩小叶面积适应干旱条件；可以通过扩大根部通气组织适应水淹；有时暂停生长，进入休眠，以应对夏季高温和冬季低温；在生理上，通过形成胁迫蛋白、增加渗透调节物质和脱落酸含量等方式，提高细胞对各种逆境的抵抗能力。

第一节　冰草的适应性研究

冰草属牧草为禾本科小麦族的多年生草本植物，属于草原旱生植物类群，具有十分广泛的生态幅度，抗寒、耐旱、抗病虫、耐瘠薄和抗风沙能力很强，主要分布于温带和亚极带地区，集中分布于俄罗斯、蒙古国和中国等一些欧亚国家。冰草属植物大多分布于欧亚大陆温寒带的高草原及沙地上，主要出现在欧亚大陆草原区，有时草原区北侧寒温带针叶林区、南侧欧亚大陆荒漠区及东西侧温带落叶林区的特殊生境也有分布。

俄罗斯地跨欧、亚两洲，是冰草属种质资源最为丰富的国家，拥有世界上86%的冰草种类。俄罗斯有13个冰草种，主要分布在欧洲部分的整个草原和南部森林草原地带、西西伯利亚、伏尔加河中下游、土库曼斯坦、乌兹别克斯坦、乌克兰大部、远东和高加索及哈萨克斯坦全部地区。

苏联对冰草的研究较早，《冰草》（韦利奇科，1987）一书是苏联草原科学工作者对近百年冰草研究工作的科学总结。研究认为，在草原、干旱草原和半荒漠地区，冰草就其干草、种子产量及饲用价值而言，是最优良的牧草，而且容易栽培。《哈萨克植物志》中记载，查明的禾本科植物共有418种，其中就有冰草，冰草是适于栽培的野生优良牧草。在哈萨克干旱草原，冰草被认为是最有价值的饲用植物之一，同时也是粗饲料、放牧饲料的主要来源和增加土壤肥力的肥源。冰草在干草产量、种子产量、饲用价值及栽培难易程度等方面，在草原、干旱草原和半荒漠地带的已知饲草中，优势居于首位。冰草在森林草原、草原、干旱草原和半荒漠地区的广泛分布，表明其对土壤的适应性很强。冰草对土壤要求不太严格，在不同类型的土壤（从黑钙土到沙土）上都能很好地生长。在暗栗钙土和栗钙土上生长的冰草，通常比其他多年生牧草高产，从而被认为是干旱草原上最好的饲料作物。在自然条件下，生长在普通黑钙土、南方黑钙土、暗栗钙土、普通浅灰钙土、浅灰钙土上的冰草，或生长在沙土、沙壤土、黏土和壤土上的冰草，有许多能适应不同土壤条件的生态型。冰草能很好地生长在碱性或中性（含碳酸盐）土壤中，在潮湿和酸性土壤中生长不良。冰草在普通黑钙土和南方黑钙土中能很好地生长和发育，但是在这些土壤中，冰草的产量低于其他种类的多年生牧草（无芒雀麦、苜蓿、无根茎冰草等）。在暗栗钙土、栗钙土和灰钙土中，一般来说冰草比其他多年生牧草产量高。在干草原上，冰草被认为是最好的牧草。冰草比较耐盐，还能在碱化土和某些碱土中生长发育。在弱酸性土壤中，冰草产量下降，寿命缩短。在盐渍土壤中，冰草的产量随盐渍化程度的增加而降低，在西哈萨克的氯化物、硫酸盐盐土上，含盐量为 0.34% 时，冰草产量降低 25%；含盐量为 0.57% 时，冰草产量降低 50%；含盐量为 0.94% 时，冰草产量降低 75%。生长 5 年的冰草（萨拉托夫省），在碱斑明显的碱化土上，所有的指标都低于生长在非碱化土上的冰草。在带碱斑的碱化土上，冰草的草群盖度为 40%～50%，株高为 36.5cm，分蘖数为 60 个，每丛小穗平均数为 41.1 个，穗长为 4cm，干草产量为 107g/m²；在非碱化土壤上冰草相应的草群盖度为 65%～70%，株高为 60.6cm，分蘖数为 61.4 个，每丛小穗平均数为 46.1 个，穗长为 4.3cm，干草产量为 150g/m²。冰草植株在带碱斑的碱化土上比在非碱化土上矮 24cm，草群比较稀疏，产量低 20%。在干旱年份，碱化度下降，冰草产量大幅度提高，湿润年份则相反。冰草的寿命很长，在一个地方可以生长 20 多年。冰草的竞争力很强，能控制杂草，形成单纯的冰草群落。

北美洲的美国和加拿大虽然没有天然野生冰草分布，但在北美洲西部干旱半干旱地区有大面积的冰草种植区，已成为当地一个重要的植被组成成分。1892 年由美国南达科他州的 N. E. Hansen 博士从俄国引入冰草材料，20 世纪初开始试种，30 年代草原"黑风暴"以后，冰草很快从中部大平原扩展到其他西部的干旱及半干旱地区，成为当地重要的植被成分。美国北部大平原西邻内华达山脉，气温低且干旱，冰草可以很好地适应这里的环境。在这些地区，冰草在弃耕地植被恢复利用中具有特别重要的价值。在南部海拔 1500m 以下的地区，冰草长势不好。在大平原东部地区，更适宜种植其他草种。在东部水分充足的地区，冰草的长势不及梯牧草（timothy）、雀麦（brome）或本地区其他适宜草种的长势好。从砂质轻壤土到重质黏土几乎所有土壤质地类型都适宜冰草生长。在蒙大拿（Mont）朱迪斯盆地（Judith Basin）的石质壤土上冰草的长势良好。

在美国，冰草一般旱作在年平均降水量为 200～350mm、无霜期短于 140 天的干旱地区。航道冰草（Fairway）适宜种植在年平均降水量为 250mm 以上的地区，典型沙生冰草（包括'Hycrest'和'HycrestⅡ'杂交组合）则种植在年平均降水量为 220mm 以上的地区，有利于春季返青和放牧利用。在年平均降水量为 200~250mm 的干旱地区，西伯利亚冰草是最好的选择，其建植率、群落持续性和牧草总产量远远超过航道冰草和沙生冰草，在年平均降水量只有 120mm 的地区种植也获得了一些成功。

冰草最好种植在海拔低于 2100m 的地区。航道冰草在海拔为 2700m 的地区也能适应。冰草能够很好地适应由浅到深、由中等质地到优良质地、由中度排水到良好排水的土壤。在有盐分的条件下，冰草的活力和产量降低，航道冰草不能很好地适应有淤泥的土壤。冰草具有耐淹性，在春季能够忍受 7 天或不超过 10 天的中短期水淹，但不能忍耐长时间水淹，以及排水较差或过度灌溉的土壤。冰草较耐火烧。

中国冰草属植物遍及北方 12 个省（自治区），分布在东经 81°~132°的广阔地域，东起东北的草甸草原，经内蒙古、华北地区向西南呈带状一直延伸至青藏高原的高寒草原区，横跨 50 多个经度，形成一个连续的分布区，表明冰草属植物具有较强的生态适应性。

冰草属植物均为多年生草本，对干旱寒冷气候具有很强的适应性。云锦凤等（1989a；1989b）研究了冰草属牧草的种类与分布后认为，冰草属植物属于草原旱生植物类群，具有十分广阔的生态幅度，广泛分布于南、北半球的温带和亚极带地区。在中国北方 10 多个省（自治区）范围内形成一个连续的分布区，多集中在年平均气温为–3~9℃、≥10℃积温为 1600~3200℃、年降水量为 150~600mm、雨季干燥度为 1~3 的地区。冰草属植物在中国分布广泛，出现于各类草原群落中，具有广泛的生态适应性。在草甸草原植被组成中，以贝加尔针茅和羊草为优势种，冰草和其他禾草作为常见种出现。在以克氏针茅为优势种的典型草原中，沙芦草、沙生冰草常作为旱生禾本科牧草成分出现。此外，冰草属在山地草原的分布也很普遍，但多度较小。

第二节　冰草的抗逆性研究

冰草生长在干旱、半干旱地区，具有较强的抗逆性和生态适应性，试验研究报道多见于抗旱性、抗寒性和耐盐性，对抗风沙和抗病虫特性的研究较少。

一、抗旱性

植物的抗旱性是指在干旱条件下，植物具有不但能够生存，而且能够维持正常或接近正常代谢水平，以及维持基本正常生长发育进程的能力。不同植物或同一植物不同品种抗旱性不同，主要表现为生长发育、形态、生理和生化特征指标的变化。抗旱性是指植物在进化过程中形成的多种适应干旱的机制或对策。植物的抗旱性可以归纳为 3 种类型：第一类为避旱（drought escape），是指通过早熟或发育上的可塑性，长时间避开干旱的危害，它实质上不属于抗旱，而是某些植物对生存条件长期适应的结果；第二类为免旱（drought avoidance），是指在生长环境中水分胁迫时，植物体内仍能保持一部分水分而免受伤害，以致能进行正常的生长发育的特性；第三类为耐旱（drought tolerance），是指植物忍受低水势的能力，在其内部结构可与水分胁迫达到热力学平衡，从而不受损坏或减轻损害。在干旱条件下，植物散失的水分要大于植物吸收的水分，当环境中的水分缺失严重，超过植物所能承受的范围时，植物组织的水分过度缺乏，就会造成细胞失水、传输不畅，对植物造成伤害。

　　干旱对植物的影响是非常广泛而深刻的，它的影响不仅表现在植物的外部形态，而且表现在植物生长发育的各个阶段，乃至具体的生理代谢。因此，植物的抗旱性是十分复杂的，它是许多形态特征和生理生化的综合反映。

　　第一，植物的抗旱性与其根系密切相关。发达的根系能增加植物的吸水表面积，提高其吸水效率，使植物在干旱胁迫下维持较大的吸水力，以减轻干旱对植物的危害。例如，苜蓿、沙打旺等牧草之所以具有较强的抗旱性，主要原因就在于此。克拉姆（Kramer，1980）在"植物对水分和高温的适应性"的研究中指出，根系入土深、扩展范围广和分枝多是植物耐旱的基本特征之一。增加根系长度和密度是改进植物吸水能力的主要途径，因为增加根系的长度和密度有利于植物吸收土壤深层的稳定水分，在土壤水分深达 2m 以上的干旱和半干旱地区，深根植物表现出明显的优越性。因此，在干旱和半干旱地区选育优良多年生牧草品种时，首先要考虑扎根迅速和具有发达的根系。也有人发现植物的抗旱性与其根系抗拉性（root pulling resistance）呈正相关。爱克拉克等用弹簧秤测 5 个水稻品种幼苗根系抗拉性的结果表明，抗旱性不同的水稻品种其根系抗拉性有明显的差异，根系抗拉性大的品种比抗拉性小的品种抗旱，他认为这主要是由于根系抗拉性较大的植物具有在严重干旱胁迫下保持叶片较高水势的能力。他进一步指出，维持叶片较高水势能力的原因是植物具有较长、较粗的根和较大的根系密度。因此，他认为根系抗拉性可以作为鉴定植物抗旱性的形态指标。

　　第二，植物体内水分状况与抗旱性密切相关。在干旱胁迫下，抗旱性较强的植物其体内束缚水含量增多，束缚水/自由水值增大。抗旱性较弱的植物则相反。梭梭（Haloxylon ammodendron）与沙枣（Elaeagnus angustifolia）相比，其束缚水含量和束缚水/自由水值均高于沙枣，因此梭梭具有较强的抗旱性，沙枣的抗旱性则较弱。干旱胁迫下植物体内束缚水含量和束缚水/自由水值增高的原因可能是：①细胞亲水胶体物质含量增加或胶体水合作用增强；②部分自由水转为束缚水。水势能反映植物体内水分状况或水分亏缺。一般来说，水势随干旱胁迫的加重而下降，但抗旱性强的植物其水势下降幅度要比抗旱性弱的植物小。这说明抗旱性强的植物具有较大的抗脱水能力或吸水能力，以维持干旱胁迫下植物体内的水分平衡。虽然水势能表示植物的水分亏缺，但韦恩等（Wein et al., 1976）认为它并不是鉴定植物抗旱性的良好指标，他在研究豇豆抗旱性时发现，豇豆叶水势并不随干旱胁迫的加重而下降，其原因尚不清楚。所以有人建议在用水势作植物抗旱性指标时，要采取谨慎态度。

第三，细胞膜透性与抗旱性关系密切。干旱胁迫下植物细胞膜受损，透性增加，大量电解质和非电解质向组织外渗漏。植物的抗旱能力不同，干旱胁迫下细胞膜受损的程度也不同，并且供水后受损细胞膜恢复的速率和程度也不同。抗旱性强的植物在干旱胁迫下细胞膜受损较小，透性增加也小，并且供水后受损细胞膜在短时间内即可恢复并能正常生长；而抗旱性弱的植物则相反。汤章城等（1981）的试验充分证实了这一点，他认为抗旱性强的植物细胞膜透性变化小，反映了植物具有较高的抗脱水或吸水能力，以维持干旱胁迫下植物细胞膜结构和功能的正常。迄今为止，逆境下细胞膜透性变化的机制尚不清楚，有人认为逆境下细胞膜透性的变化与原生质膜 ATP 酶和有机物质的主动运输酶活性有关；也有人认为是由于逆境下细胞大量失水使细胞变形，细胞膜被撕裂，在复水后细胞膜双层结构不能完全恢复，因而细胞内溶物明显外渗；还有人认为外渗物可能是细胞内可溶性物质随水流到细胞外，与细胞膜透性无关。尽管细胞膜透性的变化机制众说纷纭，但干旱胁迫下细胞膜透性变化作为鉴定植物抗旱性的指标已被广泛采用。

冰草具有高度的抗旱性，与其他多年生牧草相比，冰草被认为是非常抗旱的牧草。在年降水量为 250～300mm 的干旱、半干旱地区生长发育良好，并能获得较满意的干草和种子产量，是目前中国栽培生产中最耐干旱的禾本科牧草之一。这是由于它具有旱生结构，如须根系发达且具沙套、叶片小而内卷、干旱时气孔闭合等。

前苏联的研究认为，冰草具有抗旱性强的特点。这是因为其具有在早春时迅速生长发育的能力，这时土壤由于积蓄了从秋季到春季的降水，水分充足。在严重干旱时期，冰草的叶片内卷、变黄，茎凋萎，植株呈现枯死状态。但一遇降水便开始返青变绿，继续生长。冰草不能长期受水淹，但春季短时间水淹 7～10 天，对其生长发育会产生良好的作用。在年平均降水量为 250～300mm 的地区，冰草能很好地生长，并能获得较高的干草和种子产量。冰草的抗旱性取决于其生物学特性，冰草在土壤水分适宜时，植株才能很好地生长发育。一般在草原地区，土壤水分含量较高时正值春季和秋季。在干旱年份，冰草植株从 7 月到深秋或降雨之前均处于这种状态。遇到降雨时，冰草继续生长。在干旱严重的高峰时期，冰草的分蘖节、芽和幼枝有出现生理性萎蔫的危险，但是冰草植株的重要器官处在叶鞘总苞片内或在收获后留下的根茬下面，可以预防干旱。预防分蘖节上的幼茎和幼芽的生理干旱，有利于冰草丛的形成。冰草是疏丛型禾本科牧草，但是生长在水分不足地区的冰草，在一个草丛里，冰草植株相互之间贴得很紧，可以减少水分蒸发，保护植株器官，避免植株遭受高温危害。在草丛里，每年放牧或刈割剩下的植物残体是草丛的一种覆盖物。

在各种冰草中，荒漠上的冰草最耐旱，其次是宽穗、栉状、梳状和覆瓦状的冰草，而西伯利亚冰草是不耐旱的。尽管冰草具有很强的抗旱性和对水分的适应性，但是冰草对水分的反应还是很敏感的。在水分充足时，冰草干草和种子产量可以增加 1 倍以上。据《冰草》一书记载，在前苏联年平均降水量为 250～300mm 的地区，冰草干草产量为 2400～3000kg/hm^2（24～30 公担/hm^2），降水充足的年份，冰草就像其他多年生牧草那样，比干旱年份的产量高。例如，在阿拉木图、江布尔省、外伊犁阿拉套山脉山前地带无灌溉保证的草地上，1973 年的降水量为 320mm，冰草干草产量为 5400kg/hm^2；而 1974 年的降水量为 200mm，冰草干草产量只有 840kg/hm^2。在库斯塔纳伊省李沃夫试验站，降水量为 297mm 时，干草产量为 3350kg/hm^2，而降水量为 134mm（前一年秋季雨量充沛）时，干草产量仅为 1420kg/hm^2。漫灌或普通灌溉对提高冰草产量有显著的效果，但是应当考虑到冰草不能长期水淹（积水）。而在春季短时间水淹（10～12 天）对冰草的生长发育会产生良好的影响。

（一）种子萌发与苗期抗旱性研究

1. 种子萌发特性与幼苗抗旱性的关系

对干旱胁迫下种子萌发特性与幼苗抗旱性的关系，特别是种子发芽力能否作为幼苗抗旱性的鉴定指标，到目前还存在认识上的分歧。萨恩特（Saint，1978）研究发现，高粱的抗旱性与其种子在干旱胁迫下的发芽力呈正相关。他通过对 11 个高粱品种在不同浓度聚乙二醇（PEG）溶液中的发芽试验结果，发现抗旱性强的品种发芽率高于抗旱性弱的品种。随后也有其他人得到了与此相类似的结果，并认为干旱胁迫下种子发芽力可作为鉴定植物抗旱性的指标。但沙姆（Sharma，1982）的研究却发现，干旱胁迫下种子发芽力与植物抗旱性呈负相关。他比较了 5 种牧草在干旱胁迫下种子的发芽率后指出，抗旱性弱的多年生黑麦草种子的发芽率高于其他 4 种抗旱性较强的牧草，因此他认为干旱胁迫下种子发芽力不宜作为鉴定植物抗旱性的指标。此外，尤尼斯（Younis，1981）测定了 7 个苜蓿品种在干旱胁迫下种子的发芽率后认为，发芽力与苜蓿的抗旱性无关，并指出干旱胁迫下种子发芽力不能反映大田条件下植物的抗旱性，随后这一观点也得到不少试验的证实。此外，抗旱性不同的植物在干旱胁迫下其胚根长度、胚根长/胚芽长值均有明显的差异。王以艺等（1981）发现在干旱胁迫下，抗旱性强的大豆品种的胚根长度明显比抗旱性弱的大豆品种的胚根长度长；程保成（1986）发现在干旱胁迫下,抗旱性强的高粱品种的胚根长/胚芽长值比正常条件下的增加很多,而抗旱性弱的高粱品种的胚根长/胚芽长值虽有增加,但增加甚少。因而他们认为,干旱胁迫下胚根长度和胚根长/胚芽长值均能反映植物的抗旱性,可以作为鉴定植物抗旱性的指标。

孙启忠(1990)对水分胁迫下冰草种子萌发特性及其与幼苗抗旱性关系的进行了研究,以冰草(*A. cristatum*)、沙芦草(*A. mongolicum*)、沙生冰草(*A. desertorum*)、西伯利亚冰草(*A. sibiricum*)4 种冰草为供试材料,在水分胁迫下测定了种子的吸水率、发芽率、发芽损伤率及胚根长/胚芽长值,综合分析耐旱性顺序由强到弱为沙芦草>沙生冰草>西伯利亚冰草>冰草,这与它们幼苗的抗旱性是一致的。测定过程中,将精选的种子消毒后于 25℃下催芽至露白,再选萌发一致的种子 25粒移至 0bar、-2bar、-4bar、-6bar、-8bar、-10bar 的 PEG 溶液加锯末的发芽床上,培养 6 天后测定其胚根长、胚芽长,并计算胚根长/胚芽长值。不论是在清水中还是在-4bar PEG 溶液中,4 种冰草种子的吸水率均有差异,在清水中 48h 后吸水率的大小依次为沙芦草>沙生冰草>西伯利亚冰草>冰草。-4bar PEG 溶液中种子的吸水速率比在清水中明显变慢,吸水率显著下降,48h 后吸水率的大小依次为沙芦草>西伯利亚冰草>沙生冰草>冰草。差异显著性见表 3-1。

表 3-1　不同 PEG 浓度下 4 种冰草种子吸水率的差异显著性　　(单位:%)

牧草名称	0bar		-4bar	
	平均数	差异	平均数	差异
沙芦草	84.97	a　A	63.56	a　A
沙生冰草	79.56	a　A	62.49	a　A
西伯利亚冰草	79.41	a　A	63.07	a　A
冰草	75.23	b　A	60.19	b　A

注:小写字母 α=0.05,大写字母 α=0.01

表 3-1 说明,轻度水分胁迫即能抑制种子吸胀。不论是在清水中,还是在-4barPEG 溶液中,沙芦草的吸水率均最高,冰草的最低。这可能是沙芦草的抗旱性比冰草的抗旱性强的表现。

冰草种子的发芽率随 PEG 浓度的增加而下降,其中下降幅度以冰草最大、沙芦草最小,而且随 PEG 浓度的增加它们的发芽率总差异和发芽损伤率也增大,特别是冰草(表 3-2)。

从表 3-2 可以看出,PGE 浓度为-6bar 时 4 种冰草发芽率和发芽损伤率的差异明显变大,其中沙芦草发芽率最高(63.67%),发芽损伤率最低(23.20%);冰草的发芽率最低(30.67%),发芽损伤率最高(63.72%);其他两种冰草的发芽率和发芽损伤率均相近。这可能是 4 种冰草抗旱能力不同在种子发芽力上的表现。在水分胁迫下，如果发芽率高，则发芽损伤率就低。说明种子耐水分胁迫的能力较强，反之则较弱。

表 3-2　不同 PEG 浓度下 4 种冰草种子的发芽率和发芽损伤率　　（单位：%）

牧草名称	0bar		-2bar		-4bar		-6bar		-8bar		-10bar	
	发芽率	损伤率	发芽率	损伤率	发芽率	损伤率	发芽率	损伤率	发芽率	损伤率	发芽率	损伤率
沙芦草	83.33	0	72.67	12.79	70.33	15.60	63.76	23.20	56.67	32.00	40.00	52.00
沙生冰草	84.00	0	70.67	15.89	62.67	28.87	47.50	43.45	47.00	44.05	36.33	56.75
西伯利亚冰草	83.50	0	76.00	8.92	63.67	23.75	44.25	47.01	52.00	36.53	30.67	63.27
冰草	82.00	0	68.22	15.89	50.67	38.21	30.67	63.72	28.00	65.85	15.00	87.80

　　冰草胚根长度随 PEG 浓度增加而变长，胚芽则随其浓度增加而变短（表 3-3）。在-6bar 时冰草胚芽生长明显受抑，受抑程度依次为沙生冰草＞西伯利亚冰草＞沙芦草＞冰草。从种子发芽率和胚芽生长情况看，-6bar 可能是冰草种子萌发的临界点。在-10bar 时冰草胚根生长开始受到抑制，其受抑程度依次为冰草＞沙生冰草＞西伯利亚冰草＞沙芦草。

表 3-3　不同 PEG 浓度下 4 种冰草胚芽、胚根长度的变化　　（单位：cm）

牧草名称	0bar		-2bar		-4bar		-6bar		-8bar		-10bar	
	胚芽	胚根	胚芽	胚根	胚芽	胚根	胚芽	胚根	胚芽	胚根	胚芽	胚根
沙芦草	2.07	2.71	1.97	3.16	1.82	3.00	1.69	3.04	1.44	2.72	1.02	2.70
沙生冰草	2.48	3.00	2.67	3.13	2.17	3.16	1.53	2.66	1.40	2.54	1.04	2.37
西伯利亚冰草	2.14	2.63	1.64	2.82	1.66	2.92	1.60	2.73	1.45	2.62	0.95	2.40
冰草	2.46	2.66	2.49	2.62	1.97	2.71	1.82	2.70	1.50	2.59	0.91	1.84

　　从上述可知，胚根长度随 PEG 浓度的增加而变长，胚芽长度随 PEG 浓度的增加而变短，胚根长/胚芽长的值随 PEG 浓度的增加而变大（表 3-4）。从表 3-4可以看出，4 种冰草胚根长/胚芽长的值以沙芦草最大、冰草最小，其他两种冰草相似并居中。在水分胁迫下，植物会调节自身地上与地下器官的协调关系，让其有限的营养物质优先满足根系（胚根）的生长。可见，水分胁迫下胚根长/胚芽长值的增加是植物对水分胁迫的一种适应性反应，说明植物对水分胁迫的适应能力强，反之则弱。

表 3-4　不同 PEG 浓度下 4 种冰草胚根长/胚芽长的值

牧草名称	0bar	−2bar	−4bar	−6bar	−8bar	−10bar
沙芦草	1.33	1.54	1.67	1.86	2.29	2.98
沙生冰草	1.16	1.32	1.48	1.73	2.07	2.36
西伯利亚冰草	1.18	1.46	1.56	1.65	1.95	2.46
冰草	1.04	1.08	1.36	1.60	1.75	1.94

2. 抗旱生理指标的研究

干旱对植物的影响是非常广泛而深刻的，因此植物抵御或适应干旱的途径或方式也是多种多样的。这样单一的或个别的指标就很难真实地反映出植物的抗旱性，因此植物的抗旱性需要多项指标综合评价。孙启忠（1991）采用盆栽育苗法研究冰草幼苗的抗旱性，在苗期干旱胁迫下测定植株的相对含水量、自由水与束缚水、生长胁迫指数（处理植株质量/对照植株质量）、成活率、膜相对透性、游离脯氨酸（Pro）含量等指标综合评价其抗旱性。结果表明，4 种冰草的抗旱性依次为沙芦草＞沙生冰草＞西伯利亚冰草＞冰草。冰草对照植株间叶片总含水量十分相近，但自由水和束缚水含量却有不同程度的差异。4 种冰草自由水含量依次为冰草＞沙生冰草＞西伯利亚冰草＞沙芦草，束缚水含量则相反，其差异显著性见表 3-5。束缚水含量越高，其植株抗逆性越强，表 3-5 表明沙芦草具有较强的抗脱水力和耐旱力，冰草则相反。

表 3-5　冰草幼苗自由水含量与束缚水含量及其差异显著性　　（单位：%）

牧草名称	总含水量	束缚水/自由水	自由水		束缚水	
			平均含量	差异	平均含量	差异
沙芦草	73.38	0.54	47.54	a　A	25.84	a　A
沙生冰草	73.03	0.32	55.50	b　B	17.53	b　B
西伯利亚冰草	73.90	0.39	52.99	b　B	20.91	c　C
冰草	74.61	0.16	64.02	c　C	10.59	d　D

注：占鲜重比例

冰草相对含水量均随干旱胁迫的加重而下降。在胁迫的第 3 天，含水量与处理前相比变化不大，但第 3 天以后，含水量急剧下降，到胁迫第 9 天以后其含水量依次为沙芦草＞沙生冰草＞西伯利亚冰草＞冰草。这说明冰草叶片持水力有明显差异，其中由于沙芦草束缚水含量较高，所以叶片具有较强的持水力，表现为相对含水量较高；冰草束缚水含最较少，其叶片持水力较弱，表现为相对含最较低。复水后相对含水量有不同程度的恢复，其中沙芦草恢复最好，相对含水量达 60%，接近对照水平。这说明叶片持水力较强的沙芦草在干旱胁迫下其组织或细胞受损较轻，复水后能迅速恢复生长。

干旱胁迫对植物生长的最终影响是产生抑制效应，但轻度干旱胁迫却能促使其生长。在干旱胁迫的第 3 天，由于冰草体内含水量基本处于正常，因此此时生长非但没有受到抑制，相反却得到了促进，但第 3 天以后由于 4 种冰草体内含水量急剧下降，所以冰草的生长明显受抑制，其受抑制程度依次为冰草>沙生冰草>西伯利亚冰草>沙芦草。这说明沙芦草耐干旱胁迫的能力较强，而冰草则较弱。在反复干旱中，每次干旱停水 7 天，立即复水，第 3 天调查，这样进行 3 次，4 种冰草成活率以冰草最低，含水量下降也最快，由第一次的 41.6%降到第三次的 20.8%，平均为 30.5%；沙芦草成活率最高且含水量下降较慢，由第一次的 76.4%降到第三次的 65.1%，平均为 70.6%；其他两种冰草成活率的变化介于这两种冰草之间（沙生冰草的平均成活率为 65.3%，西伯利亚冰草的平均成活率为 61.4%）。这说明 4 种冰草适应干旱的能力有差异，成活率高并且在反复干旱中含水量下降慢的植物适应干旱的能力强。在胁迫达 6 天时，细胞膜相对透性增加并不明显，说明体内组织或细胞受损较轻，但至第 6 天以后，细胞膜相对透性开始明显增加，冰草尤甚，这说明组织或细胞受损严重，此后 4 种冰草的细胞膜相对透性依次为冰草>西伯利亚冰草>沙生冰草>沙芦草，其差异见表 3-6。

表 3-6　干旱胁迫下 4 种冰草细胞膜相对透性差异显著性　　（单位：%）

牧草名称	胁迫 9 天		胁迫 12 天		复水	
	平均数	差异	平均数	差异	平均数	差异
沙芦草	41.74	a　A	55.98	a　A	30.35	a　A
沙生冰草	51.28	b　B	72.13	b　B	33.67	a　A
西伯利亚冰草	55.24	b　B	79.96	c　C	45.63	b　B
冰草	61.80	c　C	84.88	d　D	54.55	c　B

冰草的游离脯氨酸含量随干旱胁迫的加重而增加，在胁迫 6 天时，除沙芦草脯氨酸含量最高和冰草脯氨酸含量最低外，其他两种冰草的脯氨酸含量交叉上升；第 9 天以后，脯氨酸含量依次为沙芦草>沙生冰草>西伯利亚冰草>冰草，复水后脯氨酸含量明显下降。干旱胁迫下植物体内累积游离脯氨酸是植物对干旱的一种生理生化适应性反应，因为脯氨酸的累积能增加细胞的渗透势和亲水性，有利于组织或细胞的保水。

目前，对冰草抗旱性的认识还不统一。有人根据 4 种冰草的分布将其划为旱生型，其中沙芦草为旱生-沙生荒漠草原种，沙生冰草、西伯利亚冰草为旱生-沙生草原种，冰草为旱生-草原种。还有人发现，在干旱条件下 4 种冰草中，沙芦草的草产量和种子产量最高，而沙生冰草最低，西伯利亚冰草和冰草相近并居中，因此认为4种冰草的抗旱性依次为沙芦草＞冰草＞西伯利亚冰草＞沙生冰草。但有人同样以产草量和种子产量为指标，认为沙生冰草耐旱性最强，西伯利亚冰草耐旱性最弱。这说明仅根据产量评价植物的抗旱性是不可靠的，因为产量受地区和年份间自然条件的影响较大，结果难以重复。因此在同等条件下（如一定程度的干旱胁迫），在测定产量的同时，应结合其他指标综合评价植物的抗旱性。因为综合指标可使每一个指标代表某一方面的反应，即使有个别指标不符合某植物的实际抗旱性，也可以通过其他符合抗旱性的指标来确定该植物的抗旱性。抗旱性强的植物具有较多的束缚水和较少的自由水，在干旱胁迫下相对含水量下降少，生长受抑小，细胞膜相对透性增加少，游离脯氨酸累积多，反复干旱后成活率高；抗旱性弱的植物则相反。4种冰草在干旱胁迫下各项指标的比较见表3-7。

表3-7　干旱胁迫下4种冰草各项指标得分比较

牧草名称	束缚水/自由水	相对含水量	生长胁迫指数	成活率	细胞膜相对透性	游离脯氨酸	总计
沙芦草	4	4	4	4	4	4	24
沙生冰草	3	3	2	3	3	3	17
西伯利亚冰草	2	2	3	2	2	2	13
冰草	1	1	1	1	1	1	6

从表3-7可以看出，4种冰草中沙芦草得分最高，冰草最低，抗旱性从大到小依次排序为沙芦草＞沙生冰草＞西伯利亚冰草＞冰草。

云锦凤等（1991）在冰草苗期抗旱性研究中，采用温室盆栽育苗试验，测定干旱胁迫下4个冰草品种幼苗的几个生理指标，结果表明，冰草幼苗叶片相对含水量和植株相对生长率下降，相对电导率上升，脯氨酸含量增加，复水后均有不同程度的恢复。4个冰草品种幼苗的抗旱能力从大到小依次排序为伊菲冰草＞诺丹冰草＞杂种冰草＞蒙古冰草。

云锦凤等（1999）研究4个冰草材料种子萌发期间抗旱性的结果表明，种子相对发芽率随着渗透势（干旱胁迫强度）的增加而降低。相对发芽率降低的幅度越大，表明其抗旱能力越弱。蒙古冰草在种子萌发期间抗旱性最强，当地沙生冰草最弱，杂种冰草1号和Hycrest居中（表3-8）。

3. 抗旱性与保护酶系统的研究

干旱对植物组织是一种重要的胁迫因子，它能干扰植物细胞中活性氧产生与清除之间的平衡，导致植物细胞遭受氧化胁迫（蒋明义，1999）。活性氧包括超氧自由基（O_2^-）、H_2O_2、单线态氧（O_2^1）和羟基自由基（$\cdot OH$），O_2^-、H_2O_2、

表 3-8　不同干旱胁迫强度下的相对发芽率（LSR 测验）（单位：%）

品种	-2bar	-4bar	-6bar	-8bar
蒙古冰草	93.43 aA	89.13 aA	61.34 aA	36.58 aA
杂种冰草 1 号	94.14 aA	86.01 aA	51.38 bB	20.38 bB
Hycrest	93.83 aA	86.85 aA	50.95 bB	18.90 bB
当地沙生冰草	92.38 aA	87.34 aA	42.86 cC	10.22 cC

注：小写字母表示 5%水平差异显著，大写字母表示 1%水平显著

单线态氧相对不活跃，而羟基自由基是最活跃的一种自由基，它会引起膜脂过氧化、蛋白质变性和 DNA 的突变（Chris et al.,1992）。在正常条件下，植物细胞中产生的活性氧与其清除系统保持平衡，而当环境胁迫长期作用于植株时，产生的活性氧超出了活性氧清除系统的能力时，就会引起活性氧累积产生氧化伤害。

活性氧清除系统包括酶促系统和非酶促系统两类，超氧化物歧化酶（SOD）活性是决定 O_2^- 和 H_2O_2 浓度的唯一酶，是 Habei-Weiss 反应的底物酶，因此是保护酶体系中的关键酶（Chris et al., 1992）。有些研究认为，膜脂过氧化是造成膜损伤的关键因素，而王锡邦等（1992）用离体黄瓜叶片所做的试验表明，黄瓜叶片的膜受到损伤与膜脂过氧化之间无相关性。王荣华等（2003）用 PEG-6000模拟干旱胁迫处理幼苗，研究了渗透胁迫对蒙古冰草幼苗保护酶系统的影响，结果表明，在轻度干旱胁迫下，蒙古冰草幼苗可以通过提高酶活性来维持活性氧产生与清除之间的平衡，以减少干旱胁迫介导的氧化胁迫，使丙二醛（MDA）含量、膜透性降低。在中度或重度干旱胁迫下，酶活性可能遭受破坏，即使酶活性得到一定程度的提高，也不能维持活性氧产生与清除之间的平衡，使植物产生氧化伤害。根系受胁迫时冰草幼苗地上部分的相对含水量会发生变化，随胁迫时间的延长，幼苗相对含水量降低。胁迫1天后，10% PEG 处理植株相对含水量降低8.65%，20% PEG 处理植株相对含水量降低19.7%，分别为轻度胁迫和中度胁迫。不同胁迫强度下蒙古冰草的相对含水量下降的程度不同，10% PEG 胁迫3 天后有所回升，20% PEG 胁迫下一直处于下降状态。经 ANOVA 分析，除3天后，对照与10% PEG 处理无显著差异外，其他各处理间均有显著差异。说明轻度胁迫时，蒙古冰草植株有部分恢复保持水分的能力。而中度胁迫或重度胁迫时，植株保持水分的能力迅速下降。

渗透胁迫下蒙古冰草幼苗膜脂过氧化与膜透性也会发生变化。MDA 是膜脂过氧化的主要产物之一，其含量可以表示脂质过氧化的程度。幼苗经渗透胁迫后，MDA 含量随 PEG 浓度的提高而增加。而 10% PEG 浓度处理植株 MDA 含量在 1天和 2 天后都有不同程度的降低，3 天后才有大幅度的提高。20% PEG 浓度处理下植株的 MDA 含量在胁迫 1 天后就迅速升高，而 2 天后有所下降但仍高于对照，

3 天后又迅速增加。以上结果说明,轻度胁迫下膜脂过氧化程度较低,植物可以通过提高保护酶活性和增加渗透势来防止膜脂过氧化加剧,使细胞免受伤害。严重胁迫下,脂质过氧化严重,植物的保护酶系统不足以抵御胁迫而使细胞遭到严重破坏。幼苗在渗透胁迫下膜透性随 PEG 浓度的增加而增加,膜透性的变化与膜脂过氧化程度表现出一定的相关性(1 天时,$r=0.99$;2 天时,$r=0.88$;3 天时,$r=0.74$)说明膜脂过氧化是膜透性增大的一个重要原因,但可能存在着其他造成膜伤害的因素。

渗透胁迫下蒙古冰草幼苗保护酶活性也会发生变化,两个浓度 PEG 处理后蒙古冰草幼苗保护酶系统变化不尽一致,SOD 在 3 天中两个 PEG 浓度处理的酶活性均低于对照,而过氧化氢酶(CAT)在 3 天中两种 PEG 浓度处理的酶活性均比对照高;过氧化物酶(POD)活性则介于两者之间,只是在胁迫 2 天后 10% PEG 处理的 POD 活性比对照高而其他时间则有所下降。以蒸馏水浸泡根系作为对照,同样会引起蒙古冰草幼苗轻微的胁迫,因为浸泡根系造成植株衰老,使植株不能正常进行生理活动,因此对照植株的一些生理指标也发生了变化。因为不同的胁迫经常会引起细胞相似的反应,如产生胁迫蛋白、对氧化胁迫的保护体系和保护性渗透调节物质的积累等(Hamilton and Heckathorn,2001)。因此可以认为蒙古冰草中的保护酶对渗透胁迫有一定的适应范围,即在轻度胁迫或温和胁迫下,植株本身能提高其保护酶活性以适应胁迫的影响,蒋明义和郭绍川(1996)在对水稻的研究中也得到相似的结果。

植物对逆境的反应涉及植物体内一系列生理生化变化。对蒙古冰草在 PEG 渗透胁迫下的研究表明,随着渗透胁迫时间的延长和渗透胁迫强度的增加,叶片相对含水量降低,导致叶片细胞原生质结构发生变化,细胞膜透性增大,离子渗漏加强(Chris et al.,1992)。细胞内电解质外渗,叶片细胞膜透性增大。但是电解质外渗率于 2 天后比对照有所下降,可能是叶片受干旱胁迫一定时间后,一方面是由于气孔阻力迅速增加,有利于植株保持体内水分,增加抗旱性(潘瑞炽和郑先念,1994);另一方面是由于细胞膜受到一定程度的损伤后,会产生某些应激蛋白的调节作用(Lindquist and Craig,1988),可主动调节对某些物质的吸收,导致电解质渗漏降低。渗透胁迫导致 MDA 含量增加,但 2 天后 MDA 含量比对照低,可能是由于 POD 和 CAT 保护酶活性增加,使植株具有较强的自由基清除能力,减轻了对细胞生物大分子,如 DNA、蛋白质、脂肪酸的伤害(蒋明义,1999),减少了脂质过氧化物产物的产生。同时,植株也由此发生形态上的一些变化,如叶片卷曲、萎蔫等,这有利于植株降低蒸腾作用,减少对水分的丧失。植物遭受干旱胁迫后,根系吸水困难,植物首先通过保持水分吸收和减少水分损失来维持体内的水分平衡(彭祚登等,1998)。为减少植物叶片水分的散失,植物叶片的气孔会部分关闭,但在保持水分的同时,也限制了 CO_2 的进入,从而影响了光合作用，使得叶绿体在碳同化过程中利用 CO_2 的能力受到限制，能耗降低，光合电子传递给 O_2 的比例相对增加，因而形成 O_2^{-} 和 H_2O_2。另外，在线粒体、细胞质及细胞膜上也产生氧自由基。植株细胞内积累了过量的氧自由基，增大了膜脂上不饱和脂肪酸的过氧化，形成了许多如 MDA 等的过氧化产物（林植芳等，1984），而 MDA 与细胞内各种成分发生反应，从而引起对酶和膜脂的严重损伤，使膜电阻和膜的流动性降低，最终导致了膜的结构及生理完整性的破坏（林植芳等，1984）。渗透胁迫 2 天后蒙古冰草植株相对含水量在两种胁迫强度下均显著降低（10% PEG 处理比对照降低了 17.2%，20% PEG 处理比对照降低了 32.4%），细胞膜透性在 10% PEG 处理下接近对照，20% PEG 处理下比对照增加 18%，说明 10% PEG 处理 2 天后细胞膜透性有一定程度的恢复，而 20% PEG 处理 2 天后细胞膜已经受到了严重的破坏；10% PEG 处理 2 天后，SOD 活性比对照仅减少了 9%、POD 活性比对照增加了 4.8%、CAT 活性比对照增加了 11.4%；20%PEG 处理 2 天后，SOD 活性比对照减少了 15.2%、POD 活性比对照减少了 44%、CAT 活性与对照相比没有变化。这说明在轻度胁迫或中度胁迫下，冰草幼苗体内产生的活性氧数量较少，且能诱导体内 SOD、POD、CAT 等保护酶活性提高（蒋明义等，1991），可以有效清除一部分活性氧，不至于对植物产生严重伤害。而严重渗透胁迫下，由于活性氧的大量产生，造成 MDA 含量迅速升高，对酶及膜结构造成破坏，蒙古冰草植株内源保护酶系统活力显著降低，使植株体内活性氧产生与清除的平衡遭到破坏，导致了植株细胞的氧化伤害（蒋明义等，1994）。因此，冰草植株在渗透胁迫下会提高保护酶活性以避免胁迫介导的氧化胁迫对细胞的伤害，也许这是其在干旱环境中有较强抗旱性的一个重要原因。

4. 不同种群冰草的抗旱性研究

冰草是一种非常重要的饲用植物资源，各种营养成分相对较高，具有很高的饲用价值和很强的抗逆适应性，喜沙质和覆沙土壤，耐瘠薄，也可用于防风固沙、水土保持。在北美洲，冰草已被广泛用于草原补播、人工草地建植和其他绿地建设中。另外，冰草作为小麦的野生近缘种，对小麦白粉病、黄矮病、锈病等病害表现出高度的免疫性，其众多优异基因可用于小麦的遗传改良。云锦凤和李景欣（2004）在几个不同种群冰草的抗旱性比较研究中，用 PEG-6000 溶液模拟干旱条件，分别在冰草种子萌发期和幼苗期对不同种群进行胁迫，测定不同胁迫梯度和不同胁迫时间种子发芽率、胚根长/胚芽长值、细胞膜相对透性和游离脯氨酸含量等指标，综合评定不同种群冰草的抗旱性。结果发现，6 个种群的抗旱性强弱不同，表明生境条件会对植物的抗旱性产生重要影响。分别用 0bar、-4bar、-8bar 和-12bar 的 PEG 溶液进行发芽试验，并观测幼根、幼芽生长情况及幼根长/幼芽长值。结果发现，浓度-4bar PEG 处理，对各居群种子发芽率均无明显影响，而随着 PEG 浓度的增加，发芽率均呈现明显下降，但下降的幅度有所不同。

研究资料表明，植物在适应干旱环境的过程中，会使其根系的形态特征发生变化，表现为根系发达，根冠比增大。Fischer 等（1990）的研究发现，侧根数量和根系重量与抗性有关，而根系的深度与抗旱性无关。胡海荣（1995）研究了幼根数与反复干旱后幼苗存活率的关系后认为，幼根数多的品种存活率高，幼苗抗旱性较强，幼根与幼芽的长度及其比值可作为衡量抗旱性强弱的一个指标。本次试验结果表明，低浓度 PEG 处理下，幼根与幼芽的长度都有所增加，对种子萌发生长有促进作用。但随着 PEG 浓度的增加幼芽生长受到抑制，特别是–8bar 以上时，6 个居群幼芽的生长都明显受到抑制。同时，幼根长/幼芽长的值均随 PEG 浓度的增加而增大。尤其是–4bar 以上的干旱，明显抑制幼芽的生长，但促进了幼根的生长。可见在水分胁迫下，植物自我调节地上与地下器官的生长，使营养物质优先满足根系（幼根）生长，以保证幼苗的成活。因此，水分胁迫下幼根长/幼芽长值增大是植物对水分胁迫的一种适应性反应。同时，幼根长/幼芽长值的大小可以反映植株对水分胁迫适应性的强弱。试验结果也发现，在同一胁迫浓度下，随着胁迫时间的延长，各居群相对电导率也随之增加，而且增加幅度有所不同，表明其抗旱性有所差异。因为，当植物组织受到干旱影响时，常能伤害原生质结构，引起细胞膜相对透性增大，细胞内含物有不同程度的外渗，导致相对电导率增加。另外，植物受干旱胁迫后体内蛋白质分解加快，会累积更多的脯氨酸，且抗旱品种累计的脯氨酸高于非抗品种，所以有人提出抗旱品种的培育可通过在干旱条件下筛选脯氨酸含量高的植株来实现。

5. 冰草与其他禾本科牧草抗旱性的比较

张力君等（2000）对短芒披碱草（*Elymus breviaristatus*）、披碱草（*E. dahuricus*）、垂穗披碱草（*E. nutans*）、老芒麦（*E. sibiricus*）、偃麦草（*Elytrigia repens*）、中间偃麦草（*E. intermedia*）、毛偃麦草（*E. trichophora*）、蒙古冰草（*A. mongolicum*）和 Pearl 赖草（*Leymus secalinus*）9 种禾草干旱胁迫生理反应的研究中，按 Michel 和 Kaufmann 的方法配制–0.5MPa PEG-6000 水溶液。以清水（OMPa）作为对照，各 4 次重复，每重复 50 粒种子，浸渗 8h，每小时称重一次（称重时吸干种子表面溶液），计算种子吸水量（%）和胁迫指数（%）；设置 0MPa、–0.2MPa、–0.4MPa 和–0.6MPa PEG-6000 的 4 级处理，每处理 4 次重复，每重复 50 粒种子，计算胚根长/胚芽长值、简化活力指数（G.S.）和胁迫指数（%）；进行幼苗培育、干旱处理及指标测定，叶片相对含水量的测定采用称重法，细胞膜透性的测定采用电导法，POD 活性的测定采用比色法，根冠比的测定采用称重法，萎蔫系数的测定采用称重法。试验结果表明，包括蒙古冰草在内的 9 种禾草种子对渗透胁迫的反应与幼苗对干旱胁迫的反应基本一致，综合评价认为蒙古冰草的抗旱性与披碱草相近，弱于短芒披碱草、Pearl 赖草，强于中间偃麦草、偃麦草、垂穗披碱草、老芒麦、毛偃麦草。

王怡丹等（2008）在研究水分胁迫下蒙古冰、冰草和滨麦（*Leymus mollis*）的抗旱性时，用 PEG-6000 模拟土壤水分胁迫，对它们的叶片相对含水量、细胞膜相对透性、游离脯氨酸及叶绿素指标进行对比，利用隶属函数法进行综合评价，其抗旱排序为滨麦＞蒙古冰草＞冰草。滨麦、蒙古冰草和冰草均有很强的抗逆性和适应性，特别是在耐旱、耐风沙和耐贫瘠等特性上表现尤为突出，在石砾质坡地、固定及半固定沙丘等严酷的环境中有很强的生命力，是良好的水土保持和固沙植物，适于在干旱、半干旱地区建植旱作人工草地或补播草地。试验在延边大学农学院农学系玻璃温室内进行，在 PEG-6000 溶液模拟水分胁迫处理前正常浇水，经 40 天培养到 3～4 片真叶时进行水分胁迫。水分胁迫条件与种子处理时一致，在小区内随机抽取样品，小心挖出根系，洗净，叶片用湿毛巾擦净，然后分别浸入质量浓度为 0g/L、100g/L、150g/L、200g/L 的 PEG-6000 中，胁迫时间为 0h、24h、48h 和 72h，之后测定各生理生化指标。采样时间为 8：30～9：00，样品均取自植株的同位叶片。

相对含水量是植物实际含水数量占饱和含水数量的比例。植物叶片相对含水量既可以反映植物的受旱程度，又可以比较它们叶片保持水分的能力。由表 3-9 可知，蒙古冰草、冰草及滨麦在水分胁迫下的相对含水量随培养时间的延长和胁迫强度的增大而降低，根据 Hsiao 提出的标准，分别将相对含水量降低 8%～10%、10%～20% 和 20% 以上定为轻度胁迫、中度胁迫和严重胁迫。试验设定 PEG-6000 的浓度为 10%、15% 和 20% 符合 Hsiao 提出的标准，滨麦比蒙古冰草和冰草有更

表 3-9　水分胁迫对叶片相对含水量的影响

供试材料	PEG-6000 浓度/%	处理时间/h			
		0	24	48	72
蒙古冰草	0	90.42	89.35	90.03	88.74
	10	90.42	87.12	84.00	83.82
	15	90.42	77.41	73.42	69.35
	20	90.42	65.61	62.29	54.60
冰草	0	87.73	86.59	88.01	86.42
	10	87.73	83.56	78.63	70.06
	15	87.73	74.89	71.44	68.55
	20	87.73	68.18	64.82	53.13
滨麦	0	99.07	99.13	97.23	97.69
	10	99.07	97.28	93.71	86.82
	15	99.07	84.97	82.93	81.07
	20	99.07	79.61	63.09	56.77

强的保水能力。同时，在轻度胁迫下，3 种植物有部分恢复保持水分的能力，而中度胁迫、重度胁迫下，植物保持水分的能力迅速下降。

水分胁迫对细胞膜透性产生明显影响（表 3-10），表现在叶片细胞膜受到伤害、细胞膜透性增加。蒙古冰草和冰草在胁迫 24h、48h 时，轻度、中度、重度胁迫条件下的细胞膜透性均呈显著差异，与对照相比变化较大，为 154.05%～480.67%，说明受伤害较严重；滨麦在 24h、48h 和 72h 时细胞膜透性增加较缓慢，为 4.34%～53.89%。因此，3 种植物的受伤害程度和反应机制有差别，抗旱性与细胞膜透性呈负相关，相同胁迫条件下滨麦细胞膜受到的伤害小于蒙古冰草和冰草受到的伤害。

表 3-10　水分胁迫对细胞膜透性的影响

供试材料	PEG-6000 浓度/%	处理时间/h			
		0	24	48	72
蒙古冰草	0	14.69	14.00	14.44	15.00
	10	14.69	47.07	75.35	72.15
	15	14.69	37.32	80.78	80.42
	20	14.69	57.86	76.53	80.95
冰草	0	13.96	14.00	13.88	14.13
	10	13.96	43.42	81.09	81.46
	15	13.96	54.77	89.25	84.50
	20	13.96	57.75	82.10	81.13
滨麦	0	19.20	18.96	18.51	17.16
	10	19.20	20.04	20.23	24.31
	15	19.20	19.22	22.09	26.93
	20	19.20	21.07	25.54	29.55

蒙古冰草在轻度胁迫下游离脯氨酸含量显著增加，胁迫 24h、48h、72h 时分别比对照增加 49.25%、62.58%、227.29%；中度胁迫和重度胁迫下其游离脯氨酸含量增加更显著，重度胁迫 72h 后增加到对照的 243.80%。冰草中对照的游离脯氨酸含量在 3 种植物中最低，比蒙古冰草低 40.02%、比滨麦低 27.65%。冰草在胁迫 24h 时游离脯氨酸含量增加不大，轻度胁迫、中度胁迫、重度胁迫下分别为对照的 89.16%、102.90% 和 114.98%；48h 时轻度胁迫下游离脯氨酸的含量急剧增加，为对照的 125.30%，中度胁迫和重度胁迫时游离脯氨酸含量显著增加，且增加趋势一致；72h 时与对照相比，游离脯氨酸含量增加相近，轻度胁迫、中度胁迫、重度胁迫下分别为对照的 225.18%、249.33% 和 290.75%。滨麦在受到胁迫时，

游离脯氨酸含量增加最快；胁迫 24h 时，轻度胁迫、中度胁迫下的游离脯氨酸含量与对照相比增加量相近；重度胁迫时，游离脯氨酸含量显著增加，为对照的531.86%；48h 时，轻度胁迫、中度胁迫及重度胁迫与对照相比游离脯氨酸含量分别增加了 240.75%、397.23%和 674.27%；72h 时，游离脯氨酸含量与对照相近，为 656.90%～847.02%。

蒙古冰草、冰草和滨麦的叶绿素含量都随着 PEG-6000 胁迫的加重呈下降趋势，其中蒙古冰草的叶绿素含量对水分胁迫最为敏感，在 24h、48h 时变化幅度不大，72h 时急剧下降。在 72h 重度胁迫下，与对照相比叶绿素含量降低了 60.65%，达到显著水平；冰草在 48h 轻度、中度胁迫，以及 72h 重度胁迫下叶绿素含量变化较大，72h 时叶绿素含量下降趋于平缓；滨麦在 3 种植物中叶绿素含量最低，在水分胁迫 24h 时与蒙古冰草和冰草相比叶绿素含量下降幅度分别为 31.40%和37.68%。在水分胁迫 48h 时滨麦叶绿素含量变化不大，为 30%～44%。

（二）抗旱结构的解剖学研究

高卫华等（1990）在蒙古冰草、伊菲冰草、诺丹冰草和杂种冰草营养器官解剖学研究中发现，4 种冰草具有典型的旱生结构特征，其中蒙古冰草较为突出。营养器官解剖结构的差异主要表现在叶上，茎和根的差异不显著。供试材料叶采自拔节期叶片的中部，茎采自抽穗期中间节间的中部，根采自抽穗期当年生根的根毛区。根、叶用福尔马林-乙酸-乙醇固定液（FAA）固定，再经过 70%乙醇、85%乙醇、95%乙醇、纯乙醇系列脱水，二甲苯透明、浸蜡等过程，然后进行石蜡切片，将切片贴在载玻片上烘干，再进行上述乙醇系列反过程复水，番红-固绿双重染色，乙醇系列脱水，二甲苯透明，最后用加拿大树胶封片，制成永久切片。茎用西德莱芝 1401 型精密滑走切片机进行冰冻切片，其染色和封片过程与石蜡切片法相同，最后成片。用日本奥林巴斯 PM-10AD 型研究显微镜光学显微照相。表 3-11、表 3-12 中所列数据用显微测微尺测出。

表 3-11　供试冰草叶的显微结构　　　　　（单位：μm）

项目	蒙古冰草	伊菲冰草	诺丹冰草	杂种冰草
叶的厚度	270～340	200～250	210～250	220～270
肋状突起高度	150～200	90～110	60～100	100～120
表皮细胞直径	15～20	15～20	20～25	18～20
泡状细胞直径	20～30	20～25	25～30	25～28
泡状细胞数量	多	较多	较多	较多
叶肉细胞排列	紧密	较松	较密	松
叶肉细胞间隙	较小	较大	较小	大

续表

项目	蒙古冰草	伊菲冰草	诺丹冰草	杂种冰草
气孔的数量	多	较少	较多	较少
表皮毛的数量	少	较多	较少	多
中脉直径	100~110	90~100	100~110	95~105
中脉导管口径	15~20	18~25	19~30	31~37
鞘细胞壁加厚度		3~6	3~6	2~3

表 3-12　供试冰草茎的显微结构　　　　（单位：μm）

项目	蒙古冰草	伊菲冰草	诺丹冰草	杂种冰草
表皮细胞直径	12~15	9~12	12~15	15~20
角质层厚度	3~5	3~5	3~4	3~5
厚壁细胞直径	8~12	10~20	10~20	10~18
厚壁细胞壁厚度	3~3.5	1~1.5	2~3	1.5~2
同化细胞直径	15~20	15~20	18~30	15~20
薄壁细胞直径	25~35	30~50	30~40	30~50
机械组织分布	广	较少	较广	较广
气孔的数量	较少	多	较多	较多
导管口径	25~27	31~37	37~45	22~28

1. 叶的解剖结构

从叶的解剖结构来看，蒙古冰草横切面表皮细胞一层，排列紧密，外壁有角质层，基本由等径细胞组成。泡状细胞较大，大多数泡状细胞为圆形，外壁角质化。上表皮叶脉处向上有肋状突起。上、下表皮均有气孔器，上表皮气孔多于下表皮，气孔下陷。叶片中部大叶脉和个别小叶脉维管束有厚壁细胞与上、下表皮相连，多数小维管束周围没有厚壁组织。叶肉细胞排列紧密，在近表皮处由 2~3 层圆柱形细胞紧密排列呈栅状，其长轴与表皮垂直，细胞质浓，含有大量的叶绿体。机械组织不发达，为等面叶，只有很少量的表皮毛。

伊菲冰草叶表皮细胞一层，排列紧密，外壁有角质层，为等径细胞。上表皮泡状细胞近圆形，外壁角质化。上表皮叶脉向上有肋状突起。上表皮气孔数量明显多于下表皮，气孔下陷。中部大叶脉和部分叶脉维管束有较多的厚壁细胞与上、下表皮相连，只有少数小叶脉维管束周围没有厚壁组织。叶片中部叶脉和个别大叶脉维管束鞘细胞内壁及侧壁有明显的木栓化加厚，从整个维管束鞘来看加厚的情形以韧皮部为顶点呈"Ω"形分布，只在位于木质部下方有少数鞘细胞壁加厚不明显，类似于根内皮层的凯氏带。叶肉细胞排列较松散，形状不规则，细胞质较浓，含叶绿体较少。机械组织发达，为等面叶，具有大量表皮毛。

诺丹冰草叶表皮由一层排列紧密的细胞组成，外壁有角质层，近等径。上表皮泡状细胞较大，近似为圆形。上表皮叶脉向上有肋状突起。上表皮气孔明显多于下表皮且下陷。中部大叶脉和约半数叶脉维管束有较多的厚壁细胞与上、下表皮相连。中脉和少数大叶脉维管束鞘细胞内壁及侧壁有明显的木栓化加厚，整个维管束鞘加厚的情形与伊菲冰草相同。叶肉细胞排列较紧密，形状多数为不规则圆形，细胞质较浓，富含叶绿体。机械组织较发达，等面叶，有少量表皮毛。

杂种冰草叶表皮细胞一层，排列紧密，近等径，外壁有角质层。上表皮泡状细胞较大，近圆形。上表皮叶脉向上有肋状突起。上表皮气孔多于下表皮，气孔下陷。中部叶脉和极少数叶脉维管束有厚壁细胞与上、下表皮相连。中脉和极少数较大的叶脉维管束鞘细胞内壁及侧壁有明显的木栓化加厚，整个维管束鞘加厚的情形同伊菲冰草。叶肉细胞排列较松，为不规则形，细胞质较浓，富含叶绿体。机械组织不很发达，等面叶，有大量表皮毛。

叶是植物蒸腾作用和同化作用的主要器官，它对生态环境的影响最敏感，在冰草属牧草解剖结构上表现在叶上的差异最明显，表现在茎、根上的差异不很突出。从叶片的厚度来看，蒙古冰草最厚，杂种冰草次之，诺丹冰草和伊菲冰草较薄；从叶肉细胞的排列来看，蒙古冰草最紧密，诺丹冰草较紧，杂种冰草和伊菲冰草较松（表3-11）。叶片厚度大、叶肉细胞排列紧密可以大大提高光合作用效率，保证植物在不良环境条件下良好生长。

光合作用效率的提高可能是抵抗干旱的一个非常重要的因素。冰草叶的上表皮均有泡状细胞，其中蒙古冰草泡状细胞的数量多于其他3种冰草（表3-11）。泡状细胞是植物叶自动调节的一种结构，泡状细胞失水时细胞外壁向内收缩，整个叶片内卷成筒状，减少了水分的蒸腾。

叶片气孔数量以蒙古冰草为最多，诺丹冰草次之，杂种冰草和伊菲冰草较少（表3-11）。气孔密度高，可加强蒸腾作用，充分利用地下水分，同时还可降低叶温避免高温伤害。当水分不足时气孔自动关闭，调节植物体内的水分平衡。旱生植物气孔密度的增加，还可等待水分供应充足时，增加气体的交换，提高光合效率。

冰草叶表面均有表皮毛和下陷气孔，其中杂种冰草和伊菲冰草表皮毛较多，诺丹冰草和蒙古冰草表皮毛较少（表3-11）。对气孔下陷程度和表皮毛作用的认识还不一致，有人认为气孔下陷对减少蒸腾起积极作用。表皮毛除可减少蒸腾外，还有隔热作用。而卡特（Cutter, 1972）认为，叶减少蒸腾作用不一定需要大量的表皮毛或内陷气孔。笔者结合对冰草营养器官其他旱生解剖特征的分析比较认为，气孔的下陷程度和表皮毛的多寡不足以说明冰草属牧草的抗旱性。供试冰草中，在伊菲冰草、诺丹冰草和杂种冰草的叶维管束鞘细胞壁上发现有木栓化加厚的凯氏带。植物叶维管束鞘上的凯氏带被认为是叶的内皮层，是维管束鞘细胞结构上和功能上的特化。对叶中凯氏带的功能和作用还有待于进一步研究。

2. 茎的解剖结构

从茎的解剖结构来看，横切面上 4 种冰草表皮均为一层排列紧密的长方形细胞，都有较厚的角质层，其中蒙古冰草、伊菲冰草、杂种冰草的角质层较厚，诺丹冰草的角质层稍薄。表皮内的下皮层有由厚壁组织和绿色同化组织交互排列的组织带，厚壁细胞腔小、壁厚、排列紧密，其中伊菲冰草、诺丹冰草厚壁细胞较大，杂种冰草次之，蒙古冰草较小。从分布情况来看，蒙古冰草机械组织最发达，诺丹冰草、杂种冰草居中，伊菲冰草机械组织不很发达。

冰草均有较发达的绿色同化组织，同化组织埋藏在下皮层机械组织中，同化细胞形状为不规则圆形，其中诺丹冰草同化细胞较大，其他 3 种冰草较小。从分布情况来看，伊菲冰草绿色同化组织分布较多，蒙古冰草分布较少，诺丹冰草和杂种冰草居中。

冰草茎的表皮上都分布有气孔，数量的多少与同化组织的分布相吻合。在下皮层与髓腔之间分布有大量的无色基本薄壁组织，薄壁细胞较大，近圆形，其中伊菲冰草和杂种冰草的薄壁细胞较大，诺丹冰草次之，蒙古冰草较小。从分布情况来看，伊菲冰草和杂种冰草的薄壁组织分布较广，诺丹冰草次之，蒙古冰草较少。

冰草维管束排列方式相同，维管束排列成两圈，外圈小维管束排列在表皮下的厚壁组织中，内圈大维管束排列在下皮层内的无色薄壁组织中，为典型的有限外韧维管束。

冰草茎表皮细胞外壁均有角质层，在茎的下皮层中有发达的厚壁机械组织。其中蒙古冰草、杂种冰草、伊菲冰草角质层较厚，诺丹冰草角质层稍薄。茎下皮层中的机械组织，蒙古冰草最发达，诺丹冰草和杂种冰草较发达，伊菲冰草不很发达（表 3-12）。茎表皮上厚的角质层可有效地防止角质层蒸腾，茎中发达的机械组织对茎有强大的支撑作用，可防止失水萎蔫、倒伏。

3. 根的解剖结构

从根的解剖结构来看，蒙古冰草表皮细胞一层，排列紧密。表皮下有 3～4 层排列较紧密的皮层细胞，壁薄，形状不太规则，靠近内皮层有 1～2 层排列紧密的细胞，壁稍厚，皮层中部的细胞已解体，形成较大的空腔。内皮层细胞一层，排列紧密，在内皮层细胞的内侧横向壁和径向壁上有明显木栓化加厚的凯氏带，厚度为 6～8μm。中柱鞘细胞近方形，单层紧密排列，壁加厚。每束原生木质部由 1～2 个小型导管组成，原生韧皮部与原生木质部相间排列，在原生木质部内侧排列着 7 个后生木质部大导管，直径约为 47μm。维管柱中央的髓由厚壁细胞组成。根具砂套，有大量根毛。

伊菲冰草根表皮细胞一层，排列紧密。表皮下有数层排列较松散形状不太规则的皮层薄壁细胞，靠近内皮层有1~3层排列整齐紧密的细胞，一般为薄壁细胞，皮层中部的部分细胞已毁损，形成较大的胞间腔。内皮层细胞排列紧密，有明显加厚的凯氏带，其厚度为 6~9μm。中柱鞘细胞柱状或方形，单层紧密排列，细胞壁加厚度不及蒙古冰草。原生木质部和原生韧皮部的排列方式与蒙古冰草相同，在原生木质部内侧排列着 9 个后生木质部大导管，直径约为 37μm。维管柱中央的髓细胞较蒙古冰草的大，壁加厚不及蒙古冰草。根有砂套，根毛的数量比其他3 种冰草少。

诺丹冰草根表皮由一层排列紧密的细胞组成。表皮内是 3~7 层皮层薄壁细胞，排列紧密，形状不太规则，靠近内皮层有两层排列整齐紧密的纺锤形细胞，壁明显增厚，皮层中部的细胞毁损，形成了大的空腔。内皮层细胞排列紧密，凯氏带厚度为9~10μm。中柱鞘细胞近方形，单层紧密排列，壁明显加厚。原生木质部和原生韧皮部的排列方式同蒙古冰草，原生木质部内侧排列着 9 个后生木质部大导管，直径约为 43μm。髓细胞近圆形，壁明显加厚。根具砂套，有较多根毛。

杂种冰草根表皮由一层排列紧密的细胞组成。皮层细胞在靠近表皮和内皮层的部分排列较紧密，形状不太规则，一般为薄壁细胞，皮层中部的细胞排列较松散，个别细胞毁损形成较小的胞间隙。内皮层细胞单层紧密排列，凯氏带厚度为3~5μm。中柱鞘细胞近方形，排列紧密，壁厚。原生木质部和原生韧皮部排列同蒙古冰草，原生木质部内侧排列着 7 个后生木质部大导管，直径约为 53μm。髓细胞排列较散乱，有的髓细胞壁加厚。根有砂套，有较多根毛。

4 种冰草的根均具有砂套和根毛。砂套对根起隔热作用和保护作用，可抵御土壤干热和根系生长穿插时造成的机械损伤。从根毛的分布来看，蒙古冰草的根毛最多，诺丹冰草和杂种冰草较多，伊菲冰草根毛较少。根毛可增加根的吸收面积，大量的根毛可使根的吸收面积大大增加，充分利用土壤中有限的水分。通过对 4 种冰草属牧草营养器官解剖结构的比较分析，蒙古冰草对干旱生态环境的适应性最强，其次是诺丹冰草和杂种冰草，伊菲冰草表现较差。

于卓和 Suguru（2002）在小麦族 10 种禾草叶片可消化性及矿物质含量差异的研究中，对叶片横切面构造进行了观察，待植株生长到 4 片或 5 片真叶时，取各供试草种鲜叶的中段部分，横切成约为 1.2mm 长的小段，直接用双面电性胶带粘在直径为 1.5cm 的铝制载样台上，使叶横切面一端朝上，用 JSM-5800LV 扫描电子显微镜观察叶片横切面的微构造，将观察图像扫描摄影并保存在高密度光盘内，电子显微镜扫描倍受率设定为 300 倍，分辨率为 50μm。将光盘内贮存的图片用 Adobe Photoshop 图像处理软件，分析测定每种禾草叶片横切面积中木质部及厚壁细胞部分所占面积百分比的大小。研究结果表明，蒙古冰草叶脉发达，木质部及厚壁细胞组织比例大（占 27.52%），表明其抗旱性强。

刘利等（2009）以蒙农1号蒙古冰草（*Agropyron mongolicum* Keng. cv.Mengnong No.1）、诺丹冰草（*A. desertorum* cv. Nordan）、蒙农杂种冰草（*A. cristatum×A.desertorum* Hycrest-Mengnong）、锡林郭勒缘毛雀麦（*Bromus ciliatus* L. cv. Xilinguole）和农牧老芒麦（*Elymus sibiricus* L. cv. Nongmu）5个禾本科牧草品种为材料，在典型草原区进行了耐旱适应性比较试验。于抽穗期剪取新鲜叶片，在FAA固定液中浸泡24h固定。将固定后的叶片用50%乙醇冲洗3次后，撕取下表皮，置于载玻片上，染色后放在显微镜下观察。选取不同部位观察10个视野，求取视野平均气孔数。结果发现，各材料之间存在显著差异，总体排序为蒙农1号蒙古冰草（8个）＞锡林郭勒缘毛雀麦（7个）＞蒙农杂种冰草和农牧老芒麦（4个）＞诺丹冰草（3个）。叶片单位面积气孔的数量可以反映牧草耐旱能力的强弱，也可作为评价植物耐旱能力的一个重要指标。遗传因素是决定气孔数目多少的主要原因，同时，也是植物在恶劣环境条件下自我调节作用的结果。在恶劣环境中，植物会根据环境的变化而进行自身的应激性调节来抵御不良环境的影响。植物叶片单位面积内的气孔数量越多，蒸腾能力越强，吸水能力也就越强，耐旱性能也就越强。

（三）不同区域的旱作栽培试验研究

各地多年的旱作栽培试验结果表明，冰草具有很强的适应性，适于在寒冷的干旱、半干旱地区建植。云锦凤和米福贵在1984年开始经过多年的栽培观察发现：蒙古冰草在内蒙古呼和浩特市、巴彦淖尔市、鄂尔多斯市和乌兰察布市后山地区自然条件下，春季返青早，秋季枯黄晚。在气温为2～5℃的3月月底至4月上旬即可返青，比披碱草和偃麦草早。6月月初抽穗，6月中旬开花，7月月底种子成熟，从返青到种子成熟约需125天。种子成熟后，生殖枝枯黄，营养枝可继续生长，直到11月上旬气温降到-3～-1℃，地表开始结冻时开始枯黄，青绿期可达226天。其枯枝在冬季能存留，供家畜采食。

播种当年，蒙古冰草生长缓慢，植株较细弱，大多数植株处于营养生长的叶丛状态，分蘖数也较少，一般只有5～15个，很少能进入生殖生长，植株高度为30～40cm。生活第二年后，生长旺盛，分蘖加强，拔节至抽穗期间生长强度最强，在呼和浩特观测发现，5月30日至6月10日的10天间，株高增长14～16cm，平均生长速率为1.5cm/天。分蘖贯穿于生长发育的全过程，生活第三年单株分蘖数可达50～120～130个，且多数发育成生殖枝。须根系发达，入土深度可达80～100cm，生活第三年根量可达151g/m²，主要分布在0～20cm土层内，占根系总量的70%。茎秆纤细，草产量中等水平，一般为3000kg/hm²，种子产量为375kg/hm²。适应性很强，耐瘠薄，在石砾质山坡、丘陵坡地、砂地、固定和半固定沙丘都能很好生长，主要特点是抗寒、耐旱、耐风沙。在年降水量为200～300mm的地区生长良好，是禾本科内较耐旱的牧草，但由于幼苗细弱，苗期抗旱性较差，低于冰草和沙生冰草，定植后耐旱能力增强，强于二者。

　　谷安琳等（1994）对冰草属当地材料和北美洲引进品种在内蒙古干旱草原旱作条件下的建植试验结果表明，当地的蒙古冰草（AGMO、AGMO）和西伯利亚冰草（AGSD）都具有广泛的适应性，无论播种期干旱与否，均可获得较好的建植效果，在较好的降水条件下有极显著的增殖。当地的沙生冰草（AGDE）在干旱生境中可发挥其建植优势，建植水平不会因降水条件好转而提高。北美洲引进品种 Hycrest、Kirk、Fairway、P-27、Parkway、Synthotic-H 和 Epharim 在旱作条件下建植成功与否取决于播种期的降水条件，如果降水条件较好，可以获得与当地材料同等水平的建植效果。

　　谷安琳等（1998）将选自中国和美国的 11 个冰草材料，分别在内蒙古呼和浩特市和包头市达茂旗海雅牧场旱作条件下进行种植和牧草产量分析，结果发现，产于内蒙古的冰草，牧草产量和稳产性显著优于引自北美洲的供试品种，其中蒙古冰草表现最好，北美洲的供试品种在内蒙古干旱地区旱作建植困难，在半干旱地区降水丰年播种可收获 2～3 年牧草。一般来说，播种当年的建植水平高时，第二年的牧草产量最高，以后随着生长年限的增加产量逐年下降，但生长季降水量对产量的年际变化将产生重要影响。

　　张众和刘利等于 2006～2007 年在内蒙古锡林郭勒盟正蓝旗对蒙农 1 号蒙古冰草、诺丹冰草、蒙农杂种冰草、锡林郭勒缘毛雀麦和农牧老芒麦 5 个禾本科牧草品种进行了耐旱适应性比较试验，对出苗数、物候期、干草产量及潜在种子产量的试验观测和综合分析的结果表明：3 种冰草在当地旱作条件下的适应性均较强，特别是蒙农 1 号蒙古冰草的生长发育优于其他品种，出苗数达到 208 苗/m、干草产量可达 4200kg/hm^2、种子产量可达 571.17kg/hm^2，可以作为当地旱作人工草地建植的首选牧草品种（表 3-13、表 3-14）。

表 3-13　　物候期的观测结果（月.日）

牧草名称	返青期	拔节期	孕穗期	抽穗期	开花期	乳熟期	腊熟期	完熟期	生育期/天
诺丹冰草	4.13	5.8	5.23	6.10	7.10	—	—	8.12	121
锡林郭勒缘毛雀麦	4.7	4.28	5.20	5.28	6.10	7.8	7.25	8.28	143
蒙农杂种冰草	3.29	5.8	5.28	6.10	7.1	—	—	8.3	127
农牧老芒麦	4.7	—	—	6.18				8.5	130
蒙农 1 号蒙古冰草	4.6	5.8	5.23	6.3	7.6	—	—	8.14	130

表 3-14 品种比较试验结果

牧草名称	出苗数/（苗/m）	干草产量/(kg/hm²)	潜在种子产量/(kg/hm²)
诺丹冰草	299 ab	2605.0 b	300.45 b
锡林郭勒缘毛雀麦	257 b	3729.3 a	176.80 b
蒙农杂种冰草	133 d	1890.0 b	284.73 b
农牧老芒麦	340 a	2100.0 b	369.23 ab
蒙农 1 号蒙古冰草	208 c	4200.0 a	571.17 a

注：a、b 表示 $P < 0.05$ 水平差异显著性

由表 3-13 可以看出，供试的 5 个品种在当地都能正常生长，安全越冬，完成整个生活周期，但物候期表现有所不同。其中蒙农杂种冰草返青最早，3 月月底返青，诺丹冰草返青最晚，4 月 13 日返青，二者相差 15 天。蒙农杂种冰草种子成熟也最早，锡林郭勒缘毛雀麦种子成熟最迟，二者相差 25 天。物候期的差异除受品种本身的遗传特性控制外，环境因素也有着十分重要的影响作用。蒙农杂种冰草返青最早，种子完熟期也最早，除表明其耐旱性强以外，还说明其返青所需要的温度低，抗寒性较强。

表 3-14 中的数据显示，各供试品种田间出苗数有所不同，差异达到显著水平或极显著水平（$P < 0.05$）。其中，农牧老芒麦的出苗数最多，达 340 苗/m，其次为诺丹冰草 299 苗/m，锡林郭勒缘毛雀麦 257 苗/m，蒙农 1 号蒙古冰草 208 苗/m，而蒙农杂种冰草的出苗数最少，仅 133 苗/m。造成田间出苗数不同的主要原因是各品种种子萌发对水分的需求量不同，种子的萌发启动速率也有所差异。在土壤水分条件相同的情况下，有的种子能吸收充足的水分萌发，发育出正常根系，并随着水分的下渗不断吸收深层土壤水分，及时供给种苗生长，达到出苗；而有些种子萌发启动速率慢，难以获得充足的水分，不能正常出苗。

牧草产量和潜在种子产量不仅是牧草生产性能的主要指标，同时也是评价牧草适应性的重要指标。由表 3-14 可以看出，各品种的干草产量差异性显著，蒙农 1 号蒙古冰草最高为 4200kg/hm²，锡林郭勒缘毛雀麦次之为 3729.3kg/hm²，二者显著高于其他品种（$P < 0.05$）。蒙农杂种冰草、诺丹冰草和农牧老芒麦的差异性不显著。蒙农 1 号蒙古冰草耐旱能力强，在干旱的条件下，根系扎土深，能够吸收到深层土壤中的水分，为植物提供生长所需要的养料及水分，促进植株地上部分的生长。温素英等（2001）在内蒙古锡林郭勒盟正蓝旗"五一"种畜场通过对 5 种牧草进行高产人工草地建植技术的研究，也认为蒙古冰草在干旱条件下适应性最好，产出比最高。

牧草的潜在种子产量又称为理论种子产量，是单位土地面积上所能获得的最大种子产量，通过测定单位土地面积上花期出现的胚珠数和平均种子质量，进行

计算得到的理论值。从表 3-14 所示结果可以看出，各品种的潜在种子产量有所不同，蒙农 1 号蒙古冰草最高，为 571.17kg/hm²，与其他品种的差异达到显著或极显著水平，农牧老芒麦次之，诺丹冰草、锡林郭勒缘毛雀麦、蒙农杂种冰草之间差异不显著。对出苗数、草产量、潜在种子产量进行综合聚类分析认为，5 个供试品种对当地适应性的综合排序为蒙农 1 号蒙古冰草 > 锡林郭勒缘毛雀麦 > 蒙农杂种冰草 > 农牧老芒麦和诺丹冰草。

二、抗寒性

抗寒性反映植物对低温寒害的抵抗能力，是高寒地区衡量多年生牧草生产性能的一个重要指标。低温能够限制牧草潜在生产力的正常发挥，是寒冷地区多年生人工草地的主要威胁之一。

（一）低温胁迫下植物的生理生化响应

国内外对植物耐寒性的研究主要集中在两个方面，一是低温胁迫下植物形态结构的变化，二是低温胁迫下植物的生理生化响应，研究方法也不尽相同。20 世纪 30 年代，Dexter 等（1932）首次将电导法用于植物耐寒性研究，从试验方法、理论探讨及实用价值等方面取得了较大进展。之后，Lyons（1941）根据生物膜流动镶嵌模型及其生理功能与耐寒性的关系，提出冷敏感植物遭受寒害时，生物膜首先发生物相变化，由液晶转为凝胶相，细胞膜透性增大，细胞中电解质外渗，因而可以应用电解质渗漏法检验植物耐寒性。Dunn（1999）以冷冻处理后结缕草根茎的恢复生长情况评价其耐寒性，方法切合实际，但试验条件难以控制，重复性较差；李亚和宣继萍（2004）通过测定冷冻处理后叶片电解质外渗率，鉴定结缕草的耐寒性，试验条件容易控制，但观测样品为离体器官，只能反映植株的相对耐寒性。

在抗性生理学领域，低温半致死温度可以反映温度与抗寒性之间的数量关系。而细胞学研究表明，细胞膜结构的稳定性是植物耐寒适应性的关键，目前普遍认为，环境因子变化与细胞膜的伤害有密切关系，将自然降温过程中细胞膜透性与低温半致死温度变化联系起来，有助于评价低温半致死温度这一耐寒指标的生理基础和可靠性。朱月林等（2004）将排除植物本身电导之后，电解质外渗率达到 50% 的低温点作为植物半致死温度，较为直观地反映了植物的耐寒力和所能忍耐的低温极限。但郭海林等（2006）以结缕草为材料，通过电解质外渗法和地下根茎恢复性生长评价其抗寒性，结果发现叶片电解质外渗率半致死温度与地下茎恢复生长试验结果并不完全一致。同时，叶片的半致死温度与植株青绿期相关性不显著，说明应用电解质外渗率这个单一指标检测植物耐寒性在某种程度上还存在问题。

孙铁军等（2008）通过对 10 种禾草半致死温度与越冬率的测定，利用最长距离聚类分析方法对其耐寒性进行了综合分析，结果表明，北京地区耐寒性较强的是草地雀麦（*Bromus riparius*）、无芒雀麦（*Bromus inermis*）、苇状羊茅（*Festuca arundinacea*）、沙生冰草（*Agropyron desertorum*）、长穗偃麦草（*Elytrigia elongata*）和猫尾草（*Phleum pretense*），耐寒性中等的是紫羊茅（*Festuca rubra*）、蓝茎冰草（*Agropyron smithii*）和鸭茅（*Dactylis glomerata*），耐寒性较弱的是草芦（*Phalaris arundinacea*）。一般而言，低温胁迫下，植物叶片细胞相对电导率随温度降低而升高，如果二者之间的关系呈现 S 形曲线，且该曲线与 Logistic 方程 $Y=K/(1+ae-bt)$ 具有较好的拟合度时，可以用于半致死温度的确定。以草地雀麦为例，当温度从 -2℃下降到 -6℃时，相对电导率缓慢上升，随着温度继续下降，相对电导率快速增加，当温度降低到 -14℃以后，相对电导率上升变缓。将各点进行 Logistic 方程回归，拟合度达到极显著水平（$P < 0.01$），曲线变化期间出现拐点，此处低温电解质递增效应最大，通过 Logistic 方程曲线拐点所对应的温度计算出草地雀麦的半致死温度为 -8.75℃。对 10 种禾草模拟低温处理后，将其叶片相对电导率与温度进行 Logistic 方程拟合，拟合度均达到显著水平，并由 Logistic 方程得出半致死温度（表 3-15）。

表 3-15　不同禾草叶片相对电导率的 Logistic 方程参数及其半致死温度

物种	a	b	k	半致死温度（LT_{50}）/℃	拟合度（R^2）
草地雀麦	175.9961	-0.5912	80.8023	-8.75	0.9631**
无芒雀麦	30.0364	-0.4112	92.8305	-8.27	0.9385**
苇状羊茅	24.7600	-0.4576	92.3044	-7.01	0.9687**
紫羊茅	73.5746	-0.5660	87.4969	-7.59	0.8940*
沙生冰草	7.5614	-0.4565	85.0634	-4.43	0.9411*
蓝茎冰草	2.1860	-0.3942	86.7288	-1.98	0.9825**
长穗偃麦草	3.4255	-0.3029	89.7597	-4.06	0.8878*
猫尾草	61.0362	-0.5745	90.7861	-7.16	0.8789**
鸭茅	32.3434	-0.4869	86.1136	-7.14	0.9490*
草芦	48.0384	-0.5933	89.3326	-6.53	0.9050*

*拟合度达显著（$P<0.01$）水平。

**拟合度达极显著（$P<0.05$）水平

从表 3-15 可以看出，10 种禾草叶片半致死温度为 -8.75～-1.98℃，LT_{50} 平均值为 -6.29℃，变异系数为 33.78%，说明禾草对低温的适应能力变异性较大，这种变异有利于扩展禾草在不同气候区的适应范围。对电导法得出的禾草半致死温度进行排序得出，草地雀麦的半致死温度最低，从低到高的顺序为草地雀麦、无芒雀麦、紫羊茅、猫尾草、鸭茅、苇状羊茅、草芦、沙生冰草、长穗偃麦草、蓝茎冰草。半致死温度越低，说明禾草的耐寒能力越强。越冬性是指植物对低温寒害及越冬过程中复杂逆境的综合抗性，是一种复杂的生理特性，其中越冬率是禾草越冬性强弱的重要指标之一。2005 年秋末休眠前与 2006 年春季返青期，对同一样段内不同禾草的密度进行重复记数，计算越冬率。结果显示，草地雀麦的越冬率最高，达 90.5%，其次是沙生冰草和猫尾草，越冬率均在 80%以上；紫羊茅、蓝茎冰草、鸭茅相对较低，在 50%以下；草芦越冬率最低，仅为 1.8%。草地雀麦、沙生冰草与猫尾草表现出相对较强的耐寒性，紫羊茅、蓝茎冰草、鸭茅耐寒性相对较弱，草芦耐寒能力在 10 种禾草中最弱。最长距离聚类法是将多种因素综合考虑的一种统计分析方法，可以在一定程度上减小半致死温度和越冬率在测试上的误差。通过聚类方法分析，将 10 种禾草依据耐寒能力强弱分为 3 类，耐寒性较强的一类是草地雀麦、无芒雀麦、苇状羊茅、沙生冰草、长穗偃麦草和猫尾草，耐寒性中等的是紫羊茅、蓝茎冰草和鸭茅，耐寒性最弱的是草芦。

　　牧草的抗寒性是受遗传基因控制的，同工酶是高灵敏度的遗传标志物，其本身也是一种抗原，它能按照细胞代谢的需要，在其活化型和钝化型之间互相转换，起到代谢调节作用，达到增强抗寒能力的目的。王承斌等（1989）在牧草过氧化物酶同工酶与抗寒性的初步研究中，利用聚丙烯酰胺凝胶盘状电泳法，对 13 种牧草在萌芽期进行了过氧化物酶同工酶分析。结果发现，过氧化物酶同工酶与牧草抗寒性的关系极为密切，抗寒性在酶区带条数上得到明显反映，酶区带条数多的材料抗寒性强。通过对 13 份材料的分析，初步确定了它们所呈现的过氧化物酶同工酶的基本谱型。不同材料过氧化物酶同工酶和酶活性不同，其中西伯利亚冰草酶带最多，为 12 条；其次是冰草和野苜蓿，各为 10 条；无芒雀麦和肇东苜蓿各为 9 条；蒙古冰草和呼盟苜蓿各为 8 条；其余材料酶带最少，均为 6 条。

　　从表 3-16 可以看出，相对泳动率小的，酶带相对活性一般较弱；反之，酶带较宽，着色较深，泳动率大的，酶带相对活性一般较强。从分析结果可以看出，牧草过氧化物酶同工酶与抗寒性的关系极为密切，牧草抗寒性在过氧化物酶同工酶的酶区带条数上有明显反映，说明同工酶与抗寒性有着相关关系，酶区带条数多的牧草抗寒性强，而且各自都有自己特定的酶带条数和位置。这与刘鸿先等（1981）对水稻、黄瓜和龙舌兰麻等不同耐冷植物品种所作的过氧化物酶同工酶分析的结果一致，说明同工酶可以作为研究鉴定牧草抗寒性的一项生化指标。在上述材料中，原产青海高原的西伯利亚冰草最抗寒，酶带为 12 条，谱带相对泳动率最高为 0.802，酶带相对活性很强；其次是原产内蒙古和加拿大的扁穗冰草和无芒雀麦，它们的酶带分别为 10 条和 9 条，谱带相对泳动率最高分别为 0.831 和 0.633；再次是原产宁夏的蒙古冰草，酶带是 8 条，谱带相对泳动率最高为 0.790。在豆科牧草中，原产西藏高原高寒地区的野苜蓿是最抗寒的，酶带为 10 条，谱带相对泳动率最高为 0.675，酶带相对活性很强；其次是肇东苜蓿和呼盟苜蓿，酶带分别为 9 条和 8 条，其谱带相对泳动率最高为 0.527 和 0.451；润布勒苜蓿、芋县苜蓿、庆阳苜蓿、乾县苜蓿、武功苜蓿和渭南苜蓿酶带都为 6 条，谱带相对泳动率最高为 0.387～0.689，是稍抗寒和不抗寒的品种。

表 3-16　过氧化物酶同工酶谱带的相对泳动率

材料名称	谱带编号											
	1	2	3	4	5	6	7	8	9	10	11	12
无芒雀麦	0.141	0.211	0.268	0.324	0.380	0.437	0.507	0.563	0.633			
蒙古冰草	0.148	0.185	0.247	0.346	0.407	0.506	0.593	0.790				
扁穗冰草	0.117	0.156	0.195	0.234	0.273	0.351	0.416	0.532	0.649	0.831		
西伯利亚冰草	0.111	0.148	0.185	0.247	0.309	0.346	0.383	0.482	0.531	0.617	0.741	0.802
野苜蓿	0.143	0.195	0.234	0.273	0.312	0.338	0.364	0.390	0.506	0.675		
肇东苜蓿	0.167	0.208	0.222	0.250	0.278	0.306	0.347	0.417	0.527			
呼盟苜蓿	0.155	0.169	0.197	0.225	0.239	0.268	0.338	0.451				
润布勒苜蓿	0.139	0.181	0.208	0.264	0.347	0.542						
芋县苜蓿	0.157	0.200	0.257	0.286	0.371	0.543						
庆阳苜蓿	0.149	0.189	0.230	0.297	0.378	0.689						
乾县苜蓿	0.141	0.179	0.218	0.269	0.308	0.462						
武功苜蓿	0.150	0.200	0.237	0.250	0.287	0.387						
渭南苜蓿	0.133	0.187	0.227	0.297	0.360	0.533						

大量研究表明，低温胁迫下植物可积累更多的可溶性糖、蛋白质、脯氨酸等物质，可以降低组织和细胞的冰点温度，使细胞水合度增大，保水能力增强，避免原生质在低温下的脱水伤害，同时也为植物越冬提供能量和更新芽的萌动力，这与牧草抗寒性密切相关。

（二）冰草属牧草的抗寒性

在多年生禾本科牧草中，冰草属牧草被认为是一类最抗寒的牧草。适宜在干燥和寒冷地区种植，在中国温带地区可以安全越冬，在年降水为 250～500mm、积温为 2500～3500℃的干旱、半干旱地区生长良好。播种当年的植株可在−40℃极端低温环境中安全越冬，在青藏高原雪域无冻死现象。根据苏联的研究报道，冰草具有强的抗寒性，在多年生禾本科牧草中，冰草属于最抗寒的一种。冰草抗寒性强，在以下地区可以表现出来：西伯利亚、哈萨克、伏尔加河下游和中游、乌拉尔和乌克兰地区。根据西伯利亚粮食科学研究所瓦卢依试验站和哈萨克南部及北部许多科学研究单位的研究,即使在非常寒冷而少雪的季节,地表无雪或冰覆盖,只要冰草已牢固地扎下根,植株就不会死亡。如果冰草的草群变稀,那也是其他原因,而不是因为寒冷或霜冻造成的。冰草芽和幼苗的抗寒性最低,在冰草生长初期阶段,非常幼小的植株,遇到低温会死亡。在布凯也夫试验地,秋季(9 月中旬)天气突然变冷,地表温度降到–5℃,冰草幼苗被冻死。这时老龄冰草的植株已开始发芽,已出土植株上的幼枝在这次寒潮中未受冻害。在休闲地上,秋季播种的冰草其幼枝死亡的情况在谢米巴拉吉试验站也曾出现过。冰草在发芽时死亡的原因,不仅仅是由于低温的影响。苏联饲料科学研究所的研究人员在不同草原地区进行的试验表明,在最寒冷的冬季初期会使冰草的幼苗受到损害,因为在进入稳定霜冻以前,幼苗来不及牢固地扎根,草群又非常稀疏,有时会全部死亡。在哈萨克南部试验站秋季播种冰草,个别年份在发芽和幼苗生长阶段入冬,植株未死亡。在春季播种,冰草出苗时遇到降雪,如果 23 天内雪不能覆盖地面,这时温度低到–14℃,叶片遭受冻害(冻在地上)。但是,幼苗能被保留下来,并且能继续生长。成年的冰草植株能经受冬季–48～–40℃的低温和春季–20℃的低温。这是因为冰草在分蘖节、地下茎和根系中贮存了大量的碳水化合物和其他有机物质的缘故。到了秋季,各器官贮存的碳水化合物含量低,但双糖和多糖的比例在增大,分蘖节中双糖和多糖的含量比例最高的是塔乌库姆杂种冰草,它有很高的抗寒能力和生产能力。

在内蒙古锡林郭勒盟正镶白旗、正蓝旗,呼伦贝尔市海拉尔等试验点(最低温度为–35℃或更低)记载,冰草都能安全越冬。无论是春播、夏播或秋播,只要是抓苗成功,就没有冻死的现象。原因在于其根系发达,具沙套,根际环境湿润;且地下分蘖节、地下茎和根系中贮存有大量的碳水化合物和其他有机物质。此外,冰草本身形成草丛,冬季茎叶残留在茎基部。因此,能够抵御外界不良气候的影响。云锦凤和米福贵(1990)经过多年的栽培观察发现,蒙古冰草在内蒙古呼和浩特市、巴彦淖尔市、鄂尔多斯市和乌兰察布市后山地区自然条件下,春季返青早,秋季枯黄晚,在气温为 2～5℃的 3 月月底即可返青,11 月上旬气温降到–3～–1℃,地表开始冻结时开始枯黄,青绿期长达 220 多天。

内蒙古呼伦贝尔市草原工作站 2004～2012 年连续 9 年在陈巴尔虎旗国家优良牧草种子繁育基地(简称为陈旗种草基地)推广种植蒙农杂种冰草,2004 年播种500 亩、2009 年播种 450 亩、2010 年播种 800 亩、2012 年播种 500 亩。此外,2007年在陈旗完工镇用蒙农杂种冰草进行天然草地免耕补播 500 亩;利用基地生产的蒙农杂种冰草种子,在基层旗市累计推广种植面积 1000 亩。通过 9 年大面积的种植观察发现,蒙农杂种冰草在呼伦贝尔的生长表现良好;返青期 4 月 12 日,分蘖期 5 月 18 日,拔节期 6 月 1 日,孕穗期 6 月 15 日,抽穗期 6 月 25 日,开花期 7

月5日，成熟期8月15日，完熟期8月22日，枯黄期9月15日。耐寒耐旱性强，即使在1月极端低温达到−45.5℃也可安全越冬（表3-17），表现出超强的抗寒能力。而且，种植期间没有发生任何病害，表明具有良好的抗病能力。此外，由于其适应性强，在天然草地免耕补播中表现出很强的竞争能力。

表3-17　呼伦贝尔市陈旗种草基地1月气温统计　　（单位：℃）

年份	月平均气温	月极端最高气温	月极端最低气温
2004	−25.4	−13.2	−35.8
2005	−25.0	−14.3	−37.4
2006	−26.9	−7.2	−39.0
2007	−24.4	−10.1	−38.2
2008	−27.9	−13.0	−41.0
2009	−26.5	−12.2	−37.7
2010	−27.0	−7.3	−42.7
2011	−31.3	−15.2	−43.9
2012	−32.2	−19.9	−45.5
平均值	−27.4	−12.5	−40.1
最高值	−24.4	−7.2	−35.8
最低值	−32.2	−19.9	−45.5

三、耐盐性

冰草较耐盐碱，对盐碱土有一定的适应性。但不能适应盐渍化的沼泽地，也不耐酸性土壤。云锦凤等（1999）用当地沙生冰草、蒙古冰草、Hycrest作对照，研究了杂种冰草1号种子萌发期的耐盐性。结果表明，杂种冰草1号及其原始群体Hycrest种子的相对发芽率较高，耐盐性较强（二者差异不显著），当地沙生冰草居中，蒙古冰草较弱（表3-18）。

表3-18　在不同NaCl-Na₂SO₄复盐溶液浓度胁迫下冰草的
相对发芽率（LSR测验）　　（单位：%）

品种	0.4	0.6	0.8	1.0	1.2
杂种冰草1号	98.88 aA	87.64 aA	80.89 aA	71.91 aA	55.66 aA
Hycrest	97.35 aA	86.52 aA	81.04 aA	69.63 aA	56.01 aA
当地沙生冰草	91.25 bA	75.00 bB	65.01 bB	57.50 bB	46.25 bB
蒙古冰草	73.47 cB	67.12 cC	56.16 cC	45.21 cC	35.62 cC

注：小写字母表示5%水平差异显著，大写字母表示1%水平差异显著

　　云锦凤等（2000）对冰草种子萌发期耐盐力测定的结果表明，伊菲冰草耐盐力最强，其次是蒙农杂种冰草、诺丹冰草、Hycrest 和沙生冰草，沙芦草耐盐力最弱（表 3-19）。

表 3-19　　在不同浓度 Na_2CO_3-Na_2SO_4 复合盐胁迫下冰草的发芽率　（单位：%）

材料名称	0.6	0.8	1.0	1.2	1.4
伊菲冰草	92.77	83.13	75.90	63.86	61.44
蒙农杂种冰草	87.64	80.89	71.91	56.66	46.07
诺丹冰草	72.73	60.23	56.81	53.40	44.32
Hycrest	76.52	65.43	58.02	48.15	39.51
沙生冰草	75.00	65.00	57.50	46.25	38.75
沙芦草	67.12	56.16	45.21	35.62	32.52

　　王荣华等（2004）用不同浓度的 NaCl 溶液处理蒙古冰草幼苗后，测定了不同时间胁迫下植株地上部分鲜重和离子含量。结果表明，轻度盐胁迫对蒙古冰草幼苗的生长有一定的促进作用，而中度和重度盐胁迫对幼苗生长有明显的抑制作用。经分析认为，轻度盐胁迫下蒙古冰草可以将 Na^+ 等有害离子截流在根部，抑制其向地上部分的运输，而中度和重度盐胁迫下过多的 Na^+ 等有害离子运输到地上代谢活跃的部位，限制了根对 K^+、Ca^{2+} 等的吸收，造成植株的营养亏缺，从而引起植株的伤害。

　　此外，冰草具有很强的抗风沙和抗病虫特性。在内蒙古锡林郭勒盟苏尼特右旗赛汉塔拉试点和正蓝旗牧草种籽繁殖场试点研究观测发现，蒙古冰草、杂种冰草均具有很强的抗风沙能力，两个试点均春季少雨，沙尘暴频发，定植的冰草人工草地行间表土每年都经风蚀，逐渐形成冰草分蘖节向上移动现象，行间降低，冰草根系相对上浮形成垄状。另据研究观测，冰草耐干旱、寒冷，并耐风沙的侵袭。在东北，以及内蒙古、甘肃、宁夏等省（自治区），春季大风即使使其 2/3 根系刮出地面，复水后仍可存活。于卓和 Suguru（2002）在扫描电子显微镜下观察到蒙古冰草叶片横切面的表皮细胞壁较厚，且部分表皮细胞腔内常被一些白色物质所填充，通过 X 射线微分析发现，叶横切面表皮细胞处分布有较多的硅（Si）质成分，且填充在细胞腔内的白色物质也是 Si 质成分。Si 物质的积累有利于增强叶片对病虫害侵袭的抵抗力。

第四章　冰草细胞学研究

细胞是所有生物体结构、功能和生长发育的基本单位。高等植物的生长发育、生理功能和一切生命现象都是以细胞为基础表达的。因此，不论对植物体的遗传、发育及生理机能的了解，还是对植物新品种的培育，细胞学研究都至关重要。

冰草属牧草广泛分布于世界温带地区，可作为家畜和野生动物的饲草，同时，在维护生态环境和水土保持方面具有重要意义。对冰草细胞学的研究，可为其生物系统进化、细胞遗传育种与杂交育种研究等提供依据。

第一节　植物细胞学研究概述

染色体是基因的载体，携带着物种特有的遗传信息，也是细胞结构中最为重要的组成部分。因此，对植物在细胞水平的研究主要以染色体为对象。染色体是由 DNA、RNA 和蛋白质构成的，其形态和数目具有种系的独特性。在细胞分裂间期，以染色质丝形式存在于细胞核中。在细胞进入分裂期时，染色质丝经过螺旋化、折叠、包装成为染色体。人们不仅研究植物细胞染色体的结构、形态、数目等信息，还开展植物细胞染色体操作，培育植物单倍体、多倍体及非整倍体等材料，逐步发展出植物细胞染色体工程学科。

除了对染色体进行研究外，还对细胞的细微及超微结构进行研究；细胞发育机制、再生和培养技术等也是细胞学的重要研究内容。早在 1665 年，英国的 Hooke 就在显微镜下发现了细胞；1839 年，德国科学家 Schleiden 和 Schwann 提出细胞学说，细胞学说的建立被认为是细胞生物学研究的起点。随后的近百年，细胞学研究主要集中在细胞形态的观察和描述阶段。自从 1932 年德国人 Knoll 和 Ruska 设计制作出第一台电子显微镜后，细胞学研究才又进入了一个新的阶段。在电子显微镜下，人们观察到了一些位于细胞内部、外部更细微的结构，甚至观察到了一些分子结构，从而发展出对细胞超微结构的研究，即亚显微结构（submicroscopic structure）或亚细胞结构（subcellular structure），也称为细微结构（fine structure）或超微结构（ultra structure）。进入 20 世纪 30 年代后，大量物理和化学技术被引进生命科学研究领域，分子生物学迅速兴起，并向生物科学的各个领域渗透，从而使细胞生物学研究也得到进一步深化和发展。分子细胞生物学的研究成果使人们对细胞及细胞器结构、功能及行为有了更深入的分析和理解。

19 世纪末 20 世纪初生物细胞具有全能性这一特征在各种生物得到广泛验证，

并被逐渐接受。许多试验都证明可以在人工条件下对细胞进行离体培养。1922 年，Kotte 和 Robbins 进行了最早的植物组织培养尝试并取得成功。他们在含有无机盐、葡萄糖或果糖、各种氨基酸、琼脂的培养基上对豌豆、玉米和棉花的茎尖及根尖进行离体培养，结果形成了一些缺绿的叶和根；1934 年，White 用番茄离体根尖组织建立了第一个活跃生长的无性繁殖系，标志着离体植物组织培养试验获得了真正的成功。在 1939 年又报道了由烟草幼茎切段的原形成层组织建立的培养体系。之后 Gautheret 和 White 在工作中所建立起来的植物组织培养的基本方法，成为以后各种植物进行组织培养的技术基础。禾本科牧草的组织培养工作最早开始于 1977 年，虽然当时只诱导出了愈伤组织，但为禾本科牧草组织培养和遗传转化体系的建立奠定了基础。60 年代以后，随着离体培养技术的建立和培养基的完善，细胞工程学研究得到迅速发展，植物细胞工程技术的研究成果主要集中在 4 个方面，即原生质体培养和细胞融合、微繁技术、花药培养技术和次生产物生产。目前，植物细胞学已发展出植物细胞分类、植物细胞遗传、植物细胞工程等多个分支学科和研究领域。

第二节　冰草染色体研究

染色体是细胞核内具有特殊结构和特异功能的遗传物质，是生物遗传基因的载体。染色体上几乎记录着每种生物全部的遗传信息，而且自然界每种生物的染色体在数目、形态、大小和核型特征上都有其特殊性和恒定性，染色体带型（C 带、G 带、N 带、Q 带）及染色体原位杂交等方面也为植物分类提供了有力证据。例如，染色体数目的变异主要体现在单倍体、二倍体或多倍体及非整倍体的变化上；通过核型的对称性、随体的特征、B 染色体的数目等对遗传多样性加以判断；物种染色体数目的变化（如缺体、三体、单体、端体等非整倍体），缺失、易位等染色体结构变异，各种异形染色体，以及染色体带型等都具有特定的细胞学特征。

当代染色体的研究已经对经典的形态植物分类学产生了积极而深远的影响，使人类能够从细胞水平认识和理解自然界中植物的起源、演化、种群间亲缘关系、地理分布规律及生物多样性的发展形成，也为植物细胞分类学和植物细胞地理学等分支学科的兴起和发展奠定了基础。同时利用获得的染色体配对资料和亲缘关系分析可以指导植物新品种和新种质的人工选育，如进行植物种间杂交、属间杂交、人工异源多倍体合成等。更重要的是，细胞水平的研究为进一步从分子水平研究生物的多样性和功能基因鉴定提供了理论基础。

一、冰草染色体组分类

冰草属植物在欧亚大陆温带草原区广泛分布，在被引入北美洲后一度成为当地原生草场上的优势种，该属植物的许多物种更是具有重要的饲用价值和生态价值。针对冰草属植物的细胞学研究最早始于北美洲，较早的细胞学研究主要集中在染色体组分类和细胞工程研究方面，特别是染色体组研究在对这一属植物进行分类、鉴定、杂交和选育方面起到了重要的推动作用。

关于禾本科小麦族植物的细胞遗传学，国内外许多学者做了大量的研究。冰草属最早是由 J. Gaertner 在 1770 年从雀麦属（*Bromus*）中分出确立的属。按照传统广义形态学分类的观点，冰草属是小麦族中最大的属。据 20 世纪 60 年代初的初步统计，国内外已正式发表过的冰草属种数近 500 种之多（不包括亚种、变种及变型），广泛分布于南北两半球的温带和亚极带地区。冰草属包括旱麦草属（*Eremopyrum*）、偃麦草属（*Elytrigia*）、鹅冠草属（*Roegneria*）、花鳞草属（*Anthosachne*）及现在的狭义冰草属（*Agropyron*）。形态上小麦族中凡是穗状花序的穗轴各节着生 1 枚小穗的多年生牧草几乎都包括在内。广义冰草属内主要物种在穗部的某些特征虽然相近，但在一些重要的生物学特征（如繁殖方式、染色体组成和生态适应性）等方面差异较大。

早期关于冰草的细胞研究经常被不确定的分类学描述所混淆。例如，Peto（1930）从苏联引进的冰草（*Agropyron cristatum*）群体中发现有体细胞染色体数目为 14 条和 28 条的不同植株类型。在形态学上，具有 28 条染色体的类型与西伯利亚冰草（*A. sibiricum*）和沙生冰草（*A. desertorum*）相似。他认为具有 14 条染色体的类型可以代表冰草。Troitsky（1928）则认为冰草中 28 条染色体物种是源自 14 条染色体和 42 条染色体冰草种的杂交。Araratian（1938）在从美国收集的冰草（*A. cristatum*）中发现了分别具有 14 条、28 条和 42 条染色体的植株（图 4-1），D. R. Deway 进行了不同倍数水平穗型比较（图版Ⅳ），但他并不认同 Troitsky 和 Peto 认为的 28 条染色体类型是 *A. cristatum* 冰草与 *A. repen*s 杂交产生的说法。Dillman（1946）认为冰草和沙生冰草的细胞各自具有 14 条和 28 条染色体。Murphy（1942）、Myers 和 Hill（1940）认为，冰草标准类型应具有 28 条染色体。他们还研究了含 1～3 个特殊染色体的非整倍体植株，观察到同源四倍体花粉母细胞的四价体平均频数为 3.7。Hartung（1946）发现西伯利亚冰草和米氏冰草（*A. michnoi*）也具有 28 条染色体类型，而冰草中的 'Fairway' 品种有 14 条染色体，其他 4 个品种有 28 条染色体。Knowles（1955）收集了来自欧洲和北美洲的 31 个冰草品系材料，从形态上划分为 6 个物种，分别是 *A.cristatum*、*A.desertorum*、*A.sibiricum*、*A.fragile*、*A. michnoi* 和 *A.imbricatum*。经细胞学鉴定，冰草有 8 个品系是二倍体，2 个品系是六倍体，其他几个物种材料都是四倍体，并发现一株非整倍体（2*n*=29）。在四倍体冰草减数分裂期花粉母细胞中观察到较高频率的附加染色体，这些附加染色体多数是单独的染色体片段，也有正常可配对的。但这种附加染色体在四倍体冰草根尖细胞中却很少发现。所有二倍体冰草材料中均未发现超数染色体。

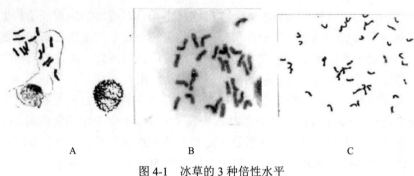

图 4-1　　冰草的 3 种倍性水平

A.2n=2x=14; B.2n=4x=28; C.2n=6x=42

至 20 世纪 50 年代，细胞遗传学研究已经积累了大量的能反映小麦族内物种生物学关系的资料，如种间的杂交能力、种间杂交的染色体配对水平及 F$_1$ 代杂种的结实性等。据此 Love（1982）和 Dewey（1984）提出了染色体组分类系统。确认冰草属内所有种均由染色体组 P（或称为 C）构成，在遗传方面有高度的独立性，其模式种为 *Agropyron cristatum*（L.）Gaertn.。Dewey 的研究还指出冰草属有 3 个染色体倍数水平（图 4-1），即二倍体（2n=14）、四倍体（2n=28）及六倍体（2n=42），其中四倍体种在自然界占多数，主要分布在中欧、中东和中亚；而二倍体种却不普遍，从欧洲到蒙古国及中国内蒙古只有零星分布；六倍体种很少，仅出现在土耳其及伊朗的个别地区。Hsiao 等（1989）根据二倍体冰草与沙芦草的杂种及其双二倍体的染色体配对结果，指出这两个种含有相同的基本染色体组 P，但某些染色体发生了结构上的重新排列和变异，进一步表明冰草不同种的 P 染色体组在个别染色体结构上发生了倒位或易位等现象。进一步研究表明，冰草属的 P 染色体组能够与其他染色体组相结合，组合成一种新的组型而存在于其他种中。P 染色体组经过修饰以后，可以与 S 染色体组或 SX 染色体组结合；属间杂种的染色体配对资料也表明，P 染色体组与 E 染色体组间有着相当高的同源性，P 染色体组与 S 染色体组间也有着较高的同源性。也就是说，在进化上 P 染色体组与 E、S 等染色体组间存在着较近的亲缘关系。

冰草属植物属于草原旱生植物类群，具有十分广阔的生态幅度，广泛分布于北半球的温带和寒温带地区。冰草广泛的分布和多变的生境可能与多样化的染色体倍性水平有关。冰草染色体组分类结果在第一章已详细讨论，在此不予赘述。

近年来利用染色体荧光原位杂交（FISH）等手段对冰草染色体组的进一步分析也得到了一些新发现。Baum 等（2008）研究比较了冰草和冰草属亲缘关系较近的几个属染色体上 5S rDNA 的分布，发现具有 PP 染色体组的冰草属物种仅具有 1 个位于 P1 长臂上的 5S rDNA 位点，并不像其他物种那样 5S rDNA 通常在染色体上具有成对基因位点，这在多年生小麦族禾草中也是很罕见的。这反映出冰草属植物染色体在起源时可能发生了基因的丢失，引起基因丢失的机制还不清楚，推测这一过程可能发生在冰草四倍体祖先二倍体化过程中。

二、冰草核型分析

核型是植物细胞染色体在有丝分裂中期的表型，是对染色体数目、大小及形态特征的综合描述。核型分析是在对有丝分裂中期染色体进行计数、测量、计算的基础上，进行配对、分组、排列，并进行形态特征分析的过程。由于染色体组特征在细胞有丝分裂中期表现最为显著，而且具有细胞、个体及物种稳定性，因此，对植物细胞进行核型及带型分析，可以从细胞水平了解植物种间差异，使原来以形态学和解剖学为依据的植物分类提高到了一个新的水平，也为染色体进化与物种亲缘关系分析提供了有力的证据。

经云锦凤等（1989c）的调查，中国分布冰草属植物共有5种，对这5种冰草均已进行了染色体核型分析（表4-1）。其中冰草（或称为扁穗冰草）(*A.cristatum*)、米氏冰草或根茎冰草（*A.michnoi*）、西伯利亚冰草（*A.sibiricum*）和沙生冰草（*A.desertorum*）均为2*n*=28的四倍体植物，仅蒙古冰草或沙芦草(*A.mongolicum*)为2*n*=14的二倍体植物。核型分析结果显示5种冰草染色体均为中部（m）和近中部（sm）着丝粒染色体，核型均为1A 型，种间区别主要表现在 m 和 sm 染色体数目、随体数目及随体位置；冰草与米氏冰草核型最为接近，相似的细胞学特征与二者相似的形态特征一致；4个四倍体冰草物种间核型不存在明显的演化趋势。

表 4-1　中国 5 种冰草的核型分析

种名	核型公式	染色体组总长度/μm	绝对长度范围/μm	相对长度范围/μm	染色体长度比	类型
蒙古冰草	2*n*=2*x*=14=12m+2sm	38.76	4.91~6.47	12.69~16.69	1.32:1	1A
（*A. mongolicum*）	2*n*=2*x*=14=14m（4SAT）	60.05		12.88~16.30	1.27:1	
冰草	2*n*=4*x*=28=26m（6SAT）+2sm	78.07	3.34~6.63	4.28~8.50	1.99:1	1A
（*A.cristatum*）						
根茎冰草	2*n*=2*x*=28=26m（4SAT）+2sm	86.39	3.88~7.74	4.49~8.96	1.99:1	1A
（*A. michnoi*）	（SAT）					
西伯利亚冰草	2*n*=4*x*=28=24m（2SAT）+4sm	80.778	4.38~7.14	5.42~8.84	1.63:1	1A
（*A. sibiricum*）	（2SAT）					
沙生冰草	2*n*=4*x*=28=24m（4SAT）+4sm	83.50	4.09~7.53	4.89~9.02	1.84:1	1A
（*A. desertorum*）	（2SAT）					

资料来源：闫贵兴，2001

　　除分析我国自然分布的冰草资源染色体核型外，也对从国外引种的冰草进行了一些初步分析。刘迎春等（2002）研究了从美国引进的粗穗冰草（*A. dasystachyum*）（该物种的分类地位有争议，欧洲分类学家认为是披碱草属 *Elymus lanceolatus*）核型，确认粗穗冰草是四倍体，核型公式为 $2n=2x=28=24m$（2SAT）$+4sm$，染色体相对长度为 4.35%～2.85%，臂比值为 1.08～2.53。其中也存在着相对长度相同而臂比值不同的情况。例如，3 号染色体与 4 号染色体，7 号、8 号、9 号染色体；5 号染色体和 10 号染色体为近中部着丝粒染色体，其他均为中部着丝粒染色体。4 号染色体的两条长臂上各带有一个随体，最长染色体长度与最短染色体长度的比值为 1.45。臂比值大于 2:1 的染色体所占比例为 14.28%，属 2A 型染色体。

　　蒙古冰草是冰草属中少有的二倍体物种，形态特征和生物学特性均具有其独特性，针对蒙古冰草不同居群植株的细胞学分析表明，其染色体特征及核型也存在一定变异。云锦凤等（1996）对野生蒙古冰草材料的染色体的研究表明，该蒙古冰草的核型公式为 $2n=2x=12m+2sm$（2SAT），核型为 2A 型（图 4-2）。在有丝分裂中期可以观察到 1 条或 2 条 B 染色体，形态为圆点状或短棒状。这些研究结果也揭示了蒙古冰草不同居群间在细胞学层次上的变异性。

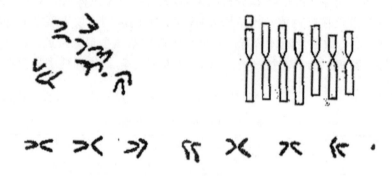

图 4-2　蒙古冰草（*A. mongolicum*）核型模式

　　冰草是该属植物的代表种，且在中国分布广泛，染色体分析结果显示该物种体细胞核型多为 1A 型，包括对引进的二倍体航道冰草核型的分析结果也是如此（图 4-3）。针对不同冰草居群的细胞学研究也揭示了该物种存在较广泛的遗传变异。李景欣等（2004a）分析了 4 个不同自然居群冰草的染色体组成，发现各居群植株体细胞染色体数目恒定（$2n=28$），均为同源四倍体（图 4-4），但居群间存在明显的核型多样性（表 4-2）。染色体长度比为 1.31～2.12。种内各居群间存在一定程度的分化和变异，主要变异表现为同源染色体臂比的不同、是否存在随体及 B 染色体的数目等方面。由此说明，冰草种群在细胞水平具有较高的多样性。

这种同一物种不同居群内存在高度多样性的表现与冰草种群异花授粉的繁殖特性和生态条件的多样性之间存在着密切的联系。

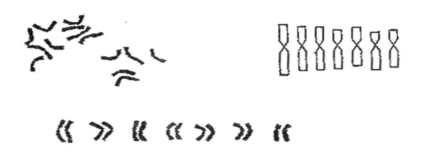

图 4-3 冰草（*A. cristatum* cv.Fairway ）核型模式

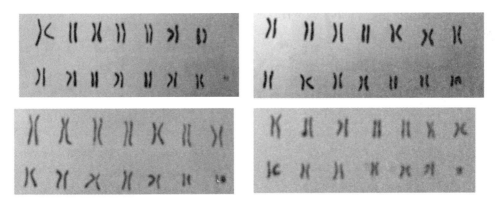

图 4-4 4 个冰草居群的根尖细胞分裂中期染色体形态

表 4-2 冰草不同居群核型特征比较

居群	核型公式	染色体长度比	平均臂比	核型类型
1	$2n = 4x = 28 = 26m + 2sm$	1.83	1.34	1B
2	$2n = 4x = 28 = 26m + 2sm$	1.62	1.42	1A
3	$2n = 4x = 28 = 22m + 6sm$	2.12	1.52	1A
4	$2n = 4x = 28 = 20m + 8sm$	1.31	1.64	1A

三、冰草 B 染色体研究

B 染色体（B chromosome）又称为超数染色体（supernumerary chromosome）、副染色体（accessory chromosome）或额外染色体（extra chromosome）。B 染色

体最早在玉米中被发现，之后在黑麦等禾谷类作物中也相继被发现。随后禾本科牧草也屡见报道。B 染色体在形态、结构、遗传组成、数量变异、减数分裂及有丝分裂行为等方面均有别于正常染色体（A 染色体）。B 染色体在植物生长发育过程中是非必需的，但是，它对植物的生活力、育性等有一定影响。Baenziger（1962）对四倍体冰草的研究指出，B 染色体控制授粉后代与正常染色体控制开放授粉后代相比，饲草产量下降 5.9%、种子产量下降 13.5%、小花育性下降 12.7%，并指出具奇数 B 染色体植株后代出现损伤效应。

在禾本科牧草中，有关冰草属牧草 B 染色体研究的报道较多，其次是无芒雀麦、羊茅、鸭茅及看麦娘等。Baenziger（1962）指出，冰草属植物 B 染色体的分布频率与倍性水平无关。李立会等（1993）对中国不同地区冰草属材料的研究发现，B 染色体的奇偶性是随机的；含 B 染色体的材料主要集中在二倍体种中，而在四倍体材料中仅有极少数含 B 染色体；偶数 B 染色体与奇数 B 染色体均能配对，只是偶数 B 染色体的配对频率（84%）远高于奇数 B 染色体的配对频率（32%）。Chen 等（1989）对采自内蒙古的冰草材料进行细胞学观察后指出，在冰草属的各个种中，二倍体蒙古冰草是具 B 染色体最普遍的种，在蒙古冰草内，不同材料含 B 染色体的数目不同，即使在同一植株的不同花粉母细胞中 B 染色体的数目也可能不同。

李立会和徐世雨（1991）在进行小麦属与冰草属不同植物的杂交试验中发现，分布于中国的冰草属材料与普通小麦杂交后其杂种染色体配对频率非常高，而含有 B 染色体的冰草却不易与小麦杂交。因此，他们对采自不同地区的二倍体及四倍体冰草材料进行了细胞学观察，特别研究了花粉母细胞减数分裂期 B 染色体的遗传行为，发现蒙古冰草花粉母细胞中 B 染色体数目最高可达 7 条；二倍体冰草中 B 染色体的配对一般呈"V"形，含奇数 B 染色体的细胞很少配对；后期 B 染色体会变得像 A 染色体一样大，所以在减数分裂后期很难以形态大小来识别 B 染色体；偶数 B 染色体的配对一般发生在终变期，奇数 B 染色体的配对通常发生在中期。

云锦凤和斯琴高娃（1996）在对小麦族内披碱草属、大麦属、新麦草属、偃麦草属及冰草属牧草染色体的研究中同样发现了以上规律，即冰草属是含 B 染色体频率较高的属，而二倍体蒙古冰草又是该属内 B 染色体存在比较普遍的种。他们对蒙古冰草花粉母细胞减数分裂时期 B 染色体的形态和染色体配对行为进行了跟踪观察，发现蒙古冰草具有 14 条染色体，即 $2n=2x=14$，减数分裂期间花粉母细胞染色体形态如图 4-5 所示。图 4-5A 为处于减数分裂终变期的花粉母细胞，具有 7 个分散的环状二价体；图 4-5B 为处于减数分裂中期的花粉母细胞，7 个环状二价体排列在赤道板上，减数分裂终变期 B 染色体的形态明显比 A 染色体小，所以从其形态上很易鉴别，是观察染色体配对行为的最佳时期。在观察的 5 份蒙古冰草材料中，蒙古冰草花粉母细胞 B 染色体数目为 1～5 条，有 3 份材料含有数目不等的 B 染色体。M-001 材料中含有 1 条 B 染色体（图 4-5C、D）；M-003 材料中含有 5 条 B 染色体（图 4-5E）；M-002 材料中含有 4 条 B 染色体，它们不与正常染色体（A 染色体）配对，4 条 B 染色体本身配成 2 个环状二价体（图 4-5F），即在减数分裂终变期 B 染色体之间也出现了配对。

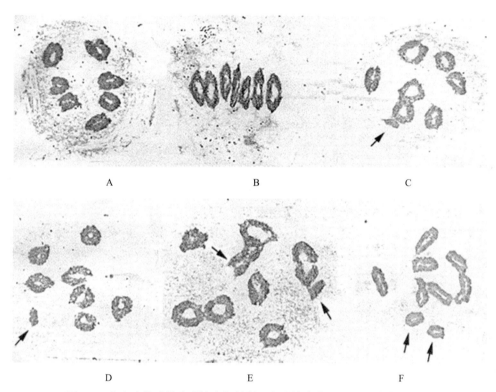

图 4-5　蒙古冰草减数分裂终变期花粉母细胞染色体配对及 B 染色体形态

A.A 染色体形成 7 个环状二价体；B.A 染色体形成的环状二价体排列在赤道板上；C、D.图中箭头所示为 B 染色体；E.含 5 条 B 染色体的细胞；F.含 4 条 B 染色体的细胞

以上研究均发现，蒙古冰草细胞内既存在偶数 B 染色体也存在奇数 B 染色体。研究结果表明，在大多数情况下 B 染色体之间发生了配对，它们基本不与 A 染色体配对，说明了 B 染色体之间在结构上的同源性。另外，在一些情况下也有 B 染色体与 A 染色体相互粘连的现象，这种粘连现象发生在终变期。这一现象支持了 B 染色体可能起源于 A 染色体片段的假说，而这种粘连现象多发生在含奇数 B 染色体的花粉母细胞中。

四、冰草远缘杂种细胞学分析

（一）冰草-蒙古冰草远缘杂交细胞学研究

冰草属内不同物种间的杂交及亲和性分析，最早的报道来自于 Dewey（1973）和 Stebbings（1979）。中国牧草育种工作者在冰草属内远缘杂交研究方面做了许多尝试，取得了一些成果，现已获得蒙古冰草与冰草的杂种及回交后代。

蒙古冰草（*A. mongolicum* Keng.）又名沙芦草，二倍体（$2n=14$），多年生丛生或具短根茎禾草，在中国西北、华北地区草原带有零散分布，生长于干草原和荒漠草原的沙质生境，抗寒耐旱性极强，春季返青早，青绿持续期长，茎叶柔软、适口性良好。其不足之处是叶量少，茎叶比高，品质有待提高。航道冰草（*A. cristatum* cv. Faiway）为引自美国的栽培品种，属宽穗或拟宽穗的 *A. cristatum* ssp. Pectinatum 分类单位，是在经济价值上较重要的二倍体物种，其群体形态学特征极其一致，株间变异小，通过选择进行改良的潜力有限。

为了将蒙古冰草的优良抗性基因与航道冰草的优良品质基因相结合，云锦凤和李瑞芬（1997），以及云锦凤等（1999）研究了蒙古冰草和航道冰草的种间杂交，并对 F_1 及 BC_1 后代进行了染色体行为的细胞学分析。在选取处于减数分裂时期的亲本或杂种幼穗进行染色体制片观察后，发现亲本蒙古冰草在减数分裂中期二价体频率较高，达 6.99，且多为环状二价体，单价体极少，表明其染色体配对较为规则。所选蒙古冰草材料多数细胞只含 1 条超数染色体，其形态明显小于正常染色体，在减数分裂后期细胞中观察到少数染色体桥，此外其落后染色体与四分体微核数也高于航道冰草，对一般二倍体材料的细胞学遗传行为来说这是不正常的，可能与 B 染色体的存在有关。而另一亲本航道冰草不含 B 染色体，减数分裂中期棒状二价体出现频率稍高，在后期 I 染色体分离及四分体时期都较正常。对二者的杂种正交 F_1 代植株减数分裂时期染色体行为进行了观察，结果如表 4-3、图 4-6 所示。从花粉母细胞减数分裂中期染色体配对行为分析，二价体频率占优势（4.86 II/cell），其中棒状二价体居多，单价体出现频率为 2.09。在具特定染色体构型细胞所占比例中，68%的细胞含单价体，为 1~8 个。含 7 个二价体的细胞占 13%，表明两个亲本种间的染色体组在很大程度上还是相似的，即属于同一个染色体组，但是已有一些分化，多价体的出现也说明了这一点。杂种 F_1 代花粉母细胞减数分裂后期染色体行为不规则，多价体所占比例高达 50%。后期 I 落后染色体频率为 1.02，四分体时期观察到三分体及五分体，微核出现率为 1.89。根据细胞学研究结果推测，蒙古冰草的 P 染色体组和航道冰草的 P_1 染色体组在物种进化过程中曾发生了结构上的重组，从三价体和四价体的出现可推断出其中一个染色体组中的两条染色体之间发生了相互易位，在杂种 F_1 代中形成易位杂合体，由此出现单价体、三价体及"N"形四价体等。

表 4-3　亲本及杂种 F₁ 代减数分裂期染色体行为

亲本或杂种	2n	细胞数	I	II			B 染色体	III	IV	V	后期 I（AI）落后染色体/细胞	微核/四分体/细胞
				棒状	环状	总数						
蒙古冰草（A.mongolium）	14	111	0.04 (0-2)	0.59 (0-3)	6.4 (4-7)	6.99 (6-7)	0.97 (0-1)				0.05 (0-2)	0.09 (0-1)
航道冰草（Fairway）	14	132	0.02 (0-2)	1.06 (0-4)	5.91 (3-7)	6.97 (6-7)					0.02 (0-1)	0.01 (0-1)
杂种 F₁ 代（F₁ hybrid）	14	104	2.09 (0-8)	3.21 (0-4)	1.55 (0-5)	4.86 (1-7)	0.03 (0-1)	0.48 (0-2)	0.24 (0-1)	0.19 (0-1)	1.02 (0-6)	1.89 (0-3)

注：M.metephase，中期；A.anaphase，后期。

表中数字为减数分裂期观察到的各形态染色体数目，其中 I 为 I 价体、II 为 II 价体、III 为 III 价体、IV 为 IV 价体、V 为 V 价体

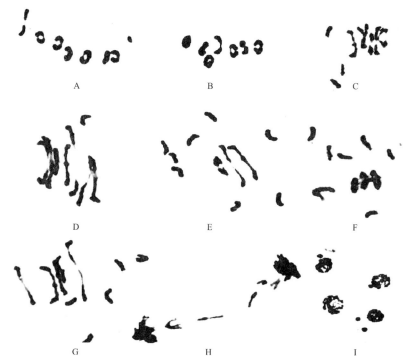

图 4-6　蒙古冰草与航道冰草及杂种 F₁ 代减数分裂中期染色体形态

A. 母本蒙古冰草；B. 父本航道冰草；C～I. 杂种 F₁ 代

　　蒙古冰草×航道冰草杂种 F_1 代花粉母细胞减数分裂中期染色体平均配对构型为：2.09I +4.86 II 十 0.48III 十 0.24IV +0.19V。二价体频率相对较高，表明亲本间染色体组同源性还是比较明显，通过杂交造成基因渗透在理论上是可能的。

　　回交是获得育性正常杂交后代的育种手段之一，鉴于蒙古冰草与航道冰草杂种 F_1 代虽然杂种优势明显但育性严重降低，开放授粉条件下正交、反交 F_1 代自然结实率仅为 5.3%和 6.2%，采用回交方法对杂种 F_1 代育性进行了进一步恢复改良。在将 F_1 代和亲本进行回交后，对回交后代的花粉母细胞减数分裂进行分析。结果表明，回交后二价体在 BC_1 代减数分裂细胞中比例明显增多（图 4-7），染色体配对频率的提高表明回交后代育性得到一定程度的恢复，利用回交有效提高了冰草远缘杂种后代的育性。

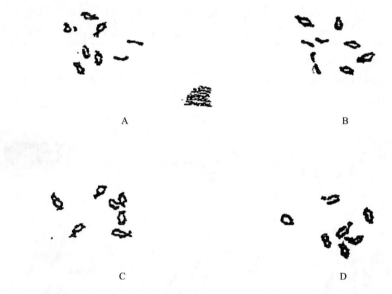

图 4-7　蒙古冰草与航道冰草杂种回交 1 代（BC_1）花粉母细胞减数分裂期染色形态

A．2 I +6 II +1B；B. 2 I +6 II；C、D. 6 II 。BC_1 代 PMCM1；$2n=14$

（二）小麦-冰草异源附加系细胞学

　　冰草属植物具有多种倍性水平，一般将多倍体物种描述为同源多倍体。但是许多远缘杂交试验结果却对这一描述提出质疑。在粗山羊草（$2n=4x=28$，DDDD）与冰草（$2n=4x=28$，PPPP）的杂交合成双单倍体（$2n=4x=28$，DDPP）中，发现 P 基因组间不仅一价体频率低于期望值，还出现了较高频率的二价体（0.5 个）和四价体（0.2 个），甚至以较低频率出现的 1 个五价体也由 P 基因组组成。进一步的研究发现，在上述双单倍体与硬粒小麦合成的双单倍体（$2n=8x=56$，

AAT₃T₃DDPP）中，P 基因组间单价体频率也同样低于期望值，同时也有二价体出现。因此，有理由认为四倍体冰草中的两个 P 基因组间存在一定的遗传分化。所以推测，当以四倍体冰草作亲本与小麦杂交时，后代中一体附加系的数量可能会多于 7 个。另外，在创建小麦-冰草附加系的过程中，冰草染色体之间的易位也可能增加后代中一体附加系的数量。

为了将冰草属抗逆和抗病的期望性状转入小麦，育种工作者尝试了大量不同冰草材料与小麦的杂交组合，并对冰草 P 染色体组与普通小麦染色体组（AABBDD）间的亲缘关系进行了分析。冰草与普通小麦的杂交始于 20 世纪 40 年代，但在早期的研究中，小麦与冰草间几乎没有一个可育的属间杂种产生，但 90 年代前后，不仅获得了多个普通小麦与四倍体冰草植物的属间杂种，个别组合还获得了可育的自交和回交后代。

在小麦与冰草的远缘杂交中，不同学者相继发现普通小麦与四倍体冰草杂种 F_1 代减数分裂中二价体数目大于 7，由此推测冰草 P 染色体组可能存在抑制小麦 *Ph* 基因效应的遗传系统。Chen 和 Li（2003）在小麦与沙生冰草（*A. desertorum*，$2n=4x=28$）、小麦与根茎冰草（*A. michnoi*，$2n=4x=28$）等的杂种 F_1 代中均发现了高于理论值（7 个）的二价体和不同频率的多价体。Ahmad 和 Comeau（2004）在小麦与西伯利亚冰草（*A. fragile*，$2n=4x=28$）的杂种中甚至发现了六价体的构型。

有些基因（如小麦中的 *Ph1*）也能抑制异源多倍体染色体的部分同源配对，*Ph*（pairing homoeologous）基因是四倍体小麦（AABB）和六倍体小麦（AABBDD）中一种抑制小麦部分同源染色体配对的基因，*Ph* 基因的存在保证了作为异源多倍体的小麦在减数分裂中进行严格的同源染色体配对，主要以 5B 染色体上的 *Ph1* 基因及 3D 染色体上的 *Ph2* 基因的作用为主，其中 *Ph1* 基因的作用显著强于 *Ph2* 基因。在 *Ph* 基因缺失或突变体中，小麦部分同源染色体能够产生联会和遗传交换。由于存在正常的 *Ph* 基因，小麦花粉母细胞减数分裂不出现多价体，保证异源六倍体小麦能够正常进行减数分裂和性状遗传。

李立会和董玉琛（1993）在小麦和冰草属植物杂交方面做了大量工作。通过对二者进行杂交研究表明，原产于中国的冰草属材料在对小麦进行外源基因转移上具有较高的应用价值；冰草属四倍体材料与小麦属之间的杂交相对容易，杂种 F_1 代不仅有很高的染色体配对频率，还有一定的自交可育性。之后，利用普通小麦 Fukuho 与四倍体冰草 *A.cristatum* 杂交，通过对杂种胚培养和拯救成功实现了小麦与冰草的杂交，并通过回交获得了一套小麦-冰草二体异附加系。对杂种 F_3、F_2、BC_1、BC_4、BC_3、F_1 世代植株进行细胞学分析和减数分裂行为观察，结果显示，杂种后代 $2n$ 染色体的分布范围为 39～54；P 染色体组与小麦染色体组可能存在部分同源性，但这部分同源性可能被 P 染色体组携带的不联会基因遮盖。对

2n=35（ABDPP）杂种减数分裂行为进行细胞学分析发现，有些染色体还会发生异源配对。在后期I杂种群体中35条染色体以多种形式分向两极,如16-19、14-7-14、17-18或25-30条分向一极等。含有较多染色体的细胞可能形成有功能的配子。也有研究发现，某些二倍体冰草通过产生未减数配子自然加倍产生四倍体后代，这些现象均说明冰草P染色体可能含有一种特殊的遗传系统，控制减数分裂后期I或后期II染色体向两极分离，使包含2n当中绝大多数或全部染色体的子细胞能发育成有功能的配子，而导致杂种后代可育。

以前认为冰草种内不同倍性物种是由相同P染色体组成的，但冰草不同种及同一种的不同材料与小麦杂交产生的杂种F_1代在表型和遗传特性上变异很大。因此，有学者认为冰草属内多倍体种并不具有严格的同源性。

为了研究小麦-冰草一体附加系的细胞学稳定性，王睿辉（2004）对20个小麦-冰草附加系开放授粉后代的染色体数目进行了分析。结果表明，在所检测的20个一体附加系后代中，细胞学稳定性存在较大的差异；在10份材料中检测到2n=44植株的平均频率为74.78%，传递率为33.3%～100%。但在10份材料的后代植株中没有检测到2n=44的植株。通过染色体荧光原位杂交（FISH）分析，在这些后代中检测到1个代换系5111-1和1个易位系5112-4。说明在一体附加系后代中2n=42的个体不一定表示冰草染色体的完全丢失，而可能以其他形式（如代换、易位等）存在于小麦核背景中。

以上研究虽未获得小麦-冰草一体附加系，但在其中的一些2n=42个体中发现了冰草与小麦染色体间的代换和易位现象。这些结果表明，在附加系后代的2n=42个体中，冰草染色体的所谓"丢失"很有可能是与小麦染色体间发生了代换或易位。这对于通过染色体工程手段转移和利用冰草基因是十分重要的。

冰草属曾被认为是小麦族内遗传上隔离的属，甚至有人认为利用冰草属优异基因来改良小麦是不大可能的，然而随着冰草属内几个常见物种与普通小麦杂交成功，以及可育的自交、回交后代，小麦与冰草双单倍体和小麦-冰草染色体异源附加系的获得，打破了人们对小麦、冰草属间杂交认识上的误区。同时，人们在同样含有P染色体组的以礼草属（Kengyilia）物种中发现了P染色体组与T染色体组之间的大量自发易位。这些结果均显示，冰草P基因组与小麦族内其他基因组之间并非完全隔离。冰草属及其P基因组在小麦族内的地位有待于深入研究。

杨国辉等（2010）报道了小麦-冰草附加系1·4重组P染色体对Ph基因的抑制作用。由于冰草属的P染色体组被推测可能携带有抑制小麦Ph基因的遗传系统，在小麦-冰草附加系II-21-2（附加1·4重组P染色体）的减数分裂中存在染色体联会异常的现象。对该附加系进行细胞遗传学和Ph1基因扩增等分析与检测，结果表明，附加系II-21-2的Ph1基因扩增正常，未见缺失。小麦-冰草附加系II-21-2减数分裂中期每个花粉母细胞出现六价体或四价体的数目分别为0.41和0.13，而附加系受体小麦 Fukuho 减数分裂无染色体异常联会。双色 GISH/FISH 检测表明，附加系 II-21-2 的 P 染色体不直接参与多价体的组成，多价体为小麦自身染色体构成。附加系 II-21-2 的 1·4 重组 P 染色体能够抑制小麦 *Ph* 基因的作用，从而引起小麦部分同源染色体之间的联会，并造成包括小麦 3B～3D 等部分同源染色体之间的易位。小麦-冰草附加系的 P 染色体促进小麦部分同源染色体联会的作用或特性在未来小麦的遗传改良中具有潜在应用价值。

来自山羊草的杀配子染色体附加到不同小麦遗传背景下，可以高频率诱导各种类型的染色体结构变异。与诱导染色体变异的其他方法，如电离辐射、组织培养、*Ph* 突变体等诱导方法相比，其诱导小麦及其近缘植物染色体变异具有高效性和稳定性。刘伟华等（2007）对 8 个小麦-冰草二体附加系同中国春-杀配子染色体附加系杂交 F_1 代的形态学、育性及细胞学特性的观察表明，小麦-冰草不同附加系 P 染色体的传递能力存在差异。F_1 代花粉母细胞减数分裂中有多个单价体、四分体微核、染色体断片桥，以及某些组合中有多价体、四分体多裂和退化等染色体异常现象。该研究表明，杀配子染色体的诱变在配子形成过程中已经发生作用。

不论是获得小麦-冰草附加系、代换系，还是稳定这些材料的遗传特性，最终目标是将冰草中含有编码重要农艺性状的片段或基因转移到小麦中，且没有价值的外源染色体片段越小越好，即小麦-冰草小片段易位系，这就实现了冰草优异基因向小麦的转移或渐渗。

（三）冰草与小麦族内其他物种的远缘杂交及细胞学分析

为了明确小麦族各基因组的遗传关系，Wang 等（1987）进行了小麦族二倍体植物间杂交并分析了杂种细胞学特征，其中包括偃麦草与二倍体冰草杂交（*Thinopyrum bessarabicum×Agropyron cristatum*）（JP 基因组杂种），杂种减数分裂期染色体配对模式为：8.99 单价体+2.11 棒状二价体+0.14 环状二价体+0.13 三价体 +0.03 四价体（c=0.20）。另外一个组合蒙古冰草与野大麦（*A. mongolicum×Hordeum californicum*）（PH 基因组杂种）的染色体配对率则低得多，减数分裂期染色体配对模式为：12.20 单价体+0.82 棒状二价体+0.05 三价体（c=0.06）。JP 基因组杂种（*T.bessarabicum ×A. cristatum*）的染色体配对率（0.20）低于 JeP 杂种（*T. elongatum ×A. mongolicum*）染色体的配对率（0.34），从另一个方面也证明冰草（*A. cristatum*）与蒙古冰草（*A. mongolicum*）基因组存在一定差异（Hsiao et al.，1989）。

P 基因组和 H 基因组杂种（*A. mongolicum* x *H. californicum*）的分析表明，由于这两个基因组染色体长度明显不同，使同源染色体联会配对能够被估测。二价体中有 12%是 P 基因组间非同源染色体配对，只有 3%是 H 基因组染色体非同源配对。大多数二价体（85%）是由于一条长的（P 基因组）染色体和一条短的（H 基因组）染色体之间的异源联会配对造成的。就染色体配对率而言，总联会配对率为 0.009，而总异源联会配对率为 0.051。因此推测，小麦族内 P 基因组与 H 基因组具有较远的遗传关系（图 4-8）。

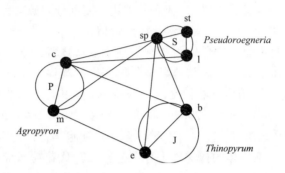

图 4-8　由属内二倍体杂种染色体配对情况推出的 3 个基因组亲缘关系图

大写字母为基因组代码。小写字母代表物种名：c. 冰草（*Cristatum*）；m. 蒙古冰草（*Mongolicum*）；e. 长穗偃麦草（*Elongatum*）；b. 百萨偃麦草（*Bessarabicum*）；sp. Spicata；l. Libanotica；st. Stipifolia。直线代表基于杂种染色体平均配对水平得出的遗传距离

五、冰草的染色体加倍

多倍性是高等植物进化的显著特征，体细胞内含有两组以上染色体的生物即为多倍体，染色体多倍化是变异发生的重要途径之一。多倍体植物在物种进化和育种上有重要意义。多倍体植物中，根据植物细胞内染色体组的起源，可分为同源多倍体和异源多倍体两大类。同源多倍体是由同一物种或同一个染色体组加倍得到，加倍后的染色体与原来的染色体相同。利用物种的多倍性改造现有的植物遗传资源，对创造具有更大增产潜力的植物新品种具有重要意义。人工诱发植物的同源多倍体是重要的育种途径，20 世纪 60 年代以来，欧洲一些国家先后培育出一批抗病力强、适口性好、粗纤维少、鲜草产量高的四倍体黑麦草品种。人工培育的同源四倍体牧草及饲料作物有黑麦、玉米、红三叶、杂三叶、甜菜等。

植物经细胞内染色体加倍以后会表现出两种效应，即细胞体积增大和育性明显下降。一般那些能从细胞体积增大获得更多优势，而育性降低损失最小的植物比较适合多倍体育种，成功可能性较高。大量育种实践证实，最适于用染色体加倍进行改造的物种应该是那些细胞内染色体数目比较少，以收获营养体为主，异花授粉，具有多年生习性和营养繁殖特性的植物种类。利用诱导多倍体的方法对多年生小麦族禾草进行改良非常适合。实际上远缘杂交和诱导多倍体已经在小麦族禾草的进化中起了十分重要的作用。

同源多倍体人工诱导常以二倍体冰草为材料。蒙古冰草是冰草属罕见的二倍体物种（$2n=14$），抗寒耐旱性极强，是刈牧兼用型牧草。不足之处是叶量少，种子小，用于退化草地补播定植困难。适宜于用诱导体细胞染色体加倍的方法进行改良。为了提高叶量、改善品质、增加千粒重及提高其改良草地的效果，采用染色体加倍诱导产生同源四倍体的方法对其进行改良取得了初步成果。首先，初步研究摸索出适宜冰草染色体加倍的秋水仙素处理浓度和处理时间。随着秋水仙素浓度的增加和处理时间的延长，其种苗变异率增加，成苗率减少；反之种苗变异率减少，成苗率增加，二者存在着极显著的线性负相关。试验结果表明，秋水仙素诱导蒙古冰草多倍体的适宜浓度为0.01%～0.075%，适宜处理时间为2～6h。低浓度、长时间处理效果相对更为经济实用。经过秋水仙素溶液处理萌动种子，获得了加倍植株，但皆为二倍体和四倍体的混倍性植株（图4-9）。这些混倍性植株与二倍体亲本对照相比，初期生长缓慢，分蘖数和株高明显降低。

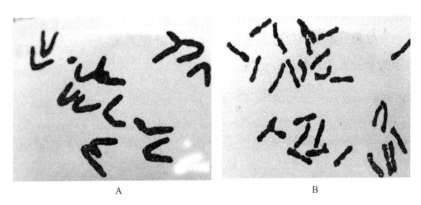

A   B

图 4-9　二倍体蒙古冰草及染色体加倍后的根尖细胞染色体形态

A. 蒙古冰草未加倍细胞染色体；　B. 染色体加倍后的蒙古冰草四倍体细胞

利用染色体加倍恢复远缘杂种育性也是一种常用的育种手段。为了培育结合双亲优良特性的冰草新品种，恢复冰草远缘杂交后代育性，在蒙古冰草与航道冰草正反交获得杂种 F_1 代后，通过秋水仙素加倍处理杂交种子，获得了染色体加倍的杂种 F_1 代植株。并获得了育性较高的 F_2 代。经观察鉴定，正反交杂种 F_2 代植株高大，生长势强，生长速率超过亲本航道冰草及未加倍 F_1 代。正反交杂种染色体加倍植株 F_2 代花粉可育率均较未加倍 F_1 代植株有显著提高，正交（蒙古冰草×航道冰草）染色体加倍 F_2 代的花粉可育率由25.89%增加到86.23%，反交（航道冰草×蒙古冰草）染色体加倍 F_2 代的花粉可育率由23.98%增加到85.30%，自然结实率则分别为59.9%和60.84%，染色体数目稳定，同源染色体配对频率高。根尖细胞的染色体数目为28条，花粉母细胞减数分裂中期染色体配对构型为$2n=4x=28=14\text{II}$，二价体频率很高，接近14II，且环状二价体占优势，单价体频率仅为0.02，表明育性得到恢复，染色体遗传稳定（于卓和云锦凤，1999）。

六、细胞工程与冰草遗传改良

植物组织和细胞培养是现代生物技术中最活跃、应用最广泛的技术之一，由于植物细胞具有全能性，可设计适宜的培养基和创造合适的培养条件，使植物组织和细胞完成脱分化和再分化，获得再生植株。完成这一过程的主要途径为诱导外植体细胞回复到分生性状态并进行分裂，形成无分化的细胞团，即愈伤组织，再培养和诱导愈伤组织进行分化。愈伤组织细胞进行再分化的过程有两种不同的方式：一种是器官发生方式，另一种是胚胎发生方式。前者由愈伤组织细胞形成拟分生组织再形成器官原基，后者由愈伤组织中的胚性细胞形成类似种子胚结构的胚状体。

植物细胞和组织培养的实质是植物组织或细胞的离体无性繁殖，因繁殖速率快、系数高、经济效益高、便于工厂化育苗等优点而被广泛用于生产，如茎尖培养生产无病毒植物、大规模培养细胞作为生物反应器进行植物次生代谢物生产等。同时，植物组织培养过程中产生的突变体可作为遗传学、生物化学和生理学研究的良好材料，也是进行植物品种改良和育种的良好材料。细胞和组织培养作为一种技术手段，与其他育种技术相结合，也在遗传育种领域得到越来越广泛的应用。已有不少研究者将多种牧草的多种外植体诱导形成愈伤组织并获得再生植株，如黑麦草（*Lolium perenne* L.）、紫羊茅（*Festuca rubra* L.）、高羊茅（*Festuca arundinacea* Schreb）、史氏偃麦草（*Pascopyrum smithii*）、大黍（*Panicum maximum*）、加拿大披碱草（*Elymus canadensis*）等。虽然细胞和组织培养已广泛应用于多种植物研究，但由于植物种类及不同外植体的遗传特性、生理状态存在差异，仍需针对不同植物材料和不同外植体类型，试验寻找适宜的培养基和培养条件，特别是生长调节物质的种类与浓度，才能获得高效的组织培养与再生体系。冰草（*Agropyron* sp.）作为遗传转化受体所建立的高效组织培养再生体系将在第五章详细论述。

利用细胞和组织培养获得植物突变体也是重要的育种途径之一。植物培养过程中变异是一种常见现象，组织培养是遗传变异的重要来源之一。组织培养细胞中长期进行营养繁殖的植株积累变异或在培养条件诱导等情况下，发生自发突变的频率显著高于自然界中自发突变的频率。例如，原生质体培养中发现原生质体发育早期及愈伤组织形成和增殖过程中一些细胞发生核内复制，愈伤组织团块中存在较复杂的非整倍体或超倍数体细胞，等等。此外，结合物理和化学因素诱导突变可大大提高突变体发生频率，再通过人工选择和育种措施就可能培育出生产上所需的优良品种。在细胞水平上进行诱导突变与选择具有许多优势，如投入少、诱变数量大、效率高、稳定性好、重复性高等。在培养基中加入某种选择压力可以定向筛选抗性突变体。常见突变体有抗氨基酸及类似物突变体、抗病突变体、抗除草剂突变体、耐盐突变体、抗金属离子突变体和营养缺陷型突变体等。在离体植物细胞培养物中筛选细胞突变系已成为近代在细胞水平和基因水平改变植物遗传性的有效方法之一。细胞培养已成为基因渗入的有效手段，即通过细胞培养诱导的染色体断裂与融合来达到转移基因的目的，Banks 等（1996）利用细胞培养将冰草（广义）（*Thinopyrum intermedium*）第 7 对染色体长臂上的大麦黄矮病抗性基因转入小麦。该抗性基因来自具有 7 对染色体的二体附加系。经过一系列杂交、细胞培养和黄矮病抗性鉴定，筛选出 7 个细胞培养系，病毒抗性性状按照孟德尔规律遗传。遗传分析结果表明，所有抗性细胞系都是由独立染色体易位或与小麦染色体 7D 结合所产生的。细胞培养后代中具有抗性的异位频率约为 1%。通过细胞培养诱导高频重组的机制可能在于细胞高速分裂时染色体发生断裂和融合，或是体细胞减数分裂造成的结果。

　　通过细胞培养手段还可进行远缘物种的体细胞杂交及杂种胚的拯救等。植物种间遗传物质交换和转移的传统方法是有性杂交，然而植物在进化过程中遗传性、花器官结构等方面的差异，以及配子和染色体水平的不亲和造成了远缘物种间的生殖隔离，从而限制了物种间遗传信息的交流和转移，细胞融合技术则提供了一条克服这一障碍的途径。通过体细胞融合和再生，可以扩大杂交亲本和植物资源的利用范围，可能创造出常规育种不能产生的变异类型。通过远缘物种的体细胞杂交也可实现对不同物种细胞膜、细胞器，以及染色体行为和功能的研究。夏光敏等（1996）报道了小麦与高冰草（*Agropyron elongatum*）（广义）的不对称体细胞杂交及杂种植株再生，并获得了小麦与高冰草可育杂种后代。李立会等（1992）报道小麦与冰草属植物杂交后通过胚胎离体培养获得了远缘杂种再生植株。

第三节　冰草细胞地理学

一、冰草的生境与地理分布

　　冰草属植物多分布于欧亚大陆温带草原区，集中分布在苏联、蒙古国和中国等一些国家。苏联地跨欧亚两洲，是冰草资源最丰富的国家，有 13 种，拥有世界上 86%的冰草种类，主要分布在苏联欧洲部分的整个草原和南部森林草原地带、西伯利亚、伏尔加河中下游、土库曼斯坦、乌兹别克斯坦、乌克兰大部、远东和高加索，以及哈萨克斯坦全部地区。蒙古国有 3 种，除荒漠植被外，冰草几乎出现在所有天然植被中。中国冰草属牧草资源比较丰富，已知的有 5 种 4 变种 1 变型。冰草属植物从东北草甸草原，经内蒙古、华北地区向西南呈带状一直延伸到青藏高原的高寒草原区，形成一个连续的分布区，遍布于中国的 12 个省（自治区），主要分布于东北、华北和西北，以黄河以北的干旱地区种类最多，其中内蒙古的分布种类最多，拥有几乎全部的国产冰草种及其种下单位，且分布密度最大（云锦凤等，1989c）。

根据植被类型分布对水热条件的适应性，草原植被呈现明显的地带性分布。冰草集中分布区位于中温型草原带典型草原亚带和荒漠草原亚带，典型草原亚带属内陆半干旱气候，年平均气温-6.0～-2.0℃，7 月平均气温 18.0～24.0℃，1 月平均气温-29.0～-13.0℃，≥10℃积温 2000～3000℃，年降水量 250～450mm，湿润度 0.3～0.6，土壤为暗栗钙土、栗钙土和淡栗钙土。最主要的草原类型是大针茅（*Stipa grandis*）草原和克氏针茅（*Stipa kryolovii*）草原，冰草（*A. cristatum*）是这两种类型草原中的常见伴生种或亚优势种，而在沙质地上普遍分布着以冰草为优势种的植物群落。

荒漠草原亚带具有更强烈的大陆性气候，生境条件严酷，年平均气温 2～5℃，7 月平均气温 19～22℃，1 月平均气温-18～-15℃，≥10℃积温 2200～2500℃，年降水量 150～250mm，湿润度 0.15～0.3，土壤为暗栗钙土、淡栗钙土和淡棕钙土。以戈壁针茅、沙生针茅、短花针茅、无芒隐子草、多根葱、蒙古葱为主要建群种或优势种，冰草（*A. cristatum*）是群落中的常见成分。

冰草属的模式种冰草[*A. cristatum* （L.） Gaertn.]为四倍体植物（2*n*=28），属于旱生草原种，生态幅度十分广泛，常生长于典型草原和荒漠草原地带的丘陵山坡及沙地上，多为针茅草原群落和羊草草原群落中的伴生种或亚优势种，在砾质或沙质草原上可成为优势种或建群种。分布极为广泛，从西比利亚、中亚、远东到蒙古国均有分布。

沙生冰草为四倍体植物（2*n*=28），旱生沙生草原种，分布在草原和荒漠草原地带的沙地上，为沙质草原的建群种或优势种，黑海-哈萨克斯坦-蒙古国成分。

西伯利亚冰草为四倍体植物（2*n*=28），典型的旱生沙生草原种，在中国分布范围小，野生分布仅见于小腾格里沙地，栽培种多为引进材料。

蒙古冰草为二倍体植物（2*n*=14），旱生沙生荒漠草原种，生于干草原和荒漠草原的典型沙质土壤上，在草原化荒漠多以伴生种出现，蒙古种。

二、冰草染色体倍性与地理环境

染色体是基因的载体，基因决定生物的性状，而一定的性状适应特定的环境。多倍性是高等植物细胞内染色体进化的显著特征，自然界中每一种生物都有一定数量的染色体，这是物种的重要特征。体细胞内含有两组以上染色体的生物即为多倍体，多倍体普遍存在于植物界，是变异发生的重要途径之一。在藻菌植物、苔藓植物、蕨类植物中都发现有多倍化的例子，在裸子植物中也发现有多倍体，在被子植物中更为多见。据估计，被子植物中近 70%的种类是多倍体或经历了多倍化。一般单子叶植物有比双子叶植物更多的多倍体物种，禾本科植物中 70%的物种是多倍体。

多倍体植物在物种进化和育种上有重要意义。多倍体植物中，根据植物细胞内染色体组的起源，可分为同源多倍体和异源多倍体两大类。由远缘杂交经过自然染色体加倍形成异源多倍体是植物进化中形成新种或杂种物种的重要途径。之前普遍认为自然界中的异源多倍体比同源多倍体更普遍，但也有研究表明同源多倍体在自然界的频率比过去认为的高。然而异源多倍体与同源多倍体只是多倍体的两个极端例子，实际上自然界中还有许多中间类型，即来自亲本的两组染色体间具有不同程度的部分同源性（homoeology）。如果在减数分裂中发生部分同源染色体间的配对，就会破坏真正同源（复制）染色体之间的正确配对，从而引起新合成的多倍体在遗传上的不稳定。对同源多倍体而言，同源染色体有 3 条或更多条，在减数分裂时有均等机会配对，因配对能在染体上的不同位点开始，同源染色体可交换配对伙伴而导致多价体形成（多于两条染色体配对）与多体（polysomic）遗传。在异源多倍体中两个部分同源的亲本染色体组内很少进行重组，从而在有性世代间保持其完整性。因而核型稳定性的获得是以进化的可塑性为代价的。相反，种内二倍体杂种可在两个亲本染色体组内自由重组，产生具有多种亲本染色体片段组合的后代，这些后代可通过选择而固定。强制保持的两个亲本染色体组的完整性必然限制了异源多倍体在进化中的可塑性，但其广泛分布则暗示多倍体常具有某种优势，有利于异源多倍体的一个因素可能是由部分同源基因的结合而产生的杂种优势；另一个因素则可能是新异源多倍体的不稳定性，尽管这些不稳定性常是有害的，但也可利用新生境产生足够的表型变异；还有其他一些遗传与基因组方面的特性可导致多倍体的成功，如较高的杂合性、引起遗传多样性的多系（polyphyletic）起源、染色体重组等。

多倍体化后的一个预期结果是所形成的多倍体应含有亲本的全部基因组成分。但利用自然发生的多倍体不能检验此假说，因为多倍体和其推测的二倍体祖先的基因组在多倍体形成后仍继续进化，从而将初始状况掩盖。因此，通过研究人工合成多倍体来了解有关多倍体基因组在早期阶段的进化，成了广泛关注的领域。现有的结果显示，新合成的多倍体并未表现亲本基因组的累加性，而是伴随多倍体化表现明显的非孟德尔遗传，有多种遗传和表观遗传（ epigenetic）机制引起祖先种的基因和基因组发生改变，从而使人们认识到多倍体基因组的动态性质。因此，李再云等（2005）认为，基于对异源多倍体这一特殊遗传系统中来自不同祖先种的染色体组的遗传与互作机制还不太了解。今后应选用模式材料在群体、个体、细胞和分子等水平进行连续与系统的研究，才能对植物多倍体的遗传与进化有更深入的认识。

　　几乎所有高等真核生物的基因组都具有广泛的基因冗余（gene redundancy），而大部分基因冗余源自基因组加倍或多倍性。大多数这样的基因组都含有重复染色体或染色体片段。现普遍认为多倍性为新生理功能与形态性状的起源提供原材料。但多倍性为基因调控提出了难题，因基因产物的量对于正常的细胞功能常常是非常重要的，故随着所有基因加倍，复杂的调控网络也要以特殊的方式修改。为了解决这一难题，细胞关闭或至少降低部分基因的一些拷贝的表达。最近在四倍体棉（*Gossypium*，$2n = 52$，AADD）中所作的研究表明，通过多倍性重复的基因对转录物组（transcriptome）的贡献不等（基因的差异表达），且表现器官特异性的交互沉默。这种基因表达的变化可能是异源多倍体化的立即效应，也可能是在长期进化中形成的。最初的表达变化可能是由表观遗传机制引起的，但仍不知道这些变化会持续多久、是什么维持改变的表观遗传状态、特定基因是否比其他基因更易受影响等。下一步要做的是将基因的差异表达与驱动物种起源的可选择变化联系起来。

　　有学者认为，多倍体的形成与环境条件有密切关系，多倍体种可能比二倍体种在某些地区有更强的适应性。许多学者研究发现，自然界不同倍性植物的分布有一定规律，关于植物染色体倍性与地理环境关系的研究也积累了许多资料，大多数研究结果表明，在植物由二倍体向多倍体方向演化的进程中，温度变化起了非常重要的作用。自然界植物由原始的二倍体向多倍体方向演化，除温度变化起到重要促进作用外，良好的水分和土壤状况也为多倍体植物的生存和进化创造了有利条件，高温干燥气候不利于植物多倍体化。由内蒙古草原带二倍体与多倍体植物的分布规律来看，二倍体植物似乎比多倍体植物具有更强的耐旱能力。

　　在一定的生态环境中，植物的染色体数目往往是恒定的，但是染色体的结构和数目常为生态环境所修饰，使得同种植物出现了不同的细胞型，甚至产生倍性的变异。也有研究表明，湿润环境中植物染色体数目多样性、变异程度和平均值均小于干旱环境中生活的植物。海拔对多倍体的产生频率也有影响。多倍体比它们的二倍体祖先具有更强的适应性，它们能占据二倍体尚未占有或不能占有的空间。由于自然界中不同倍性植物是长期进化形成的，植物适应环境又存在多种复杂机制，其现代地理分布也是长期进化过程中变异、适应、竞争等多因素共同作用的结果，因此探讨植物倍性与地理分布之间的关系很难有一致的结论。

　　目前认为，B 染色体的存在不仅影响植物的生活力和育性，有利于植物适应环境，而且对 A 染色体的交叉频率和分布也有一定的作用。研究表明，B 染色体的出现频率与土壤水分和光照也有一定的相关性。B 染色体出现频率高的生态群与特殊环境条件有密切的关系，经常发现它与地区高度和降水量呈负相关，与温度呈正相关。

　　阎贵兴等（2001）总结的内蒙古中温型草原带各亚带草原植被中二倍体及多

倍体饲用植物所占的比例如表 4-4 所示。在土壤、水分条件比较优越的森林草原亚带多倍体植物所占比例最高达 79%，在土壤、水分条件中等的典型草原亚带多倍体植物占 63%，在土壤、水分条件比较差的荒漠草原多倍体植物仅占 31%。按照公认的生物界进化模式，二倍体属于比较原始的类型，多倍体属于更进化的高等类型。植物染色体倍数越高意味其进化程度越高，因此不同草原亚带植被组成的进化水平有差异。

表 4-4　多倍体饲用植物在不同草原植被类型中的比例

草原类型	植物种类	二倍体种数	四倍体种数	多倍体种比例/%
森林草原	68	14	54	79
典型草原	62	23	39	63
荒漠草原	42	29	13	31

资料来源：阎贵兴等，2001

　　冰草属具有 3 种倍性水平，基因组又具有较高的同源性，不同倍性冰草属植物分布也有明显环境特征。冰草属中唯一的二倍体物种蒙古冰草主要分布于干旱的沙地和荒漠草原环境，其形态与解剖结构上也具有更为突出的耐旱特征，如叶片窄而卷曲、表皮毛发达等。四倍体冰草物种分布广泛，生活环境也更为多样化，六倍体冰草种类少而且只有一些零星分布，因此四倍体冰草可能具有最适宜的染色体倍性水平，因而具有更强的适应能力。而多年生和无性繁殖能力是六倍体变异类型得以保存的重要因素。

第五章　生物技术在冰草研究中的应用

  植物生物技术是对植物性状进行改造的技术，主要包括植物基因工程、细胞工程和分子标记技术等。迅速发展的现代生物技术，逐渐成为牧草优异基因克隆、功能验证及应用等研究的重要手段，推动牧草研究由细胞水平向分子水平迈进。

  冰草属植物为多年生草本，根系发达，竞争力强，抗旱性尤为突出，是干旱、半干旱地区理想的水土保持和环境绿化植物，也是北方地区改良退化草地、建立人工草地和生态建设的重要禾本科牧草。冰草属植物作为宝贵的遗传资源，不仅具有很高的生态价值、饲用价值，而且具有较高的遗传育种价值。冰草属植物具有很强的抗逆性（抗旱、抗寒、抗风沙、抗病虫害），蕴藏着多种优良的抗性基因，为牧草和作物改良提供了宝贵的遗传资源。近年来，对冰草属植物的研究已经从形态学、生理生化、细胞学水平逐渐深入到分子遗传学水平，众多研究成果为冰草属植物资源的合理开发利用和新品种培育提供了重要的理论依据。

第一节　冰草的组织培养

一、植物细胞组织培养的概念

  植物细胞组织培养（plant cell tissue culture）是指在离体（*in vitro*）条件下利用人工培养基对植物器官、组织、细胞及原生质体等进行培养，使其长成完整的植株。根据所培养植物材料的不同，可以将细胞组织培养分为器官培养（organ culture）（胚、花药、子房、根、茎、叶等器官）、茎尖分生组织培养（shoot tip culture，shoot apex culture，apical meristem culture）、愈伤组织培养（callus culture）、细胞培养（cell culture）、原生质体培养（protoplast culture）等类型。其中愈伤组织培养是一种最常见的培养类型，除茎尖分生组织培养和部分外植体通过诱导胚性愈伤组织直接形成再生植株外，多数培养类型通常都要经历愈伤组织阶段才能产生再生植株。

  愈伤组织（callus）是指植物在受伤后于其伤口表面形成的一团薄壁细胞。在植物细胞组织培养中，愈伤组织则是指在人工培养基上由外植体（explant）形成的一团无序生长的薄壁细胞。在细胞组织培养中，成熟细胞或分化细胞转变成为分生状态的过程，即形成愈伤组织的过程，称为脱分化（dedifferentiation）。将外植体培养在培养基上，诱导其形成愈伤组织，即发生了脱分化。

在植物细胞组织培养中，由活体植株上提取下来的、接种在培养基上的无菌细胞、组织、器官等均称为外植体。外植体通常是由多个细胞组成的，并且组成它的细胞常常包括不同的类型，因此由一个外植体形成的愈伤组织也常是异质性的，不同的细胞可能具有不同的形成完整植株的能力，即不同的再分化能力或再生能力。植物的成熟细胞经历了脱分化之后，即形成愈伤组织，由愈伤组织再形成完整的植株，这一过程称为再分化（redifferentiation），或简称为分化（differentiation）、再生（regeneration）。一个脱分化的植物细胞能够再生成完整的植株，是因为植物细胞具有全能性。所谓细胞全能性，是指一个完整的植物细胞拥有形成一个完整植株所必需的全部遗传信息。早在 1902 年，Haberlandt 就预言，植物体细胞在适宜条件下具有发育成完整植株的潜在能力，但是由于受到当时技术和设备的限制，他的预言未能用试验证实。1958 年，Steward 和 Shantz 用胡萝卜根韧皮部细胞悬浮培养，从中诱导出体细胞胚（somatic embryo）并使其发育成完整小植株，第一次证实了 Haberlandt 提出的植物细胞全能性学说。对于植物细胞来说，除受精卵以外，体细胞也具有全能性。

二、植物细胞组织培养在冰草属牧草中的应用

植物细胞组织培养是生物工程的基础和关键环节之一，在农业生产中的实际应用越来越广泛，作用越来越重要。

20 世纪 80 年代国外开始有了冰草属（Agropyron Gaertn.）植物组织培养再生植株的研究报道。冰草为寿命较长的多年生疏丛型牧草，广泛分布于干旱、半干旱草原区，抗逆性较强，春季返青早，秋季枯黄晚，茎叶柔嫩，营养丰富，适口性好，是中国北方，特别是西北干旱、半干旱地区改良草场，以及人工草地建植和生态建设的重要禾本科牧草之一。除作为优质牧草而受到牧草学家的高度重视外，冰草属作为重要的小麦野生近缘属之一，还具有许多可用于小麦改良的优异性状。近年来，人们通过胚拯救、幼穗培养等方法获得了普通小麦与冰草属间杂种及其自交和回交后代，并创建了小麦-冰草异源附加系，提供了在小麦遗传背景下开发利用外源基因的首要条件，为加快冰草种质改良进程、资源开发利用、冰草种质创新及优良冰草品种培育等创造了条件。

（一）幼穗诱导愈伤组织和植株再生

霍秀文等（2004a；2004b）在多年冰草种质资源搜集、评价与选育的基础上，开展了冰草组织培养建立再生植株体系的研究。试验选用的 4 份冰草材料为蒙古冰草新品系（A. mongolicum）、航道冰草（A. cristatum cv. Fairay）、诺丹冰草（Agropyron desertorum cv.Nordan）和蒙农杂种冰草（A.cristatum×A. desertorum cv.Hycrest-Mengnong），材料取自内蒙古农业大学牧草种质资源圃，生长周期为

2～5 年。诱导愈伤组织的外植体取自植株孕穗期幼穗，下部浸入附加赤霉素（GA）2mg/L 的少量液体 MS 培养基中，4℃培养 3～5 天后剥离包裹的叶鞘，75%乙醇消毒 30s，再用 0.1% $HgCl_2$ 消毒 2～4min，无菌水冲洗数次。切成 2～3mm 小段，接种在愈伤组织诱导培养基中进行培养。结果表明，幼穗大小对诱导愈伤组织和植株再生的影响 4 种材料表现基本相似。以蒙农杂种冰草为例，在接种的幼穗中，不同长度的幼穗在愈伤组织诱导率和分化率上表现明显不同（表 5-1）。

表 5-1　蒙农杂种冰草幼穗的愈伤组织诱导及分化结果

穗长 /cm	愈伤组织诱导率/%	愈伤组织产生部位	产生类胚状体/%	愈伤组织分化情况			
				叶芽/%	丛生芽/%	根/%	绿苗分化率/%
<1.0	20	所有部位	0	8	2	0	8
1.0～2.0	83	所有部位	5～10	46	12	10	51
2.0～3.0	91	所有部位	5～10	52	43	10	59
>3.0	62	穗轴和颖基部	5	32	18	5	23

表 5-1 表明，不同大小的幼穗均可有效诱导出愈伤组织，但诱导率与分化能力有显著差异。穗长小于 1.0cm 时，愈伤组织诱导率低（20%），可能是由于75%乙醇消毒时小穗易脱水造成小穗分生组织活力降低所致，其分化率也较低（8%）。穗长为 1.0～2.0cm 和 2.0～3.0cm 愈伤组织的诱导率分别达83%和91%，绿苗分化率也较高，达 51%和 59%。穗长大于 3.0cm 的愈伤组织诱导率为 62%，但其分化率降低为 23%。以上结果显示，冰草幼穗培养宜取 1.0～3.0cm 长度的幼穗。

（二）不同冰草品种材料对植株再生的影响

霍秀文等（2004a；2004b）分别取蒙古冰草新品系、航道冰草、诺丹冰草、蒙农杂种冰草的幼穗（穗长为 1.0～3.0cm），接种后统计愈伤组织的诱导率和分化率（图 5-1）。各材料间的愈伤组织诱导率分别为蒙古冰草新品系 57.5%、航道冰草 69.6%、诺丹冰草 64.3%、蒙农杂种冰草 73.2%，愈伤组织分化率分别为蒙古冰草新品系 49.0%、航道冰草 54.3%、诺丹冰草 52.1%、蒙农杂种冰草 57.6%，各材料间愈伤组织诱导率和愈伤组织分化率差别不明显。蒙古冰草新品系的愈伤组织诱导率相对略低，推测是由于其发育时期比其他品种晚，因而取材相对偏早造成的。综合愈伤组织诱导率与分化率两项指标，初步认为 4 种冰草材料间植株再生能力的差异不明显，均可以幼穗为外植体诱导愈伤组织和再生植株。根据试验结果，初步得出冰草的组织培养再生无明显基因依赖性。

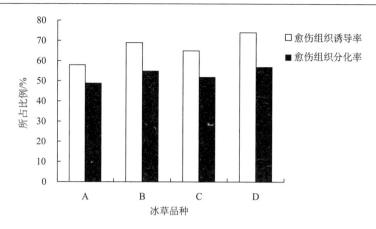

图 5-1　不同冰草品种的植株再生

A. 蒙古冰草新品系；B.航道冰草；C.诺丹冰草；D.蒙农杂种冰草

　　禾本科牧草的组织培养再生相对较难,主要是适用的外植体较单一,如幼胚、幼穗、花药、原生质体、悬浮细胞等。这些外植体或取材困难,或受季节限制不能周年供应。近年来研究者探索了以盾片、胚轴等为外植体诱导再生植株的途径,但植株再生频率低,还需进一步优化完善离体培养条件。

（三）培养基对愈伤组织诱导的影响

　　以幼胚与幼穗为外植体建立的冰草组织培养再生体系较为成熟,但冰草生育时期中适合取样幼穗、幼胚的时间很短,不同材料间存在生育时期差异,且播种受季节限制,组织培养技术的研究和应用受到一定的局限。与根、茎、叶相比,冰草成熟胚是较为适宜的外植体,具有不同个体间生理状况相似、取材方便、不受季节时间限制、可一次性大量获得材料等优点,一直被科研工作者所关注,但研究进展很慢,且国内的研究报道极少。张辉等（2005）探索了不同培养基对蒙农杂种冰草成熟胚诱导、分化再生植株的影响,初步建立了以成熟胚为外植体的冰草离体培养再生体系。

　　（1）成熟胚接种到培养基上,在黑暗条件下培养4～5天胚开始膨大,7～12天形成无色透明的愈伤组织,20天左右达到出愈高峰（表 5-2）。成熟胚接种15天后,以 MS 或 W14 为基本培养基的愈伤组织诱导培养基均能诱导出愈伤组织,但诱导率及愈伤组织质量各异。前者的出愈率较高,平均为81.8%,后者仅为72.2%。前者愈伤组织的质量优于后者。

　　（2）MSM（MS 培养基附加 0.2mol/L 甘露醇）附加不同浓度 2,4-二氯苯氧乙酸（2,4-D）的培养基诱导的愈伤组织相对较为紧实,W14 培养基诱导的愈伤组织结构无定型、水渍状、柔软。在 MSM 培养基中,2,4-D 浓度低于 2.0mg/L 时,愈伤组织诱导率均较低，浓度为 2.0～5.0mg/L 时，诱导率显著增加，但不同浓度的 2,4-D 之间差别明显减小，为 87.6%～93.4%。虽然提高 2,4-D 浓度有利于成熟胚脱分化与诱导愈伤组织，但高浓度 2,4-D 将抑制愈伤组织芽的分化。综合考虑愈伤组织诱导与分化两个因素，确定使用 MSM 培养基附加 2,4-D（2.0mg/L）为蒙农杂种冰草成熟胚愈伤组织诱导培养基（表 5-2）。

表 5-2　供试培养基对成熟胚愈伤组织诱导的影响

培养基/（mg/L）	接种数	形成愈伤	愈伤组织诱导率/%	愈伤状态
MSM+2,4-D（0.5）	102	62	60.8	较紧实，有褶皱
MSM+2,4-D（1.0）	106	74	69.8	较紧实，有褶皱
MSM+2,4-D（2.0）	105	92	87.6	较紧实，有褶皱
MSM+2,4-D（3.0）	110	98	89.1	较紧实，有褶皱
MSM+2,4-D（4.0）	111	100	90.1	较紧实，有褶皱
MSM+2,4-D（5.0）	107	100	93.4	较紧实，有褶皱
W14+2,4-D（0.5）	109	58	53.2	柔软，水浸棉絮状
W14+2,4-D（1.0）	115	69	60.0	柔软，水浸棉絮状
W14+2,4-D（2.0）	106	78	73.6	柔软，水浸棉絮状
W14+2,4-D（3.0）	114	85	74.6	柔软，水浸棉絮状
W14+2,4-D（4.0）	116	94	81.0	柔软，水浸棉絮状
W14+2,4-D（5.0）	108	98	90.7	柔软，水浸棉絮状

（四）继代改良培养基对愈伤组织发生和分化的影响

当成熟胚经过 15 天的暗培养后，形成的愈伤组织大多为白色透明状，质地较柔软，有的呈水浸棉絮状（图 5-2A），这种愈伤组织在各种分化培养基中很难分化成苗，称为初生愈伤组织。将其转接到试验设计的 6 种继代培养基上（表 5-3），

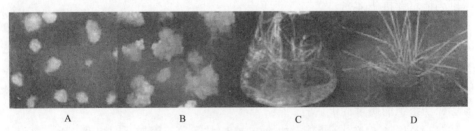

图 5-2　蒙农杂种冰草植株再生过程

A. 在诱导培养基上接种 15 天后的初生愈伤组织；B. 在继代培养基上改良的愈伤组织；

C. 在分化培养基上分化形成再生植株；D. 再生苗移栽

经过两次（20天一次）继代培养，部分愈伤组织转化为淡黄色、质地致密、颗粒状愈伤组织（图5-2B）。在分化培养基中可分化成苗，称为胚性愈伤组织。1号、2号培养基中虽然降低了2,4-D 浓度，但不含6-苄氨基腺嘌呤（6-benzylaminopurine，6-BA），胚性愈伤组织的发生率较低。在此基础上向培养基中添加不同浓度的6-BA，胚性愈伤组织的发生率明显提高，6号培养基中改良愈伤组织的发生率为30.4%。

表 5-3　继代改造培养基对胚性愈伤组织发生的影响

培养基编号	2,4-D /（mg/L）	6-BA /（mg/L）	初生愈伤组织数	胚性愈伤组织数	胚性愈伤组织发生率 /%
1	0.5	0	110	6	5.4
2	1.0	0	125	8	6.4
3	0.5	0.5	116	15	12.9
4	0.5	1.0	126	24	19.0
5	1.0	0.5	121	30	24.8
6	1.0	1.0	102	31	30.4

（五）激素配比对胚性愈伤组织分化的影响

选择色泽鲜亮块状的愈伤组织置于 MS 附加不同浓度激动素（kinetin，KT）、细胞分裂素 6-BA、玉米素（zeatin，ZT）和萘乙酸（1-naphthylacetic acid，NAA）的培养基上，研究不同组合对愈伤组织分化的影响。结果表明，胚性愈伤组织在含有适宜浓度 ZT、6-BA、KT 和 NAA 的培养基上，多数能分化出绿色小苗，但以 ZT（3.0mg/L）+NAA（1.0mg/L）配比最为合适，分化率达 82%（表 5-4）。

表 5-4　6-BA、KT、ZT 和 NAA 的不同配比对胚性愈伤组织分化的影响

6-BA /（mg/L）	KT /（mg/L）	ZT /（mg/L）	NAA /（mg/L）	接种的愈伤组织数	分化的愈伤组织数	分化率/%
1.0	0	0	1.0	50	14	28
2.0	0	0	1.0	50	18	36
3.0	0	0	1.0	50	28	56
5.0	0	0	1.0	50	35	75
0	1.0	0	1.0	50	35	75
0	2.0	0	1.0	50	19	38
0	3.0	0	1.0	50	30	60

续表

6-BA /（mg/L）	KT /（mg/L）	ZT /（mg/L）	NAA /（mg/L）	接种的 愈伤组织数	分化的 愈伤组织数	分化率/%
0	5.0	0	1.0	50	36	72
0	0	1.0	1.0	50	19	38
0	0	2.0	1.0	50	28	56
0	0	3.0	1.0	50	41	82
0	0	5.0	1.0	50	41	82

（六）再生植株的生根和移栽

当芽长到 4cm 时，取健壮植株转到生根培养基上，结果所有的植株都能正常生长并形成完整小植株，1 周后即诱导出根，10 天后每株可长出 3～5 条根，根长3～4cm，再培养 1 周则植株健壮、叶色浓绿（图 5-2C），这时可移栽。移栽前先去掉封瓶膜，往瓶中加入适量自来水，室温炼苗 2～3 天后，用自来水将根部所带的培养基冲掉，移栽到灭菌的蛭石和草碳土（1∶1）中。在相对湿度为 60% 的环境下，蒙农杂种冰草的移栽成活率可以保持在 96% 以上（图 5-2D）。

在成熟种子愈伤组织的诱导过程中，对不同植物成熟种子的处理方式不同，如去除种皮、去胚乳等方式，来提高愈伤诱导率，缩短诱导时间。冰草成熟种子在组织培养过程中会受其所带胚乳的影响。种子的胚乳量越少，始愈期越早，愈伤组织的胚性越强，分化率越高。反之，则始愈期推迟，虽然愈伤组织的出愈率、早期愈伤组织生长速率加快，但后期愈伤组织的生长速率下降越快，受胚乳代谢残留物质的毒害越强，愈伤组织的分化能力越弱。该研究用解剖针从盾片处挑出成熟胚，尽量少带胚乳，可缩短诱导时间，提高诱导率。

以上试验结果表明，解决冰草组织培养困难的关键是获得高质量的胚性愈伤组织。禾本科植物愈伤组织的质量差异明显，根据形态主要可分为 4 种类型：第1 类型生长迅速结构致密，颗粒小；第 2 类型生长迅速质地疏松；第 3 类型生长缓慢，结构致密；第 4 类型松软无定型，呈果冻状或棉絮状。冰草的初生愈伤组织主要属第 4 类，即松软无定型，呈棉絮状。为了加快胚性愈伤组织形成的速率，必须对其状态进行调整，使之向第 1 类型和第 2 类型转化，再经 1～2 个月的继代培养才能产生致密的胚性愈伤组织。随着继代培养次数的增加，愈伤组织的分化率降低。愈伤组织及其细胞的状态可通过调整培养基成分来调控。其中生长素、还原态氮和 KCl 可促进愈伤组织生长，细胞分裂素、硝态氮则抑制愈伤组织生长，利用不同水平的 2,4-D、NH_4^+、谷氨酰胺、水解酪蛋白、KCl、KT、6-BA、NO_3^-等进行处理，可使不适宜生长分化的愈伤组织变成适宜的类型，也可使那些生长过旺而不分化的愈伤组织分化出植株。张辉等（2005）在研究成熟胚初生愈伤组织的继代过程中，通过降低培养基中 2,4-D 的浓度，并加入适宜浓度的 6-BA，创造了适合胚性愈伤组织发生的外界培养环境，使致密或疏松的颗粒状胚性愈伤组织的发生率提高，实现了冰草成熟胚愈伤组织再生成小植株。在继代培养中，精心选择胚性愈伤组织也是试验成功的关键之一。

（七）2,4-D 和 6-BA 对蒙古冰草幼胚愈伤组织诱导的影响

解继红等（2006）以蒙古冰草为材料，在离体培养条件下对其幼胚的发育进行了研究。结果表明，蒙古冰草的幼胚在不含任何激素的培养基上能直接萌发，幼胚发芽率因培养基而异。以 N6 为基本培养基，附加 7% 蔗糖的培养基萌发率最高，达 96%；MS 附加 5% 蔗糖的培养基，萌发率为 90%（表 5-5）。当幼胚在减半的 N6 培养基或减半的 MS 培养基上培养时，发芽率均显著降低。这 4 种培养基均未发生脱分化现象。在含有 2,4-D 的培养基上，蒙古冰草幼胚不同程度地发生了脱分化，并出现了少量再生芽。在继代培养基中，降低 2,4-D 浓度，附加低浓度 6-BA 可以改善蒙古冰草幼胚愈伤组织状态，增加胚性愈伤组织诱导率，从而提高分化率。

表 5-5　蒙古冰草离体幼胚对不同浓度 2,4-D 的反应

培养基	2,4-D 浓度/（mg/L）	幼胚萌发率/%	愈伤组织诱导率/%	直接再生植株频率/%
MS 培养基	0	90	0	0
	1.0	2	86	32
	2.0	0	92	10
	4.0	0	78	1
	6.0	0	77	0
N6 培养基	0	96	0	0
	1.0	5	82	23
	2.0	1	90	9
	4.0	0	79	0
	6.0	0	77	0
1/2MS 培养基	0	76	0	0
	1.0	0	53	9
	2.0	0	58	1
	4.0	0	32	0
	6.0	0	18	0

续表

培养基	2,4-D 浓度/（mg/L）	幼胚萌发率/%	愈伤组织诱导率/%	直接再生植株频率/%
	0	78	0	0
	1.0	0	55	12
1/2N6 培养基	2.0	0	60	3
	4.0	0	44	0
	6.0	0	38	0

　　2,4-D 的发现与应用是生长素研究史上的里程碑。多数植物组织培养诱导脱分化都必需 2,4-D，特别是单子叶植物，如禾本科作物及牧草。2,4-D 在诱导脱分化后必须及时降低浓度或去掉，胚性细胞才能正常发育。该试验中，单独使用 2,4-D 蒙古冰草幼胚能够诱导出愈伤组织，2,4-D 浓度降低可使蒙古冰草非胚性愈伤组织转化为胚性愈伤组织。

　　培养基中加入细胞分裂素，可以促进细胞分裂，分化不定芽。在添加了 0.5mg/L BAP 的培养基上，蒙古冰草幼胚的愈伤组织颜色淡黄，结构致密，胚性愈伤组织诱导率最高（表 5-6）。因此，在继代培养基中加入低浓度的 BAP 可以改善蒙古冰草的愈伤状态，提高胚性愈伤组织诱导能力，这为蒙古冰草组织培养和胚性愈伤组织无性系的建立奠定了基础。

表 5-6　BAP 浓度对蒙古冰草幼胚胚性愈伤组织诱导能力的影响

培养基	BAP 浓度/（mg/L）	接种愈伤组织数	胚性愈伤组织数	胚性愈伤组织诱导率/%
	0	50	38	76.0
MS 培养基	0.5	53	45	84.9
	2.0	56	40	71.4
	5.0	51	36	70.6
	0	52	33	63.5
N6 培养基	0.5	51	40	72.7
	2.0	55	30	54.5
	5.0	50	24	48.0

　　研究发现，蒙古冰草幼胚的萌发芽、经胚性愈伤组织分化而成的芽均可正常生长，而直接再生的芽细长、弱小，在培养过程中常常夭折，该芽为早熟萌发芽，即未经完成正常的胚胎发育而萌发的芽。研究表明，可以通过提高 2,4-D 的浓度抑制早熟萌发现象。试验中有一部分愈伤组织出现有花青素苷的紫红色，并且出现概率与 BAP 浓度呈正相关。在 MS、N6 培养基或降低 BAP 浓度的培养基中多

次继代，发现花青素苷愈伤组织的出现是不可逆的，这类愈伤组织不能胚状化，最终褐化死亡（图 5-3）。

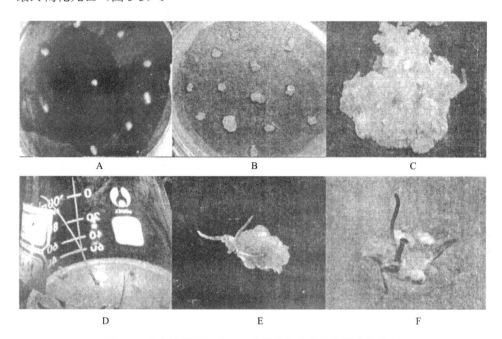

图 5-3　蒙古冰草幼胚在 MS 培养基上的萌发和脱分化情况

A. 接种 4 天产生的愈伤组织；B. 接种 2 周后的愈伤组织；C. 继代 20 天后的胚性愈伤组织；D. 未含激素培养基的幼胚萌发芽；E. 直接再生芽；F. 经胚性愈伤组织分化而成的再生芽

（八）影响冰草成熟胚组织培养再生体系频率的因素

徐春波等（2009）对影响冰草成熟胚组织培养再生体系频率的两个因素——基因型和脱落酸（ABA）进行了研究，为冰草的遗传转化研究提供优化的再生体系。研究表明，在相同的培养条件下，4 个基因型（品种）冰草成熟胚愈伤组织诱导能力和分化能力有明显的差异，其中以蒙古冰草成熟胚在愈伤组织诱导、分化等方面的表现最佳，愈伤组织诱导率和分化率分别达到 95% 和 72%，是遗传转化的良好受体材料；继代培养基中附加 0.3mg/L 脱落酸（ABA）可以明显改善冰草成熟胚愈伤组织状态，增加胚性愈伤组织率，从而提高分化率。

1. 基因型对成熟胚愈伤组织诱导的影响

将航道冰草、诺丹冰草、蒙农 1 号蒙古冰草、蒙农杂种冰草的成熟胚接种于愈伤组织诱导培养基上，暗培养 14 天后统计愈伤组织的出愈率及愈伤状态（表 5-7）。结果发现，不同品种的冰草成熟胚在相同的诱导培养基上均能产生愈伤组织，愈伤组织始愈期和愈伤组织形成期相差不大，但出愈率和愈伤状态存在着较大差异，蒙农 1 号蒙古冰草的愈伤组织诱导率明显高于其他 3 个品种约 20%；诺丹冰草的出愈率最低，只有 67.5%。另外，从 4 个冰草品种形成的愈伤组织状态来看，蒙农 1 号蒙古冰草愈伤组织状态最佳，其结构紧实、致密，而其他品种的愈伤组织大多为白色透明状，松软，部分呈水渍状（图 5-4）。

表 5-7　冰草基因型对成熟胚愈伤组织诱导的影响

品种	接种数	始愈期/天	愈伤组织形成期/天	愈伤组织数/块	出愈率/%	愈伤组织状态
航道冰草	400	4	10	307	76.8	白色，松软，水渍状
诺丹冰草	400	4	10	270	67.5	白色，松软，水渍状
蒙农 1 号蒙古冰草	400	3	8	380	95.0	白色，较紧实
蒙农杂种冰草	400	3	9	296	74.0	白色，松软，水渍状

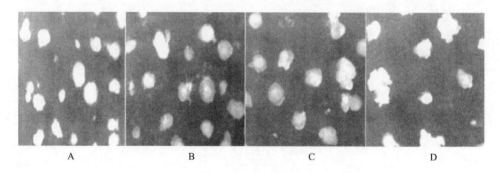

图 5-4　4 种冰草品种的成熟胚愈伤组织状态

A. 航道冰草的愈伤组织；B. 诺丹冰草的愈伤组织；C. 蒙农杂种冰草的愈伤组织；
D. 蒙农 1 号蒙古冰草的愈伤组织

2. 冰草不同基因型成熟胚愈伤组织的分化和生根能力

继代培养后（继代培养基中不含 ABA），挑选生长状态良好的 4 种冰草成熟胚愈伤组织转接到分化培养基上，30 天后统计各品种愈伤组织的分化率。结果表明（表 5-8），在相同培养基上，4 种冰草成熟胚愈伤组织分化率有明显差异。蒙农 1 号蒙古冰草的愈伤组织分化最快，在转入分化培养基 15 天后愈伤组织出现芽点（图 5-5），其分化率也是 4 个品种中最高的，达到 72%；蒙农杂种冰草和航道冰草的愈伤组织分化速率相差不大，在分化培养基上培养 20 天愈伤组织出现芽点，分化率分别为 58% 和 52%；诺丹冰草的愈伤组织分化最慢，培养近 30 天愈伤组织才出现芽点，分化率最低，为 42%。

表 5-8　不同基因型冰草成熟胚愈伤组织的分化

品种	愈伤组织总数/块	分化出芽点的愈伤组织数/块	分化率/%
航道冰草	100	52	52
诺丹冰草	100	42	42
蒙农 1 号蒙古冰草	100	72	72
蒙农杂种冰草	100	58	58

A   B

图 5-5　蒙古冰草愈伤组织的分化和再生

A. 蒙农 1 号蒙古冰草愈伤组织的分化；B. 蒙古冰草再生植株

3. ABA 对冰草成熟胚愈伤组织状态及愈伤组织分化能力的影响

当成熟胚经过 14 天暗培养进行愈伤组织诱导后，形成的愈伤组织大多数呈白色透明状，质地较柔软，有的呈水渍状，这些愈伤组织在分化培养基中很难分化成苗。将诱导出来的愈伤组织转入添加有不同浓度 ABA 的继代培养基上，继代 2 次，每次 20 天，ABA 能够改进成熟胚愈伤组织生长状态并在一定程度上提高其分化能力（表 5-9）。ABA 的这种作用在各品种间差别不大，添加 ABA 0.3mg/L 可明显改善各品种成熟胚愈伤组织状态，使愈伤组织的结构变得致密，颜色更加鲜亮，表面更加干爽（图 5-6），促进愈伤组织向胚性愈伤组织转变；不同浓度的 ABA 对成熟胚愈伤组织状态的改善影响不同。添加 0.1mg/L ABA 对愈伤组织影响不大；0.5mg/L ABA 使成熟胚愈伤组织状态有不同程度的下降，甚至有些呈黏液状；0.3mg/L ABA 能明显增加愈伤组织的紧实度，继而形成再生小植株。

表 5-9　　ABA 对冰草成熟胚愈伤组织状态及分化的影响

品种	ABA 浓度（mg/l）	愈伤组织总数/块	愈伤组织状态	分化的愈伤组织数/块	分化率%
航道冰草	0	50	白色，松软，体积小	26	52
	0.1	50	微黄色，较紧实	28	56
	0.3	50	淡黄色，结构较致密	32	64
	0.5	50	淡黄色，有些微褐色，有些呈黏液状	25	50
诺丹冰草	0	50	白色，松软，体积小	24	42
	0.1	50	微黄色，较紧实	22	44
	0.3	50	淡黄色，结构较致密	27	54
	0.5	50	淡黄色，有些微褐色，有些呈黏液状	21	42
蒙农 1 号蒙古冰草	0	50	白色，较紧实，体积大	36	72
	0.1	50	淡黄色，结构紧实	38	76
	0.3	50	淡黄色，结构松脆，颗粒状	42	84
	0.5	50	淡黄色，有些微褐色，有些呈黏液状	37	74
蒙农杂种冰草	0	50	白色，松软，体积小	29	58
	0.1	50	微黄色，较紧实	31	62
	0.3	50	淡黄色，结构较致密	35	70
	0.5	50	淡黄色，有些微褐色，有些呈黏液状	30	60

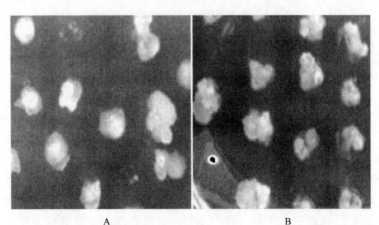

A　　　　　　　　　　　　　　　B

图 5-6　附加 ABA 前后蒙农杂种冰草成熟胚愈伤组织状态

A. 未加 ABA 前蒙农杂种冰草的愈伤组织；B. 添加 0.3mg/L ABA 蒙农杂种冰草的愈伤组织

　　该研究结果表明，冰草成熟胚诱导的愈伤组织大多为非胚性愈伤组织，这些愈伤组织在分化培养基中难以分化成苗，在添加 0.3mg/L ABA 的继代培养基上继代 2 次或 3 次后冰草的愈伤组织质量得到了明显改善，愈伤组织致密紧实，胚性愈伤组织增多,分化能力也有所提高。因此,在继代培养基中附加适当浓度的 ABA 可以明显改善冰草的愈伤状态,提高分化能力,这将为冰草组织培养和基因工程的进一步研究奠定基础。

（九）冰草组织培养再生体系建立及耐旱转基因研究

霍秀文等（2004b）以幼穗诱导的愈伤组织为受体,采用基因枪轰击法转化冰草获得转基因植株,PCR 和 Southern 检测表明外源基因 *p5CS* 已整合到冰草属植物基因组 DNA 中, *p5CS* 基因的遗传转化率为 0.09%～0.11%（图 5-7 及图版Ⅸ）。

云锦凤、米福贵、霍秀文等在种质资源搜集评价与选育的基础上开展了冰草基因工程研究。以蒙农杂种冰草为材料,建立了冰草组织培养再生植株体系及冰草遗传转化体系。

三、冰草组织培养研究成果保护

以国家 863 计划和"国家转基因植物研究与产业化专项"等研究项目为支撑,内蒙古农业大学生态环境学院牧草育种课题组开展了冰草的组织培养与遗传转化研究,通过多年的研究,在冰草幼穗和成熟胚组织培养方面取得了阶段性成果及技术创新,先后获得两项发明专利。

（一）冰草幼穗组织培养再生方法

公开日：2006 年 8 月 9 日

公开号：CN 1813526A

申请日：2006.1.28

申请号：200610008712.3

申请人：内蒙古农业大学

地址：010010,内蒙古自治区呼和浩特市赛罕区昭乌达路 306 号,内蒙古农业大学

发明人：米福贵　云锦凤　霍秀文　逯晓平　徐春波　魏建华　王宏枝　李瑞芬　张辉　刘娟　王桂花

（二）冰草成熟胚组织培养再生方法

公开日：2006 年 8 月 23 日

公开号：CN 1820583A

申请日：2006.1.28

申请号：200610008712.3

申请人：内蒙古农业大学

图 5-7　蒙农杂种冰草组织培养再生体系

地址：010010，内蒙古自治区呼和浩特市赛罕区昭乌达路 306 号，内蒙古农业大学

发明人：米福贵 云锦凤 霍秀文 逯晓平 徐春波 魏建华 王宏枝 李瑞芬 张辉 刘娟 王桂花

第二节 冰草优异基因的挖掘

一、基因挖掘的分子生物学基础

（一）基因

基因是遗传的物质基础，是脱氧核糖核酸（DNA）分子上具有遗传信息的特定核苷酸序列的总称，是具有遗传效应的 DNA 分子片段，是控制生物性状的基本遗传单位。基因的信息内容编码在 DNA 的碱基排列顺序之中。

人们对基因的认识是不断发展的。19 世纪 60 年代，遗传学家孟德尔就提出了生物的性状是由遗传因子控制的观点，但这仅仅是一种逻辑推理的产物。20 世纪初期，摩尔根通过果蝇的遗传试验，认识到基因存在于染色体上，并且在染色体上呈线性排列，从而得出了染色体是基因载体的结论。50 年代以后，随着分子遗传学的发展，尤其是 1953 年，英国物理学家克里克（Francis Crick）和美国生物学家沃森（James Watson）提出 DNA 双螺旋结构以后，人们才真正认识了基因的本质，即基因是具有遗传效应的 DNA 片段。研究结果还表明，每条染色体只含有 1 个或 2 个 DNA 分子，每个 DNA 分子上有多个基因，每个基因含有成百上千个脱氧核苷酸。由于不同基因的脱氧核苷酸排列顺序（碱基序列）不同，因此，不同基因就含有不同的遗传信息。

（二）DNA 体外复制——聚合酶链反应技术

聚合酶链反应（polymerase chain reaction，PCR）技术是由美国 PE-Cetus 公司和加利福尼亚大学联合创建的，是在体外条件下，从长链 DNA 或众多 DNA 中，由引物介导酶促合成特异 DNA 片段的一种方法，是分子遗传学和分子生物学研究中最有用、最基本的方法之一。

PCR 的基本原理类似于 DNA 的天然的半保留复制过程（图 5-8），其特异性取决于与目的序列两端互补的寡核苷酸引物。PCR 由变性、退火及延伸 3 个基本反应步骤构成：第一步，高温条件下，使分离到的目的 DNA 双链解离成单链以作为模板，它们的部分序列与人工合成的两条寡聚核苷酸链，即引物（primer）互补结合；第二步，低温退火，使两个寡核苷酸引物分别与两个 DNA 单链模板特异性互补结合；第三步，适温延伸，即在合成酶的催化下，由寡核苷酸引物沿

着单链模板延伸复制出一条新链。新形成的具双链结构的两条 DNA 链又可经历新一轮退火，开始新的循环。如此不断地重复"变性，退火，延伸"的过程，每一循环所形成的 DNA 分子均能成为下一次循环的模板。在一个 PCR 反应中需要多少循环是由所研究的目的决定的。如果需要扩增片段的量大，则增加循环数，反之减少循环数。在一般情况下，一个 PCR 反应需要经过 25～30 轮循环。

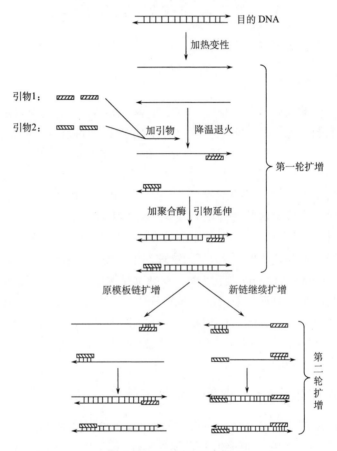

图 5-8　PCR 原理示意图

（三）目的基因的获得

目的基因既可以是含有"目的基因"的 DNA 片段也可以是不含多余成分的纯基因，这样的目的基因不仅包括整个基因的全部序列，而且是高纯度的，在片段的大小上也适合基因操作的要求。目前已经有许多方法可以获得目的基因。

1. 化学合成基因

就基因的化学本质而言，它是一段具有特定生物功能的核苷酸序列。在掌握了基因分子结构的前提下,就有可能在实验室进行基因或 DNA 片段的人工合成。20 世纪 70 年代后,蛋白质、DNA 序列结构测定技术的进步,使许多基因结构都被成功地测定出来。与此同时,重组 DNA 技术也取得了突破性的进展。这些都有力地推动了基因化学合成研究的发展。在基因的化学合成中,首先要合成出有一定长度的、具有特定序列结构的寡核苷酸片段,然后再通过 DNA 连接酶的作用,使它们按照一定的顺序连接起来,如干扰素基因的合成。

目前,化学合成寡核苷酸片段的能力一般局限于 150～200bp。然而,绝大多数基因的大小都超过了这个范围。因此,需要一种特殊的程序,才能把合成的寡核苷酸片段构建成完整的基因。将这种按设计要求用许多寡核苷酸片段装配成完整基因的过程,称为基因的组装。20 世纪 70 年代末 Khorana 等最早提出基因组装,并成功地合成出 tRNA 基因。

2. 基因文库的构建及基因分离

从生物材料,尤其是从高等真核生物的大型基因组分离特定的目的基因,犹如大海捞针。但是,人们在研究某一重要基因组时,往往构建成所谓的基因文库(gene library)或基因库(gene bank),作为钓取某些基因的基础。基因文库是指汇集某一基因组所有 DNA 序列的重组体 DNA 群体(转化子群)。要构建大型基因组就要克隆相当大量的不同的限制片段,才能在钓取其中某一基因片段时以一种合理的频率获得结果。

但是,一个基因组完全基因库的建立与筛选是一项十分繁重的工作,一般基因工程实验室难以完成此项任务。一个实验室,如果克隆实验的目的是为了分离某种特定的基因,而又对此特定基因的大小、定位有所了解,那么就没有必要构建一个基因组的完全基因库,而只需建立基因组的部分基因片段基因库就够用了。这就要对编码的目的基因片段进行富集,这些基因片段如果被富集起来,克隆这个基因的实验就会比较简单而快速。由于相关的 DNA 片段之间一般缺少物理特性上的差别,迄今为止,部分分离 DNA 片段的最主要方法仍然是凝胶电泳法和蔗糖梯度离心法。中国学者应用克隆片段富集法,已成功地分离出了水稻叶绿体光合作用系统的 5 种不同蛋白质的编码基因。

3. 从真核生物分离纯化目的基因的一般方法——反转录法

虽然可以应用基因文库来筛选真核生物的目的基因,但工作量十分繁重,比从真核细胞直接分离基因难度更大。原因是:第一,真核细胞中单拷贝基因只占染色体 DNA 很小一部分,为 10^{-7}～10^{-5},即便多拷贝基因也只有 10^{-3},因此从染色体直接分离纯化目的基因的概率很小;第二,真核染色体 DNA 一般都很大,组建物理图谱和进行基因定位绝非易事,因此不能对其进行直接分离;第三,真核基因内一般都有间隔序列[又称为内含子(intron)]。如果以原核细胞作为表达系统,即使分离出真核基因,由于原核细胞缺乏 mRNA 的转录后加工系统,由真核基因转录的 mRNA 也不能加工、拼接（splicing）成为成熟的 mRNA。

　　在基因工程中，为了得到真核基因，一般先从细胞总 RNA 中提取 mRNA，再以分离纯化的目的基因的 mRNA 为模板，在反转录酶的作用下，在体外反转录成 cDNA，然后合成第二链，利用得到的双链 cDNA 进行克隆表达，这是真核细胞基因工程的基本措施。

二、冰草抗逆性基因的分离

　　冰草属植物具有丰富的抗逆性基因，在遗传资源方面的重要性已被众多从事牧草及麦类作物种质资源和育种研究的科研工作者所共知。近年来，对冰草属植物优异基因的挖掘不断深入，取得了突破性的进展。

　　目前，对冰草属植物基因克隆采取的方法主要是以 PCR 技术为基础的策略方法。例如，李光蓉等（2007）以澳冰草（*Australopyrum retrofractum*）基因组 DNA 为模板，用小麦种子醇溶蛋白的保守引物进行 PCR 扩增，对扩增产物进行克隆测序。结果表明，获得的扩增片段总长度为 936bp，包含一个完整的 262 个氨基酸的编码区，序列比对表明该序列为 *α-gliadin* 基因家系成员。利用 *α-gliadin* 基因编码的氨基酸序列建立系统树的分析表明，序列 EF536330 不能与源于普通小麦的 A、B 和 D 染色体组的 *α-gliadin* 基因序列聚在一起，而单独聚为一类，推测所获得的来自澳冰草 W 染色体组的序列 EF536330 为麦类 *α-gliadin* 基因家系的新类型。

　　李勇（2009）利用 cDNA 末端快速扩增技术（rapid amplification of cDNA end，RACE）技术克隆得到了冰草（*Agropyron cristatum*）磷脂酶 D（PLD）基因的 cDNA 全长序列，为 2967bp，其开放阅读框（ORF）编码 812 个氨基酸，起始密码子为 ATG，终止密码子为 TAG，起始密码子上游有一个 128bp 的 5′非编码区，终止密码子下游有一个 368bp 的 3′非编码区。其氨基酸序列与已克隆的蒙古冰草、醉酒毒麦、水稻、玉米的 PLD cDNA 推导的氨基酸序列的同源性为 89%～99%。推导出扁穗冰草 PLD 的分子质量为 91.832kDa，理论等电点为 5.335。PLD 是可溶性蛋白质，无跨膜域，无信号肽，部分区域无序化，其二级结构主要以无规卷曲为主，三级结构在中间和靠近 C 端处有 PLD 标志序列 HKD 基序组成的催化活性部位。用荧光定量 PCR 技术检测了 PEG-6000 模拟干旱胁迫时不同胁迫时间和胁迫液浓度下 *PLD* 基因的相对表达量表明，扁穗冰草 *PLD* 基因在转录水平上的相对表达量随干旱胁迫时间的增加先上升后下降，再上升再下降；随胁迫液浓度的增加，*PLD* 基因的表达先上升后下降再上升。所有的研究表明，扁穗冰草 PLD 参与其抗旱生理过程，并发挥了重要生理作用。研究结果为深入探索 *PLD* 基因的调节机制和功能奠定了基础，为提高植物的抗旱性提供了一些理论依据。

　　李少芳等（2007）从二倍体、四倍体和六倍体冰草中分别克隆了 3 个、1 个和 3 个 y 型 *HMW-GS* 基因的全长编码区序列。序列分析表明，只有来自六倍体冰

草中的 *Bsy2* 基因具有完整的开放阅读框,编码 1 个有 487 个氨基酸残基、分子质量约为 53kDa 的 HMW-GS,大小相当于 SDS-聚丙烯酰胺凝胶电泳(polyacrylamide gel electrophoresis,PAGE)图谱中的大亚基。而其余 6 个基因均在中间重复区发生了无义突变。

康虹丽等(2009)以蒙古冰草叶片为材料,根据已报道的醉酒毒麦 *PLD* 基因片段设计特异引物,通过 RT-PCR 和 RACE 技术,获得蒙古冰草 *PLD* 基因编码的全长 cDNA(GenBank 登录号为 EU333811)。基因 cDNA 全长为 2966bp,包含 2439bp 的完整开放阅读框,编码 813 个氨基酸。Blast 搜索结果显示,以该基因推测的氨基酸序列与已克隆的醉酒毒麦、玉米、水稻 *PLD* 基因编码的氨基酸序列的一致性为 80%~89%。利用生物信息学软件在线分析其序列结构、氨基酸组成及编码氨基酸的性质和结构。结果表明,该基因编码的蛋白质为可溶性蛋白质,其分子质量为 92 079.2Da,理论等电点为 5.24,无跨膜域、无信号肽;其二级结构主要以无规卷曲为主;三级结构显示紧靠 N 端处为 C2 域,在中间和靠近 C 端处存在 PLD 的标志序列,即 HKD 基序。

三、蒙古冰草 *LEA* 基因克隆及功能研究

干旱、盐渍和低温都能使植物产生由于细胞水分亏缺引起的生理干旱,影响植物的正常生长发育。提高植物对水分亏缺的耐性是一项复杂的工程。经过多年的研究,人们已经在干旱对植物产生危害或植物耐干旱的机制方面取得了许多进展。进一步加强具有抗旱基因资源的发掘和创新,开展抗旱生理和遗传学研究,利用基因工程技术实现不同物种间抗旱基因的转移,提高植物的耐旱能力是目前研究的热点之一。

LEA 蛋白(late embriogenesis abundant protein)称为晚期胚胎发生丰富蛋白,是在种子成熟和发育阶段表达的基因。这类基因与植物耐脱水性密切相关,受植物发育阶段、ABA 和脱水信号等调节,在植物的许多组织器官中都有表达。*LEA* 基因在植物受到干旱、低温和盐渍等环境胁迫后造成脱水的营养组织中有所表达,从而在种子发育过程中的胚胎晚期引起 *LEA* 基因编码的 LEA 蛋白的高度富集。LEA 蛋白具有高度亲水性,因此有利于 LEA 蛋白在植物受到干旱失水时部分替代水分子,提高植物的抗旱能力。

蒙古冰草是中国荒漠草原和典型草原优良的禾本科牧草,具有抗旱、抗寒、耐盐碱、耐瘠薄、抗病虫等优异特性,是牧草和农作物抗性改良的重要基因资源。同时,蒙古冰草是冰草属中珍贵的二倍体物种,不仅具有较高的饲用价值,而且具有重要的生态价值和遗传育种价值。中国拥有丰富的蒙古冰草种质资源,开展蒙古冰草抗逆性基因资源的挖掘和利用,对中国蒙古冰草种质资源的保护和种质创新具有重要意义。

　　云锦凤教授课题组以蒙古冰草为材料，开展了以抗旱相关基因为主的逆境胁迫表达基因的克隆及其抗逆分子机制研究，以小麦第三组 *LEA* 基因序列为参照，设计 1 对特异引物，在蒙古冰草中克隆第三组 *LEA* 基因，研究第三组 *LEA* 基因的表达模式与功能，为进一步研究该基因在农业中的应用奠定了基础。

（一）*MwLEA3* 基因的克隆及序列分析

1. 材料与方法

　　（1）材料。蒙古冰草幼苗生长至 10 周左右，自然干旱 7 天提取总 RNA。
　　（2）方法。从 GeneBank 中查找禾本科植物小麦第三组 *LEA* 基因（AY148492）序列，运用 DNAman 软件辅助分析设计 1 对特异引物，送至上海生工生物技术公司合成。引物序列为如下：

　　　　上游引物 P1:　5′ATGGCCTCCAACCAGAACCCA 3′
　　　　下游引物 P2:　5′TCGATTTGATGTACTCCTCG 3′

　　总RNA提取及cDNA第一链合成参照购自北京天为时代公司的总RNA提取试剂Trizol（目录号：DP405）和Quant Reverse Transcriptase试剂盒说明书（表5-10）。

表 5-10　反转录反应体系

10×RT 缓冲液	2μl
dNTP 混合液（2.5mmol/L each）	4μl
Oligo-dT 引物（10μmol/L）	1μl
RNase 抑制剂（10U/μl）	2μl
Quant Reverse Transcriptase（反转录酶）	1μl
RNA（1μg）模板	*X*
RNase free dH$_2$O（无酶水）	补齐 20μl

　　反应条件：37℃，60min；95℃，5min。反应结束后可以进行下一步实验或将反应液保存于-20℃。

　　以上述反转录反应液为模板进行 PCR 扩增。PCR 反应的 25μl 反应体系包括：Premi×*Taq* 12.5μl，cDNA 模板 1μl（约 30ng），左、右引物各 2μl，灭菌超纯水补齐体积。反应程序为 95℃预变性 2min；95℃变性 30s，57℃退火 1min，72℃延伸 1min，30 个循环，72℃ 10min；4℃保存。

　　PCR 产物经 1.5%的琼脂糖凝胶电泳分离，将目的 DNA 片段用天为时代公司 UNIQ-10 柱式琼脂糖凝胶回收试剂盒回收纯化，取 5μl 回收产物与 pGM-T 载体 16℃连接过夜，连接产物转化大肠杆菌 DH5α 感受态细胞，LB 培养基筛选，挑取白斑，提取质粒，PCR 验证插入片段。

样品送至上海生工生物技术公司测序。同源性检索和序列分析采用 NCBI
（ http://www.ncbi.nlm.nih.gov/BLAST）和 DNAman 等软件进行分析。

2. *MwLEA3* 基因的克隆及序列分析

根据小麦第 3 组 *LEA* 基因（No.
AY148192）的保守序列设计 1 对特异引
物，经 PCR 和 RT-PCR 在蒙古冰草中分
别扩增出 1004bp 和 784bp 的条带（图
5-9）。与 GenBank 数据库中基因序列进
行比较分析后确定为新基因，命名为
MwLEA3。利用 NCBI 中 Blast 和 DNAman
软件进行序列分析，经 DNA 与 cDNA
序列对比分析发现该基因的 DNA 序列
中包含 3 个内含子（intron）区和 3 个外
显子（extron）区，内含子 1 的长度为

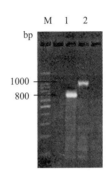

图 5-9　*MwLEA*3 基因扩增电泳结果

M. 100bp Marker；1. 模板为 cDNA；2. 模板为 DNA

84bp，位于 76～160bp 之间；内含子 2 的长度为 34bp，位于 375～408bp 之间；
内含子 3 的长度为 102bp，位于 553～655bp 之间。外显子区也被内含子分隔为 3
段，外显子 1 的长度为 215bp，位于 160～375bp 之间；外显子 2 的长度为 144bp，
位于 409～553bp 之间；外显子 3 的长度为 208bp，位于 655～863bp 之间。5′ 非
翻译区（5′ UTR）的长度为 76bp，3′ 非翻译区（3′ UTR）的长度为 131bp。基因
结构示意图如图 5-10 所示。

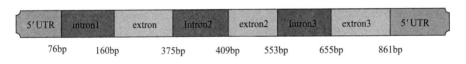

图 5-10　*MwLEA*3 基因结构示意图

该基因的784bp的cDNA序列包含一个567bp的开放阅读框，5′ UTR长度为
76bp，3′ UTR长度为131bp，编码189个氨基酸（图5-11），分子质量为19.52kDa，
pI为9.58。具有8个由11个氨基酸组成的重复基序，该序列氨基酸组成中，丙氨酸
（Ala）占14.39%、赖氨酸（Lys）占15.95%、苏氨酸（Thr）占16.11%，这3种氨
基酸的含量较高，约占氨基酸总量的50%。不含有半胱氨酸（Cys）、脯氨酸（Pro）、
色氨酸（Trp）、异亮氨酸（Ile）这4种氨基酸，这与大多数LEA蛋白中不含有色
氨酸和半胱氨酸的结果一致。

MwLEA3 基因的核苷酸序列与禾本科作物的第3组 *LEA* 基因同源性较高，与小麦
抗旱基因第3组 *LEA* 基因（X56882）的同源性为93%，与小麦 *Wrab19*（AF255052）

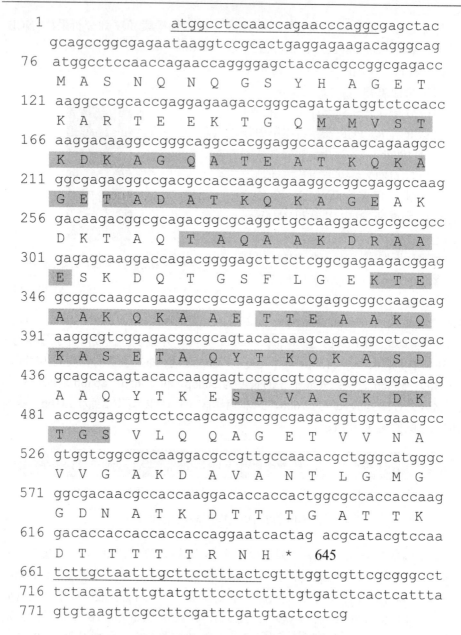

```
   1                     atggcctccaaccagaacccaggcgagctac
       gcagccggcgagaataaggtccgcactgaggagaagacagggcag
  76   atggcctccaaccagaaccaggggagctaccacgccggcgagacc
        M  A  S  N  Q  N  Q  G  S  Y  H  A  G  E  T
 121   aaggcccgcaccgaggagaagaccgggcagatgatggtctccacc
        K  A  R  T  E  E  K  T  G  Q  M  M  V  S  T
 166   aaggacaaggccgggcaggccacggaggccaccaagcagaaggcc
        K  D  K  A  G  Q  A  T  E  A  T  K  Q  K  A
 211   ggcgagacggccgacgccaccaagcagaaggccggcgaggccaag
        G  E  T  A  D  A  T  K  Q  K  A  G  E  A  K
 256   gacaagacggcgcagacggcgcaggctgccaaggaccgcgccgcc
        D  K  T  A  Q  T  A  Q  A  A  K  D  R  A  A
 301   gagagcaaggaccagacggggagcttcctcggcgagaagacggag
        E  S  K  D  Q  T  G  S  F  L  G  E  K  T  E
 346   gcggccaagcagaaggccgccgagaccaccgaggcggccaagcag
        A  A  K  Q  K  A  A  E  T  T  E  A  A  K  Q
 391   aaggcgtcggagacggcgcagtacacaaagcagaaggcctccgac
        K  A  S  E  T  A  Q  Y  T  K  Q  K  A  S  D
 436   gcagcacagtacaccaaggagtccgccgtcgcaggcaaggacaag
        A  A  Q  Y  T  K  E  S  A  V  A  G  K  D  K
 481   accgggagcgtcctccagcaggccggcgagacggtggtgaacgcc
        T  G  S  V  L  Q  Q  A  G  E  T  V  V  N  A
 526   gtggtcggcgccaaggacgccgttgccaacacgctgggcatgggc
        V  V  G  A  K  D  A  V  A  N  T  L  G  M  G
 571   ggcgacaacgccaccaaggacaccaccactggcgccaccaccaag
        G  D  N  A  T  K  D  T  T  T  G  A  T  T  K
 616   gacaccaccaccaccaccaggaatcactag acgcatacgtccaa
        D  T  T  T  T  T  R  N  H  *     645
 661   tcttgctaatttgcttcctttactcgtttggtcgttcgcgggcct
 716   tctacatatttgtatgtttccctctttgtgatctcactcattta
 771   gtgtaagttcgccttcgatttgatgtactcctcg
```

图 5-11　*MwLEA3* 基因的外显子核苷酸序列及氨基酸序列

画线部分为引物序列；阴影部分为 11 个氨基酸组成的重复基元序列

及受 ABA 诱导的 *WRAB1*（AF139915）基因的同源性为 91%，与一个来源于玉米 mRNA 的受逆境胁迫诱导的基因克隆 13925（DQ246069）的同源性为 93%，与大麦受 ABA 诱导的 *pHVA1*（X13498）基因同源性为 94%，与大麦 *HVA1*（X78205）

基因的同源性为98%，与蒙古冰草 *MwLEA* 基因的同源性为82%，与水稻 *LEA* 基因的同源性均在90%以上。

利用 NCBI 中的 Blast 软件和 DNAman 软件，对 *MwLEA3* 基因与小麦、大麦、水稻等的 10 个 LEA 蛋白在氨基酸水平上进行同源性比较，结果见图 5-12。

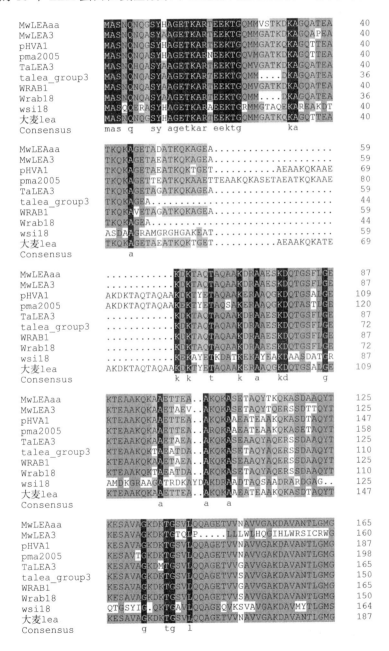

```
MwLEAaa        GDN..ATKD....TTTGATTKDTTTTTRNH..........    189
MwLEA3         LEA.........KLFHLLC.......................   170
pHVA1          GDNTSATKD....ATTGATVKDTTTTTRNH..........    213
pma2005        GDNTITTKD....NTTGATTKDTTTTTRNH..........    224
TaLEA3         GDN....A....T.KDTTTRNH....................   178
talea_group3   GDNTNTALD....STTEKITRDH..................   169
WRAB1          GDN....A....TTKDTTTRNH...................   179
Wrab18         GDNTNTAKD....STTEKITRDH..................   169
wsi18          GDNKNNAAAGKDTSTTAEAAKQKAAGAAQYAKETAIAGKD    204
大麦lea         GDNTSATKD....ATTGATVKDTTTT.RNH..........    212
Consensus      d
```

图 5-12　*MwLEA3* 基因氨基酸序列同源性比较

3. *MwLEA3* 基因亲水性分析

运用 DNAman 软件，对 *MwLEA3* 基因的二级结构（图 5-13）和亲水性进行了预测。结果表明，189 个氨基酸绝大部分在亲水临界值上方，并形成多个亲水性高峰（图 5-14），有利于形成兼性 α 螺旋结构，螺旋的疏水面可形成同型二聚体，亲水面的带电基团可在细胞脱水过程中起到束缚离子的作用。在二级结构的分析中，α 螺旋占结构的主导，其高频率的 α 螺旋与高频率的亲水高峰相吻合，这充分说明了该基因具有较强的亲水性。从而证明了 *MwLEA3* 基因的二级结构与 LEA 蛋白的抗旱功能相关。

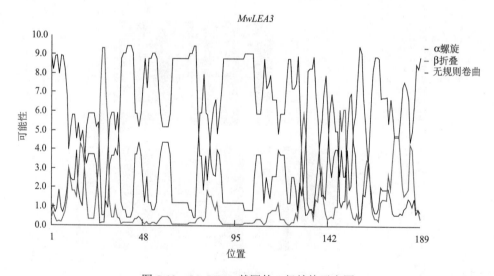

图 5-13　*MwLEA3* 基因的二级结构示意图

（二）蒙古冰草 *MwLEA3* 基因表达模式分析

基因表达及基因表达调控是指生物体基因组中结构基因所携带的遗传信息经过转录及翻译等一系列过程，合成特定的蛋白质，进而发挥其特定生物学功能的

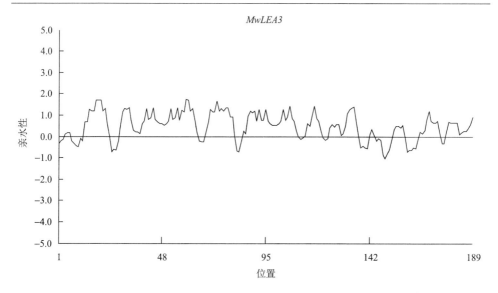

图 5-14　*MwLEA3* 基因的亲水性分析

全过程，称为基因表达（gene expression），对这个过程的调节称为基因表达调控（gene regulation，gene control）。该研究以蒙古冰草 *Actin* 基因为内标参照，在转录水平上研究内源 *MwLEA3* 基因在不同组织中的表达情况，以及在干旱、高盐、ABA 诱导时不同处理时间对该基因表达量的影响，进而得到 *MwLEA3* 基因表达的组织特异性和诱导时空特异性信息，了解该基因的表达模式，为进一步研究该基因其他水平的表达及调控提供理论依据。

1. *MwLEA3* 基因的组织器官表达分析

采用 RT-PCR 方法研究蒙古冰草 *MwLEA3* 基因的组织器官表达特异性。结果表明，*MwLEA3* 基因在蒙古冰草的根、茎、叶中都有表达，但表达量不同，在根和茎中的表达量相当，均高于在叶片中的表达量；在没有任何外界因素诱导的情况下，该基因的表达量低于蒙古冰草管家基因 *Actin* 的表达量（图5-15、图 5-16）。

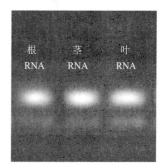

图 5-15　蒙古冰草根、茎、叶总 RNA

2. 不同诱导处理对 *MwLEA3* 基因表达与调控的影响

为深入研究蒙古冰草 *MwLEA3* 基因的表达模式，采用了 3 种不同诱导处理，2h、4h、6h、8h、10h 5 个时间段研究 *MwLEA3* 基因的表达量变化，分析干旱、高盐、ABA 对该基因的诱导调控情况。

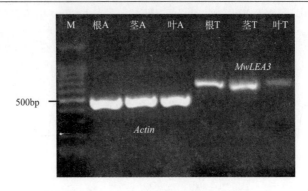

图 5-16　*MwLEA3* 基因组织特异性表达分析

（1）20% PEG-6000 处理对 *MwLEA3* 基因的影响。用 20% PEG-6000 处理植株模拟干旱胁迫，分 2h、4h、6h、8h、10h 5 个时间段提取植株根茎部分的总 RNA，作为表达分析的模板。以蒙古冰草 *Actin* 基因（535bp）的表达量为参照，*MwLEA3* 基因根茎部分表达量的变化如图 5-17 所示。表达结果显示，*MwLEA3* 基因在 0h 时没有表达；处理 2h 时基因已开始表达，表达量逐渐增加；处理 6h 时达到表达高峰期；随后的 8h、10h 该基因的表达量有所下调。说明 20% PEG-6000 处理条件下不同诱导时间对该基因的表达量产生明显影响。由此可知，蒙古冰草在遭受短时间干旱胁迫时 *MwLEA3* 表达量受胁迫诱导时间调控。

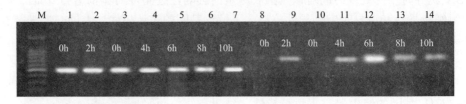

图 5-17　20% PEG-6000 处理对 *MwLEA3* 基因表达的影响

1～7 为 *Actin* 基因；8～14 为 *MwLEA3* 基因；其中 3、10 为叶片中基因的表达，
其余均为根茎中基因的表达

（2）0.1mmol/L ABA 处理对 *MwLEA3* 基因的影响。用 0.1mmol/L ABA 处理植株，分析 *MwLEA3* 基因根茎部分表达量的变化，见图 5-18。表达结果显示，*MwLEA3* 基因在 0h 时叶片中没有表达，在根茎中似乎有极少量的表达；处理 2h 时基因已开始表达，并且表达量逐渐增加；处理 6h 时表达量最大，8h 时仍维持高水平表达，10h 时该基因的表达量有所下调（图 5-18）。由此可知，*MwLEA3* 基因的表达受 ABA 诱导调控，表达量随诱导时间变化而变化，诱导时间在 6h 以内，该基因的表达量与诱导时间成正比。

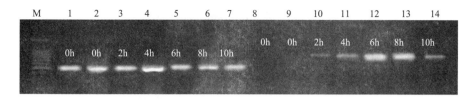

图 5-18　0.1mmol/L ABA 处理对 *MwLEA3* 基因表达的影响

1～7 为 *Actin* 基因；8～14 为 *MwLEA3* 基因，其中 1、8 为叶片中基因的表达，其余均为根茎中基因的表达

（3）0.25mol/L NaCl 处理对 *MwLEA3* 基因的影响。用 0.25mol/L NaCl 处理植株，以蒙古冰草 *Actin* 基因（535bp）的表达量为参照，分析 *MwLEA3* 基因根茎部分表达量的变化，见图 5-19。表达结果显示， *MwLEA3* 基因在未经 NaCl 处理时没有扩增出基因产物（0h 时没有表达），处理 2h 时基因已开始表达，2～10h 该基因的表达量没有明显变化。由此可知， *MwLEA3* 基因表达受 NaCl 诱导调控。

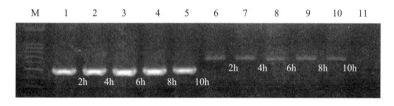

图 5-19　0.25mol/L NaCl 处理对 *MwLEA3* 基因表达的影响

1～5 为 *Actin* 基因；6～11 为 *MwLEA3* 基因

（三）蒙古冰草 *MwLEA3* 基因亚细胞定位

将含有完整开放性阅读框的 *MwLEA3* 基因片段插入 pA7-GFP 构建了融合蛋白表达载体 *MwLEA3*-GFP，通过基因枪转化洋葱表皮细胞，利用激光共聚焦显微镜观察显示，该蛋白质为核定位蛋白（图 5-20）。

（四）蒙古冰草 *MwLEA3* 基因遗传转化烟草及功能研究

1. 构建 pCAM-*MwLEA3* 植物表达载体

以植物双元表达载体 pCAMBIA2300-35S-OCS 为基础，设计分别带有酶切位点 *Xba*I 和 *Pst*I 的一对引物，从克隆载体 pGM-T-*MwLEA3* 中扩增到目的基因 *MwLEA3*。用 *Xba*I 和 *Pst*I 双酶切该目的基因及表达载体 pCAMBIA2300-35S-OCS，回收后利用 T_4 DNA 连接酶连接，获得植物表达载体 pCAM-*MwLEA3*（图 5-21）。

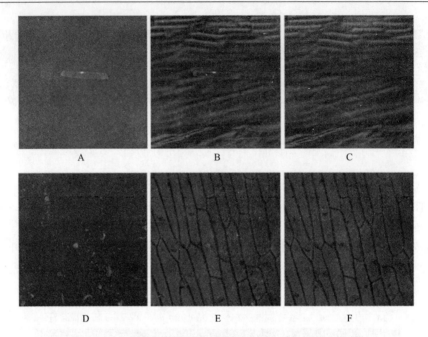

图 5-20　　pA7-*MwLEA3* 转化洋葱表皮细胞的亚细胞定位情况

A～C. pA7-GFP 转化洋葱表皮细胞绿色荧光蛋白分布情况；D～F. pA7-*MwLEA3* 转化洋葱表皮细胞绿色荧光蛋白
分布情况。A、D 为暗场；C、F 为明场；B、E 为 A 与 C、D 与 F（暗场与明场）的叠加图

采用冻融法将验证正确的植物表达载体 pCAM-*MwLEA3* 转化至根癌农杆菌
LBA4404 感受态细胞中，将菌液涂布于含有 Kan、Rif 和 Str 的 YEB 固体培养基
上，于 28℃条件下培养 2～3 天。挑取单菌落摇菌，提取质粒并进行 PCR 检测，
得到的携带有目的基因的农杆菌即为侵染烟草用的工程菌。

2. *MwLEA3* 基因的遗传转化

将含有 *MwLEA3* 基因的农杆菌培养到 OD_{600nm} 约为 0.5，离心收集菌体，用
1/2MS 液体培养基洗涤并稀释到 5 倍体积的 1/2MS 液体培养基中，混匀，即为工程
菌液。然后将准备好的 0.3～0.5cm^2 野生型烟草叶片浸泡在工程菌液中侵染 10min，
用无菌滤纸吸取过量的菌液。在烟草再生培养基上暗培养 3 天后转移到附加
500μg/ml Cef 和 50μg/ml Kan 的筛选分化培养基 B1 中（图 5-22A 及图版 X），进行
筛选培养，当选择培养 4 周左右分化出抗性芽（图 5-22B 及图版 X）4 周后将培养基
更换为二次筛选分化培养基 B2，Kan 浓度提高到 100μg/ml、Cef 浓度降低到 200μg/ml，
继续筛选。当抗性芽长到 2cm 左右时，将其切下转接到生根培养基 B3 中诱导生根
（图 5-22C 及图版 X），3 周左右获得抗性植株（图 5-22D 及图版 X）。然后对获
得的转基因 T_0 代植株进行 PCR（图 5-23）、PCR-Southern（图 5-24）及 RT-PCR（图
5-25）检测，检测为阳性的植株进行扩繁，一部分用于抗逆性检测，另一部分移

栽至花盆（图5-22E及图版Ⅹ）中用于采收种子（图5-22F及图版Ⅹ）以进行下一步的试验研究。

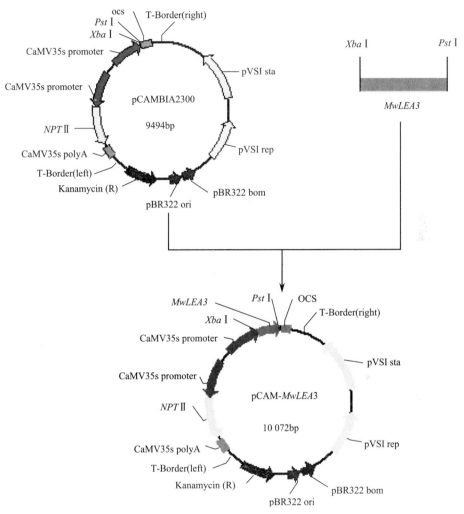

图 5-21　pCAM-*MwLEA3* 植物表达载体的构建

D E F

图 5-22 转 *MwLEA3* 基因烟草植株的获得

A. 转基因烟草卡那霉素（Kan）抗性筛选分化培养；B. 转基因烟草抗性芽的发生；C. 转基因烟草抗性植株生根
情况；D. 转基因烟草抗性植株生长情况；E. 转基因烟草植株移栽；F. 转基因烟草开花结实

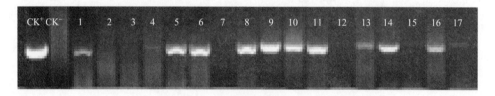

图 5-23 转基因烟草的 PCR 检测

CK$^+$为植物表达载体 pCAM-*MwLEA3* 质粒；CK$^-$为野生型烟草；1～17 部分转基因烟草

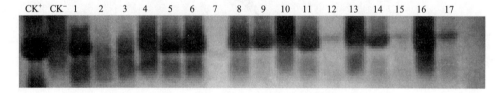

图 5-24 转基因烟草的 PCR-Southern 杂交检测

CK$^+$为阳性对照，质粒 pCAM-*MwLEA3* PCR 电泳；CK$^-$为野生型烟草植株 PCR 电泳；

1～17. 烟草再生植株 PCR 电泳

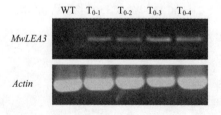

图 5-25 转 *MwLEA3* 基因烟草植株的 RT-PCR 分析

WT. 野生型烟草；T$_{0-1}$～T$_{0-4}$. 转基因烟草

3. 转基因烟草植株的抗旱性分析

（1）干旱胁迫下转 *MwLEA3* 基因烟草和野生型烟草的细胞膜透性。当经过10%、20%和30%的PEG-6000胁迫处理3天后，转基因烟草及野生型烟草的相对电导率随着PEG-6000浓度的升高都存在升高的趋势，各浓度PEG-6000胁迫下，转基因烟草的相对电导率明显低于野生型烟草，在20% PEG-6000胁迫下，野生型烟草的相对电导率提高到61.71%，是非胁迫下的3.08倍；而各转基因烟草的相对电导率提高到45.04～48.04，是非胁迫下的2.25～2.29倍（图5-26）。

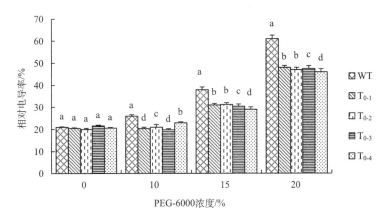

图 5-26　不同浓度 PEG-6000 胁迫下转基因烟草相对电导率的变化

（2）干旱胁迫下转 *MwLEA3* 基因烟草和野生型烟草的 SOD 活性。在 10%、15%和 20% PEG-6000 干旱胁迫下，各转基因烟草和野生型烟草的 SOD 活性差异达到了极显著水平。各转基因烟草和野生型烟草的 SOD 活性均随着 PEG-6000 浓度的增加而升高，相同 PEG-6000 浓度胁迫下的 SOD 活性为各转基因烟草的 SOD 活性大于野生型烟草的 SOD 活性，但是野生型烟草 SOD 活性增加的幅度小于各转基因烟草的。在 20% PEG-6000 胁迫下，各转基因烟草的 SOD 活性明显比野生型烟草高，是非转基因对照烟草的 1.36～1.63 倍（图 5-27）。

（3）干旱胁迫下转 *MwLEA* 基因烟草和野生型烟草的游离脯氨酸含量。在未进行 PEG-6000 干旱胁迫的条件下，转基因烟草与野生型烟草的游离脯氨酸含量基本上没有差别，但无论是转基因烟草还是野生型烟草，其游离脯氨酸含量都随着 PEG-6000 浓度的提高而增加。通过多重比较分析发现，相同 PEG-6000 浓度胁迫下，各转基因烟草的游离脯氨酸含量明显高于野生型烟草的游离脯氨酸含量，但在受到 10%、15%和 20% PEG-6000 干旱胁迫 3 天后，野生型烟草游离脯氨酸含量增加的幅度明显低于各转基因烟草（图 5-28）。

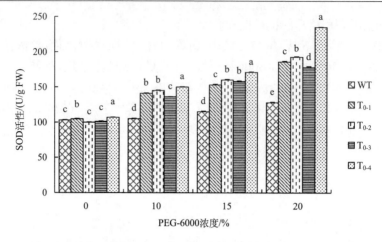

图 5-27　不同浓度 PEG-6000 胁迫下转基因烟草 SOD 活性的变化

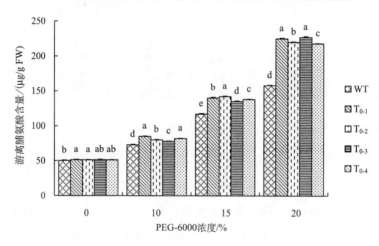

图 5-28　不同浓度 PEG-6000 胁迫下转基因烟草游离脯氨酸含量的变化

（4）干旱胁迫下转 *MwLEA3* 基因烟草和野生型烟草的 MDA 含量。在 10%、15% 和 20% PEG-6000 干旱胁迫 3 天后，野生型烟草和转基因烟草中的 MDA 含量随着 PEG-6000 浓度的增加而积累。从多重比较结果可以看出，在 3 个 PEG-6000浓度下，各转基因烟草与野生型烟草间 MDA 的含量差异达到了显著水平；与野生型烟草相比，在相同 PEG-6000 浓度胁迫下各转基因烟草中 MDA 含量增加的幅度较小，说明对胁迫抗逆性较强。在 20% PEG-6000 干旱胁迫下，非转基因烟草中的 MDA 含量是在非 PEG-6000 干旱胁迫下的 6.12 倍，而转基因烟草中的 MDA含量仅是非干旱胁迫条件下的 3.16～3.79 倍（图 5-29）。

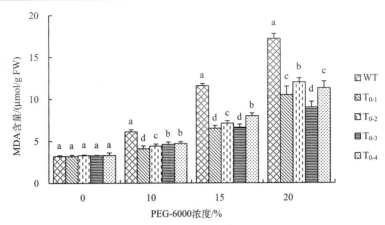

图 5-29　不同浓度 PEG-6000 胁迫下转基因烟草 MDA 含量的变化

上述试验结果表明，*MwLEA3* 基因的表达在一定程度上对转基因烟草细胞膜系统起到了保护作用。在干旱胁迫条件下，各转基因烟草的相对电导率降低，减少了转基因烟草中的 MDA 含量，降低了转基因烟草中膜脂过氧化作用水平，能够在一定程度上缓解干旱胁迫对植物细胞膜系统的伤害作用，增强植株对干旱胁迫的耐受性。外源基因 *MwLEA3* 的导入，提高了细胞的蛋白质翻译能力，影响了烟草体内脯氨酸的代谢，在干旱胁迫下能够提高转基因烟草的 SOD 活性、游离脯氨酸含量，起到缓解干旱胁迫的作用，从而提高植株的抗旱能力。

此外，还从蒙古冰草中克隆到肌动蛋白（Actin）基因，命名为 *MwACT*（GenBank Accession No.FJ490410，FJ557240）（赵彦，2009；云锦凤，2011）。在诱导表达分析中，*MwACT* 不受外界因素诱导，表达量恒定，是组成型表达的管家基因，为研究其他基因在蒙古冰草中的表达提供了内标参照。从蒙古冰草中克隆到谷胱甘肽-*S*-转移酶（GST）类基因，命名为 *MwGSTs*，该基因具有 *GSTs* 超基因家族保守结构域（C-terminal alpha helical domain）（图 5-30）。二级结构和亲疏水性分析表明，*MwGSTs* 基因具有结合疏水底物的 H 位点和较强的疏水特性。

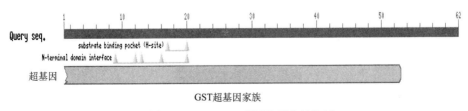

图 5-30　*MwGSTs* 基因的保守结构域

蒙古冰草的 *MwLEA3*、*MwACT*、*MwGSTs* 基因均与小麦同类基因高度同源，从遗传进化方面阐明了蒙古冰草进化程度与小麦接近，从理论上支持了蒙古冰草是小麦野生近缘种这一观点，从而确定蒙古冰草为小麦抗性改良基因资源的理想物种（赵彦，2009）。其意义不仅在于为其他植物抗性改良提供了基因资源，更重要的是为小麦及其他农作物（如玉米、水稻、大麦等）的抗逆性改良提供了理论依据和新思路。在当前存在世界性粮食安全问题的形势下，突显了该研究的理论价值和实际应用价值。

综上所述，众多冰草属优异基因的克隆及相关分子生物学方面的研究与分析表明，这些基因为冰草及其他作物，特别是禾本科作物（如小麦）的育种提供了丰富的基因资源。

第三节　转基因技术在冰草研究中的应用

转基因技术是用实验的方法将一种生物的外源基因导入另一种受体生物，并与受体生物本身的基因组 DNA 整合在一起，外源基因随受体细胞的分裂而增殖，在受体内表达，从而使生物具有新的可遗传性状的技术。

转基因育种与常规育种相比有明显的优势。转基因育种可打破常规育种中远缘杂交不易成功的物种界限，把来源于动物、植物和微生物的有用基因导入冰草，培育成具有某些特殊性状的新品种，可极大地丰富冰草育种的基因资源；冰草转基因育种不仅可以大大缩短育种年限，还可成功地改良某些单一性状，提高冰草育种的效率和性状改良的目的。总而言之，转基因育种具有以下特点：①在基因水平上改造遗传物质，具有科学性和精确性；②定向改造植物遗传性状，提高育种的目的性和可操作性；③拓宽了育种范围，实现了基因在生物界的共享性，丰富了基因资源；④利用现在生物学新技术，如 DNA 重组、分子杂交、组织培养、基因转化、基因表达控制等，使育种途径进入一个高新技术时代。

转基因植物又称为遗传修饰的植物，是指通过各种方法将从动物、植物或微生物中分离到的目的基因转移到植物基因组中，从而获得的具有特定性状的植物。

一、植物转基因方法

经过 20 多年的发展，目前已经有许多用于植物基因转化的方法，这些方法可分为两大类：一是农杆菌介导的遗传转化，二是没有转化载体的裸露 DNA 的直接转化。根据遗传转化的具体方法不同有多种转基因方法。禾本科植物原生质体离体培养存在再生植株困难、重复性差且转基因植株育性低等问题，要将其真正地加以实际应用，仍有大量的实际问题有待解决。因此，在冰草遗传转化中应用较多、效果较好的为基因枪法。同时，农杆菌法和花粉管通道法也因其操作简便、费用低等特点而受到重视。

（一）基因枪转化法

基因枪（particle gun）转化法又称为微弹轰击法（microprojectile bombardment, particle bombardment, biolistic），是由康奈尔大学的 Sanford 提出的，它是利用火药爆炸、高压气体和高压放电（这一加速设备被称为基因枪）作为驱动力，将载有目的基因 DNA 的金粉或钨粉高速微弹直接送入完整的植物组织和细胞中，并整合到植物细胞基因组中，然后通过细胞和组织培养技术，再生出新的植株，筛选出的含有目的基因的阳性植株即为转基因植株。基因枪转化的基本步骤：受体细胞或组织的准备和预处理；DNA 微弹的制备；受体材料的轰击；轰击后外植体的培养和筛选。

基因枪法转化的主要优点是可以直接将外源基因导入可再生的细胞中；不受受体植物范围的限制，无论是单子叶植物还是双子叶植物都可应用；受体类型广泛，包括原生质体、悬浮培养细胞、茎、根、种子的胚、分生组织、愈伤组织、花粉细胞和子房等，几乎所有具有分生潜力的组织或细胞都可以用基因枪进行轰击；重复性高；其载体质粒的构建相对简单；对植物组织培养的要求不苛刻。因此，基因枪成功地应用于植物基因转化，特别是单子叶植物的基因转化和将外源基因导入植物细胞器等，成为转基因研究中应用较为广泛的一种方法。近年来，基因枪法已在冰草属植物转化研究中取得了较大进展。

霍秀文等（2006）在以蒙农杂种冰草为材料，以幼穗为外植体建立的冰草组织培养再生体系基础上，以调控脯氨酸生物合成最后一步的关键酶的突变体基因 *p5CS* 为目标基因，*bar* 基因为筛选标记基因，进行共转化，利用基因枪轰击冰草幼穗诱导的愈伤组织，获得转基因植株。PCR 和 Southern 检测表明外源基因 *p5CS* 已整合到冰草的基因组 DNA 中，RT-PCR 检测表明目的基因已在冰草转基因植株的转录水平表达，*p5CS* 基因的遗传转化率为 0.11%。徐春波等（2008）利用基因枪轰击法，将含抗除草剂 *bar* 基因的 pBPC26 质粒和含 *CBF₄* 基因的 HpBPC-*CBF₄* 质粒共转化到冰草幼穗和成熟胚的愈伤组织中，获得了转化植株（图 5-31 及图版XI）。对所获得的转化植株进行了分子鉴定，结果表明外源基因 *CBF₄* 已整合到冰草基因组 DNA 中，且基因 *CBF₄* 已在冰草转基因植株的转录水平表达。

尽管基因枪转化在冰草中已获得成功，但随着研究的不断深入，发现基因枪法也存在一些缺点：首先，基因枪设备昂贵、转化成本较高；其次，由于基因枪转化是随机的，转化的嵌合体比率大，遗传稳定性差。此外，通过基因枪法整合到植物细胞基因族中的外源基因通常是多拷贝的，可导致植物自身的某些基因非正常表达，还可能发生共抑制（co-suppression）现象，这些问题有待进一步研究解决。

图 5-31　转基因冰草植株

（二）农杆菌介导法

农杆菌（*Agrobacterium*）是一种天然的植物遗传转化体系，被誉为"自然界最小的遗传工程师"。它在自然条件下趋化性地感染大多数双子叶植物的受伤部位，植物细胞被侵染后，能够诱发冠瘿瘤的称为根癌农杆菌，含有 Ti 质粒（tumor-inducing plasmid）；能够诱发毛状根的称为发根农杆菌，含有 Ri 质粒（root-inducing plasmid）。目前，根癌农杆菌 Ti 质粒基因转化系统是研究多、机制清楚、技术方法成熟的基因转化途径，约有 80%以上的转基因植物是通过根癌农杆菌转化系统产生的。农杆菌将目的基因插入到农杆菌经过改造的 T-DNA 区，侵染植物伤口进入细胞，将 T-DNA 插入到植物的基因组中，继而通过细胞和组织培养技术得到转基因植物。

农杆菌介导转化具有其独特的优点：第一，该转化系统是研究较多、机制清楚、应用广泛的基因转化系统；第二，Ti 质粒的 T-DNA 区可转移特定的较大的DNA 片段；第三，该方法转化的外源基因多数为单拷贝，遗传稳定性好；第四，根癌农杆菌基因转化系统是一种天然的转化载体系统，转化频率较高，效果好。

1983 年首次获得了农杆菌介导的转基因烟草，使农杆菌法很快成为了双子叶植物基因转化的主要方法。在 20 世纪 90 年代之前，人们认为农杆菌只能感染双子叶植物，不能感染单子叶植物，直到科研人员分别于 1994 年成功地获得农杆菌介导的转基因水稻和转基因玉米后才证明农杆菌可以用于单子叶植物的遗传转化。近年来，根癌农杆菌介导的遗传转化在单子叶植物研究中也获得了突破性的进展和广泛的应用。

当然，根癌农杆菌转化也存在着一些缺点。众所周知，根癌农杆菌的天然寄主不包括单子叶植物，根癌农杆菌对单子叶植物特别是禾本科植物不敏感。另外，还存在如农杆菌感染过程会损伤植物材料（虞剑平和邵启全，1990）、T-DNA 整合时其边界可能会发生截短（刘稚等，1987）、T-DNA 以串联形式整合（王关林等，1996）、甲基化等原因造成基因表达失活等方面的缺点。

（三）花粉管通道法

花粉管通道法是中国科学家周光宇等于 20 世纪 80 年代初期首先提出 DNA 片段杂交理论之后设计的自花授粉和外源 DNA 导入植物的转基因技术。花粉管通道法的基本原理是在花朵授粉后，向子房注射混合目的基因的 DNA 溶液，利用植物在开花、受精过程中形成的花粉管通道，将外源 DNA 导入受精卵细胞，并进一步整合到受体细胞的基因组中，随着受精卵的发育而成为带转基因的新个体。该法的最大优点是不依赖组织培养人工再生植株，对任何开花的单子叶植物、双子叶植物都可使用；既可以导入基因组、DNA 片段，也可以导入重组质粒；育种时间短，可直接获得转基因种子；技术简单，不需要装备精良的实验室，常规育种工作者易于掌握。但是该法缺乏基因进入受体后整合方式、表达行为的分析，因而不被国际社会所承认。相信随着研究的深入，花粉管通道法将会被更广泛地应用。

二、转基因植株筛选及鉴定方法

在植物遗传转化中，外源基因导入植物细胞的频率相当低。在数量庞大的受体细胞群体中，通常只有为数不多的一小部分细胞获得了外源 DNA，而目的基因整合到基因组并实现表达的转化细胞则更少。因此，必须采用一定的方法，才能筛选和鉴定出含有目的基因的重组体。

目前已经发展出一系列转基因植物的筛选和鉴定方法。在这些筛选和鉴定方法中，根据检测的基因功能来划分，可分为调控基因（包括启动子、终止子等）检测法、选择标记基因检测法、报告基因检测法和目的基因直接检测法 4 种；根据检测的不同阶段区分，可分为整合水平检测法和表达水平检测法，其中表达水平检测法又包括转录水平检测法和翻译水平检测法两种。外源基因整合检测方法主要有 Southern 杂交、PCR、PCR-Southern 杂交、原位杂交和 DNA 分子标记技术法等。转录水平检测法有 Northern 杂交和反转录 PCR（reverse transcribed PCR，RT-PCR）检测等。翻译水平检测法有酶联免疫吸附（enzyme linked immuno sorbent assay，ELISA）和 Western 杂交等。

为获得真正的转基因植株，需进行基因转化后的筛选和鉴定工作，包括以下步骤。第一步：筛选转化细胞。在含有选择压的培养基上诱导转化细胞分化，形成转化芽，再诱导芽生长、生根，形成转基因植株。第二步：对转化植株进行分子生物学鉴定。通过 Southern 杂交证明外源基因在植物染色体的整合，通过原位杂交可确定外源基因在染色体上整合的位点及整入的外源基因的拷贝数。通过 Northern 杂交可以证明外源基因在植物细胞内是否正常转录，生成特异的 mRNA。通过 Western 杂交可证明外源基因在植物细胞内的转录及翻译是否成功，是否生成了特异的蛋白质。第三步，进行性状鉴定及外源基因的表达调控研究。转基因植物应具有由外源基因编码的特异蛋白质，其影响代谢而产生该植物不具备的目标经济性状，这样才达到转基因的目的。第四步，遗传学分析。分析外源目的基因及其控制的目标性状能否稳定遗传，以及遵守什么遗传规律。第五步，获得转基因植物品种，应用于生产。

霍秀文、张辉等利用 PDS-1000He 型基因枪，对蒙农杂种冰草成熟胚诱导的愈伤组织进行转化。以 bar（bialaphos resistance）基因为筛选标记基因，目标基因为 p5CS，并在诱导分化及生根培养基中加入除草剂（glufosinate）进行筛选，经 10 周后得到 42 株转化再生植株。PCR 检测结果显示只有 6 株呈阳性，初步表明 bar 基因已整合到冰草基因组中（图 5-32、图 5-33）。

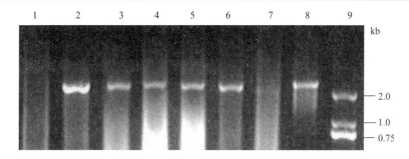

图 5-32 转基因冰草 PCR 检测（P5CS）（引自霍秀文等，2004a；2004b）

1～6. 部分转基因植株；7. 阴性对照；8. 阳性对照；9. DNA 分子质量标准（DL2000）

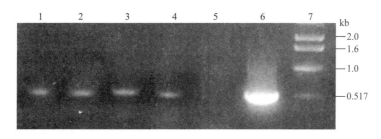

图 5-33 转基因冰草特异性 RT-PCR 扩增产物（bar）（引自霍秀文等，2004a；2004b）

1～4. 部分转基因植株；5. 阴性对照；6. 阳性对照；7. DNA 分子质量标准（1kb Marker）

王桂花等（2007）以经 PCR 和 Souther 检测的含有 *p5CS* 基因的蒙农杂种冰草植株为材料，用 Northern 杂交检测目的基因在转化植株中的表达，并用 1.5% NaCl 盐溶液进行胁迫处理确定转化植株的耐盐性。结果表明，转基因冰草植株与 DIG 标记探针杂交呈现明显的杂交带；盐胁迫下，游离脯氨酸含量增加较快，细胞膜透性、MDA 含量增加较小，SOD 活性较高。说明 *p5CS* 基因能够在冰草基因组的转录水平上表达，表达植株的耐盐性明显增加。

王桂花等（2008）以获得的转基因冰草植株为材料，通过对转基因冰草植株进行 PCR 和 Southern 杂交等分子检测方法确定 *bar*、*CBF4* 基因和 *p5CS* 基因已整合到冰草基因组中，在转 *CBF4-bar* 冰草植株检测中，获得了 29 株转 *bar* 基因冰草株系，转化频率为 7.67%；31 株转 *CBF4* 基因冰草植株，转化频率为 8.20%；其中共转化植株为 5 株，共转化频率为 1.32%。在转 *p5CS-bar* 基因冰草植株中，获得了 26 株转 *bar* 基因冰草植株、49 株转 *p5CS* 基因冰草植株，其中共转化植株为 15 株，共转化频率为 15.78%。Northern 杂交检测表明，部分转基因冰草植株中的外源基因在转录水平表达。另外，抗性测定结果表明，在干旱胁迫下，转 *CBF4* 基因冰草植株较非转基因植株的叶片相对含水量下降较慢，细胞膜透性、MDA 含量增加较少，叶绿素含量较高，脯氨酸和可溶性蛋白质含量增加较大，SOD、

POD、CAT 活性较高。转 *CBF4* 基因冰草植株较非转基因冰草植株的抗旱性提高，*CBF4* 基因在转基因冰草植株体内表达。另外，在干旱胁迫和盐胁迫下，转 *p5CS* 基因冰草植株较非转基因植株的叶片相对含水量下降较慢，细胞膜透性、MDA 含量增加较少，叶绿素含量较高，脯氨酸和可溶性蛋白质含量增加较大，SOD、POD、CAT 活性较高。转 *p5CS* 基因冰草植株抗旱性、耐盐性明显增加，*p5CS* 基因在转基因冰草植株体内表达。

通过研究转基因冰草植株，并确定外源基因在冰草植株中的整合及表达，为转基因冰草植株的后期研究提供理论依据；确定转基因植株的抗旱、耐盐性，筛选抗性强的转基因冰草植株，尽可能短时间内培育出适合中国西部地区抗旱、耐盐的转基因冰草新品种。同时，通过 9 种冰草对干旱胁迫和盐胁迫的反应，筛选出评价冰草抗逆性的鉴定指标；通过冰草抗旱、耐盐性评价，选出抗旱、耐盐性强的冰草品种，为改良中国西部地区沙化、盐渍化现象和进一步进行冰草的遗传转化提供基础材料。

利用 PCR 检测法对转 *p5CS-bar* 和 *CBF4-bar* 基因的蒙农杂种冰草植株进行检测及鉴定。对转基因冰草植株进行分子检测发现 95 株转 *p5CS-bar* 基因冰草植株中，转 *bar* 基因阳性植株 26 株，转化频率为 27.37%；转 *p5CS* 基因阳性植株 49 株，转化频率为 51.58%；*p5CS-bar* 基因共转化植株 15 株，转化频率为 15.78%。378 株 *CBF4-bar* 基因冰草阳性植株中，转 *bar* 基因阳性植株 29 株，转化频率为 7.67%；转 *CBF4* 基因阳性植株 31 株，转化频率为 8.20%；*CBF4-bar* 基因共转化植株 5 株，转化频率为 1.32%。另外，对转 *p5CS-bar* 基因冰草阳性植株和阴性对照植株进行生物学性状观测比较，分析得出：转基因植株只有丛茎差异显著，显著水平为 0.05；株高、穗长、穗宽和茎叶比值均稍小于阴性植株，叶长和叶宽值稍大于阴性对照；在栽培、气候相同的条件下，返青期相对提前，生育期推后，青绿期延长；生长速率变缓，在整个生育期呈"S"形生长曲线；分蘖能力增加。对转 *p5CS-bar* 基因冰草植株和转 *CBF4-bar* 基因冰草植株进行干旱胁迫和盐胁迫处理，从水分状况、光合作用、膜脂过氧化、渗透调节、保护酶系统和蛋白质含量 6 个方面进行研究，结果表明，转 *p5CS-bar* 基因冰草阳性植株抗旱性和耐盐性均高于对照植株，说明 *p5CS* 基因已整合到转基因植株基因组中，并已成功表达。另外，转 *CBF4-bar* 基因冰草阳性植株抗旱性高于对照植株，说明 *CBF4* 基因已整合到转基因植株基因组中，并成功表达。

徐春波等（2006）以转 *p5CSF129A* 基因的冰草阳性植株（97#、19#、66#）和阴性植株为材料，测定叶片脯氨酸含量、相对含水量、细胞膜透性和 K^+/Na^+ 值 4 项耐盐指标。结果表明，转基因植株的脯氨酸含量明显高于阴性植株，说明 *p5CSF129A* 基因已经在冰草转化植株体内表达，提高了转基因植株的耐盐性；其他耐盐指标的结果也证明转基因冰草植株的耐盐性高于对照植株。对转基因植株和阴性植株耐盐能力综合评定的结果是97#＞19#＞66#＞阴性植株。

王桂花等（2007）以转 *p5CS* 基因冰草自交1代（T_1 代）植株为材料，通过对 T_0 代及 T_1 代转基因冰草植株进行 PCR 及 Southern 杂交分子检测，确定 *p5CS* 基因已传递到 T_1 代转基因冰草植株基因组中，整合数为1～2。Northern 杂交检测结果表明，部分 T_1 代植株中的外源基因在转录水平表达。转 *p5CS* 基因冰草 T_1 代植株共128株，其中检测到 PCR 阳性植株58株。对 T_0 代、T_1 代转基因植株进行干旱胁迫和盐胁迫，测定其抗性，发现 T_0 代、T_1 代转基因植株与对照植株相比，叶绿素含量、可溶性糖含量的变化无明显差异，在胁迫的第14天，SOD、POD、CAT 的活性比对照植株稍强；转基因植株的叶片相对含水量、游离脯氨酸含量均高于对照植株；叶片细胞膜相对透性、MDA 含量变化均小于对照植株，反映出较强的抗旱、耐盐性。转基因植株（T_0 代、T_1 代）在受到干旱胁迫与盐胁迫后，脯氨酸的含量可以增加到对照含量的2倍以上，获得了稳定转化的 T_0 代转基因植株，并确定外源基因在 T_1 代转基因冰草植株中的整合及表达，为转基因冰草植株的后期研究提供了理论依据；确定转基因植株的抗旱、耐盐性，筛选出抗性强的植株，作为进一步培育高抗性品种的基础材料。

第四节　分子标记技术在冰草研究中的应用

一、分子标记的概念及其类型

分子标记是在分子生物学基础上发展起来的新一代遗传标记。与原有的形态标记、细胞标记、生化标记不同，分子标记建立在对 DNA 序列多态性分析的基础上，以揭示个体间或种群间的遗传变异及其亲缘关系，是基因的直接反映。与经典的遗传标记相比较，分子标记具有显著的优越性（杨典洱，2001）：①它直接反映 DNA 分子水平上的变异，因而能对各发育时期的个体、组织、器官甚至细胞进行检测，不受基因表达与否及环境的影响；②DNA 分子标记的等位位点变异比表现型标记丰富得多，即多态性高；③DNA 分子标记数量极大，可以遍布整个基因组；④DNA 分子标记不影响生物体性状的表现，也不受环境条件的影响，具有很高的稳定性；⑤部分分子标记表现为共显性，较容易区分杂合体和纯合体；⑥利用获得的与目的基因紧密连锁的分子标记进行辅助选择育种，克服了常规抗性育种由于采用接种或自然胁迫进行抗性鉴定而产生的试验结果准确性低、重复性差、育种周期长等弱点。因此，分子标记技术一出现就引起了遗传学家的极大兴趣。

随着分子生物学的发展，又开发了多种基于 DNA 变异的分子标记，主要有限制性片段长度多态性（restriction fragment length ploymorphism，RFLP）、随机扩增多态 DNA（random amplified polymorphic DNA，RAPD）、扩增片段长度多态性（amplification fragment length ploymorphism，AFLP）、简单序列重复（simple sequence repeat，SSR）、序列特异扩增区域（sequence characterized amplified region，SCAR）、序列标定位点（sequence tagged site，STS）、单链构象多态性（SSCP）、单核苷酸多态性（single nucleotide polymorphism，SNP）和数量可变串联重复（VNTR）等，在遗传学和育种学领域得到了广泛的应用。

目前，国内外已经开发出近 30 种 DNA 标记技术，根据技术原理的不同，分子标记可以分为四大类：一是基于 Southern 杂交的 DNA 标记，如 RFLP；二是基于 PCR 扩增的 DNA 标记，如 RAPD、VNTR、简单重复区间扩增多态性（inter simple sequence repeat，ISSR）、SCAR、STS、抗病基因同源序列（RGA）、随机引物 PCR（AP-PCR）等；三是基于 PCR 和限制性酶切技术结合的 DNA 标记，如 AFLP、裂解序列扩增多态性（cleaved amplification polymorphism sequence，CAPS）等；四是基于单核苷酸多态性的 DNA 标记，如 SNP 等。常用的分子标记有 RFLP、RAPD、SSR、ISSR、AFLP、相关序列扩增多态性（sequence-related amplified polymorphism，SRAP）、SNP 等。

（一）RFLP

基因组 DNA 在限制性内切核酸酶作用下，可以产生相当多的、大小不等的 DNA 片段，利用放射性同位素或某些非放射物质标记探针与转移于支持膜上的基因组总 DNA（经限制性内切核酸酶消化）杂交，通过显示限制性酶切片段的大小来检测不同遗传位点的等位变异（多态性），是目前应用最为广泛的基于 Southern 技术的分子标记。利用 RFLP 技术进行多态性分析具有很多优点，主要表现在：第一，不受显隐性关系、环境条件和发育阶段的影响，具有稳定遗传和特异性，检测方便，可靠性高；第二，通过酶切反应来反映 DNA 水平上的所有差异，在数量上无任何限制；第三，能够区别杂合体与纯合体；第四，克隆探针可随意选择，多态性高。但是 RFLP 也存在缺陷：首先是操作繁琐，相对费时，对 DNA 样品的量和纯度要求高，得到的谱带也更为复杂而难于解释，而且放射性物质对人体有害；其次是具有种属特异性，且只适应单/低拷贝基因，因此对于涉及许多个体的居群遗传变异的分析是不可取的，从而使 RFLP 的应用受到了一定的限制。

（二）RAPD

RAPD 是 1990 年由美国杜邦公司的科学家 William 和加利福尼亚生物研究所的 Welsh 几乎同时发展起来的一种分析遗传标记技术。与 RFLP 不同的是其显示多态性的片段不是由限制性内切核酸酶酶切基因组 DNA 产生的，而是通过 PCR 反应扩增基因组 DNA 的模板产生的。该技术以 PCR 为基础，以一个寡聚核苷酸

序列（4～15bp）为引物（一般为 10bp 的随机引物），对所研究的基因组 DNA
进行随机扩增。扩增产物通过琼脂糖或聚丙烯酰胺凝胶电泳分离，经溴化乙锭（EB）
染色或放射自显影来检测扩增产物 DNA 片段的多态性。这些扩增产物 DNA 片段
的多态性，反映了基因组相应区域的 DNA 多态性。RAPD 技术源于 PCR 技术，
但又不同于 PCR 技术。这种差别主要体现在随机扩增引物上。首先随机扩增引物
是单个加入，而不成对（正、反向引物）加入；其次随机引物短，一般 RAPD 技
术采用的引物含 10 个碱基，也正是由于随机引物较短，因此，与常规 PCR 相比，
RAPD 退火温度较低，一般为 35～45℃。

　　RAPD 有以下的优点：①不依赖于种属特异性和基因组结构，合成一套引物
可以用于不同生物基因组的分析；②DNA 用量少，方便易行，非常灵敏，不需要
预先知道 DNA 序列的信息；③技术简单，检测速率快；④成本较低。但也存在
缺点：①RAPD 标记是一个显性标记，不能鉴别杂合子和纯合子；②存在共迁移
问题，凝胶电泳只能分开不同长度 DNA 片段，而不能分开那些长度相同但碱基
序列组成不同的 DNA 片段；③对实验条件很敏感，实验结果的重复性和可靠性
较差。由于 RAPD 分子标记方便快捷且开发时间较早，该技术已被广泛应用与目
标基因标记、遗传资源鉴定及分类、生物系统学与进化等各个领域的研究。

（三）SSR

　　SSR 是一类由几个核苷酸（一般为1～5 个）为重复单位组成的长达几十个核
苷酸的串联重复序列。由于每个 SSR 两端的序列多是相对保守的单拷贝序列，因
而可以根据扩增产物长短的变化来显示不同基因型的个体在每个 SSR 位点上的多
态性。由于重复基数的数目变化大，因此 SSR 显示出较强的多态性。SSR 在研究
牧草居群基因组的亲缘关系、基因漂流、遗传多样性及其种质资源保护上具有很
大的潜力（Condit et al., 1991）。对已发表牧草 DNA 序列进行大规模调查发现，
科学家发现每 20kb 就可以找到一个二核苷酸和三核苷酸的微卫星，其中（AT）$_n$
频率最高。动物中普遍存在的 AT/TG 重复只找到一个。在三核苷酸微卫星中
（TAT）$_n$ 较多。科学家对大豆的（AT）$_n$ 和（TAT）$_n$ 微卫星进行了 PCR 扩增，表
明它们有很高的长度多态性，并且以共显性孟德尔方式遗传。因而证明在牧草中
微卫星可作为基因组图谱、连锁研究、群体研究及品种鉴定的优秀遗传标记
（Mongante et al., 1993）。而且，微卫星标记比同工酶标记更适合于牧草居群遗
传多样性的研究（Teranchi et al., 1994）。从番茄中已经克隆并鉴定了一个能与
（GACA）$_n$ 杂交的位点，对该位点的 PCR 扩增显示了丰富的长度多态性（Phillips
et al., 1994）。目前 SSR 在草业研究方面已构建了羊草遗传指纹图谱，也开展了
柱花草、紫花苜蓿、披碱草的遗传多样性研究（刘杰等，2000；李永祥等，2005）。

　　与 RFLP 标记相比，SSR 的等位基因数目多，其指纹图谱呈较高的多态性，

结果稳定可靠。但由于 SSR 必须针对每个染色体座位的微卫星，发现其两端的单拷贝序列，并根据这些序列设计引物，这无疑要投入大量的人力、物力，因而给 SSR 标记的利用带来了一定的困难。

（四）AFLP

AFLP 是荷兰 Keygene 公司（1993 年）开发的一种新的 DNA 指纹技术。其基本原理是，基因组 DNA 经限制性内切核酸酶酶切后产生黏性末端；使用人工合成的短的双链接头，该接头一端具有同样的内切核酸酶识别黏性末端，互补连接后成为 DNA 模板；接头和与相邻的酶切片段的几个碱基序列作为引物的结合位点，进行扩增；最后用变性聚丙烯酰胺凝胶电泳分离扩增的 DNA 片段，根据扩增片段长度的不同检测出多态性。AFLP 扩增可使某一品种出现特定的 DNA 谱带，而在另一品种中可能无此谱带产生。因此，这种通过引物诱导及 DNA 扩增后得到的 DNA 多态性可作为一种分子标记。AFLP 既克服了 RFLP 技术复杂、RAPD 稳定性差、标记呈显隐性遗传的缺点，同时又兼有两者之长，即多态性强，谱带非常丰富且清晰可辨，实验结果稳定性、重复性好。但模板质量要求高，限制性内切核酸酶和连接酶的使用增加了实验成本，不如 RAPD 操作简便。AFLP 技术作为目前国际上构建 DNA 指纹图谱的有效方法之一，已在植物遗传研究领域得到了广泛应用，如构建遗传图谱、结合混合分离分析法标定目的基因、检测遗传多样性、辅助育种等。

（五）SCAR

SCAR 标记是 1993 年由 Paran 和 Michelmore 在 RAPD（Naqvi and Chatoo，1996）技术基础上发展起来的一种可靠、稳定、可长期利用的分子标记。SCAR 标记是在序列未知的 DNA 标记（RAPD、AFLP 等）基础上，对其特异 PCR 扩增产物进行回收、克隆和测序，根据扩增产物的碱基序列重新设计特异引物（原标记引物的基础上加 10～14 个碱基），并以此为引物对基因组 DNA 进行 PCR 扩增获得。新的 SCAR 引物一般是在原来标记引物的基础上延长了 10 个左右碱基，不仅加强了与模板的特异性结合，而且提高了退火温度，提高了转化后新标记检测的专一性。SCAR 标记是共显性遗传的，待检 DNA 间的差异可直接通过有无扩增产物来显示，这甚至可省去电泳的步骤。SCAR 标记的是遗传上单一的特定位点，其也可能包含扩增区域的高拷贝或散布的基因组序列，由于 SCAR 标记克服了 RAPD 重复性欠佳的弱点，并且有可能将 RAPD 由显性标记转化为共显性标记，同时具有 STS 的优点，可以提高基因定位和分子作图的效率，在分子标记辅助育种、种质资源鉴别等方面有着潜在的应用前景（阎文昭等，2001）。

（六）SRAP

SRAP 由美国科学家 Li 和 Quiros 于 2001 年提出。SRAP 标记与其他分子标记相比具有许多优越性，实验操作过程简单快捷，多态性高，重复性好，产率中等，扩增谱带清晰，每对引物扩增的谱带和多态性谱带较多，引物设计简单且具有通用性，而且正、反引物两两搭配组合，提高了引物的使用效率，降低了成本。目前 SRAP 标记技术已在其他作物，如棉花、烟草、小麦、辣椒、花生、番茄、马铃薯、水稻、油菜、大蒜、苹果、樱桃、柑橘与芹菜中成功扩增，对开展遗传连锁图谱构建、基因定位与克隆、重要性状基因标记、gDNA 与 cDNA 指纹分析、比较基因组学、预测杂种优势等研究是一个十分实用的工具。由于在不同物种、个体间具有一定的多态性，SRAP 技术也成功应用于种质资源的遗传多样性研究、鉴定与评价工作中（Ferriol，2003；宋宪亮，2004；郭素英，2005）。Budak 等（2004）用 SRAP 标记对野牛草和草坪草的遗传多样性进行了分析，用 34 个 SRAP 引物组合将 53 个野牛草种质分成了 8 个类别，认为 SRAP 标记能够有效地分析野牛草种质遗传多样性与历史演化。四川农业大学应用 SRAP 技术对鸭茅、野生狗牙根等资源进行遗传多样性研究及种质评价（曾兵，2007；易杨杰，2008）。

（七）SNP

SNP 是指同一位点的不同等位基因之间个别核苷酸的差异，或只有小的插入、缺失、突变等，因此在分子水平上对单个核苷酸的差异进行检测是很有意义的。

SNP 具有如下特点：①更加丰富的数量，超过了既往的任何遗传标记，并在应用方面有着巨大的优势及潜力；②更加丰富的多态性，以及比微卫星 DNA 更高的遗传稳定性；③在 SNP 开发及检测技术上，SNP 的检测已达到了半自动化或全自动化。SNP 广泛存在于基因组中，大约每 1000bP 存在一个 SNP，它不仅广泛存在于非编码区，而且存在于编码区，其密度比微卫星标记更高，可以在任何一个待研究基因的内部或附近提供一系列标记。SNP 数目庞大，已有 2000 多个标记定位于人类染色体上，在植物上也在进行开发研究，大规模的 SNP 鉴定需要 DNA 芯片技术。SNP 将是一种最能反映群体遗传结构和个体间遗传差异的标记系统。目前其已广泛应用于构建高密度遗传连锁图谱、遗传图谱和物理图谱的整合、群体遗传学和连锁不平衡，以及进化和种群多样性的研究（刘万清和贺林，1998；杜春芳等，2003）。

（八）ISSR

ISSR 分子标记技术是近年来在微卫星技术上发展起来的一种新型分子标记技术（Zietkiewicz et al，1994）。由于真核生物基因组中普遍存在着由 1～4 个碱基组成的简单重复序列，又称之为微卫星（microsatellite），如（GA）$_n$、（AC）$_n$、（AA）$_n$。其进化速率很快，同一类微卫星 DNA 可分布在整个基因组的不同位置。ISSR 分子标记技术的生物学基础仍然是基因组中广泛存在的 SSR，用于 ISSR 扩增的引物通常为 16～18 个碱基序列，由 1～4 个碱基组成的串联重复和几个非重复的锚定碱基组成，从而保证引物与基因组 DNA 的 SSR 的 5′端或 3′端结合，导致位于反向排列的间隔不太大的重复的基因组段进行扩增，然后进行琼脂糖或聚丙烯酰胺凝胶电泳检测。由于 SSR 在真核生物中普遍存在且变异相对较快，因而锚定引物的 ISSR-PCR 扩增能够检测基因组许多位点的差异，揭示遗传上的差异。使用 ISSR 无需预先知道基因组的任何信息，即不需要预先进行克隆、测序，因而方便、快捷。

　　ISSR 分子标记可以用来构建 DNA 指纹库，在同一物种的各个品种之间存在大量的多态性标记，某一品种具有区别于其他品种的独特标记，即一些特异性的DNA 片段的组合，称为该物种的"指纹"。各个品种的独特的指纹片段构成该物种的 DNA 指纹库。DNA 指纹库在作物育种中的应用范围十分广泛。Charters 等（1996）利用 ISSR 分析了 20 个甘蓝油菜品种，指出 ISSR 是一种多态性很高、重复性好的指纹库构建方法。王心宇等（2001）利用 ISSR 标记对小麦"矮牵牛"系列品种进行了指纹鉴定。结果表明，ISSR 引物扩增的谱带丰富，多态性水平高于 RAPD。宣继萍等（2002）利用 ISSR 技术构建了苹果品种的指纹图谱，仅在 6个 ISSR 引物中，就有一个引物（IS061）可将普通富士、长富 2 与长富 6 相互鉴别开（长富 2 与长富 6 是富士的着色型芽变品种）。目前，许多科研工作者已利用 ISSR 这一新的分子标记技术构建遗传图谱的基因定位标记。

　　ISSR 分子标记通常为显性标记，呈孟德尔遗传（方宣钧等，2001），且在进行 PCR 反应时稳定性和多态性均很好。与其他几种分子标记技术相比，其操作简单、成本较低，适合大样本的监测，因而在种群遗传学、种质资源、分类学与种系发生学等方面得到迅速应用，是非常理想的分子标记技术。目前 ISSR 已广泛用于绘制 DNA 指纹图谱、遗传多样性分析、品种鉴定等许多领域。

　　可见，ISSR-PCR 技术是一项很成熟的分子标记技术，无论从实验成本来看还是从实验过程及结果上来看，都有其独特的优越性，因此是一种非常好的分子标记技术。

　　近年来，分子标记技术作为生物技术领域内的一个分支，发展迅猛，在牧草种质资源研究中起到了非常重要的作用。中国目前已将分子标记技术广泛应用于牧草种质资源遗传多样性及亲缘关系、种质鉴定、遗传连锁图谱的构建、产量性状、品质性状、抗病和抗逆性等重要农艺性状的基因定位等方面的研究中，均取得了一定的成绩。

二、分子标记在冰草研究中的应用

不同类型的分子标记为分子图谱构建、基因定位、DNA 指纹库建立、鉴定与标记（外源）染色体片段、遗传关系的研究、辅助育种等研究提供了有力的手段。借助生物技术，笔者对冰草的遗传多样性等方面进行了探索和研究。

（一）冰草属遗传多样性研究

遗传多样性（genetic diversity）是指由于选择、遗传漂变、基因流动或非随机交配等生物进化相关因子的作用，而导致物种内不同隔离群体或半隔离群体之间等位基因频率变化的积累，所造成的群体间遗传结构多样性的现象。对遗传多样性的研究具有重要的理论和实际意义。

首先，物种或居群的遗传多样性大小是长期进化的产物，是其生存适应和发展进化的前提。一个居群或物种遗传多样性越高或遗传变异越丰富，对环境变化的适应能力就越强，越容易扩展其分布范围和开拓新的环境，即使对无性繁殖占优势的种也不例外。理论推导和大量实验证据表明，生物居群中遗传变异的大小与其进化速率成正比。因此对遗传多样性的研究可以揭示物种或居群的进化历史（起源的时间、地点、方式），也能为进一步分析其进化潜力和未来的命运提供重要资料，尤其有助于对稀有物种或濒危物种的濒危原因、濒危过程进行探讨研究。

其次，遗传多样性是保护生物学研究的核心之一，不了解种内遗传变异的大小、时空分布及其与环境条件的关系，就无法采取科学有效的措施来保护人类赖以生存的遗传资源基因，来挽救濒于绝灭的物种，保护受到威胁的物种。对珍稀濒危物种保护方针和措施的制定，如迁地或就地保护的选样等都有赖于对物种遗传多样性的认识。

再次，对遗传多样性的认识是生物各分支学科重要的背景资料。古老的分类学或系统学几百年来都在不懈地探索描述和解释生物界的多样性，并试图建立能反映自然或系统发育关系的阶层系统，以及建立一个便利而实用的资料（信息）存取或查寻系统。对遗传多样性的研究无疑有助于人们更清楚地认识生物多样性的起源和进化，尤其能加深人们对微观进化的认识，为植物的分类进化研究提供有益的资料，进而为植物育种和遗传改良奠定基础。

检测遗传多样性的方法随生物学，尤其是遗传学和分子生物学的发展而不断提高和完善。从形态学水平、细胞学（染色体）水平、生理生化水平逐渐发展到分子水平。然而不管研究是在什么层次上进行，其宗旨都在于揭示遗传物质的变异。目前，任何检测遗传多样性的方法在理论上或在实际研究中都有各自的优点和局限，还找不到一种能完全取代其他方法的技术。因此，包括传统的形态学、细胞学，以及同工酶和 DNA 技术，都能提供有价值的资料，都有助于认识遗传多样性及其生物学意义。

1. RAPD 技术分析冰草属植物遗传多样性

解新明等（2002）采用 RAPD 标记技术对采自内蒙古锡林郭勒盟西乌旗白音锡勒种畜场、正蓝旗、苏尼特左旗、伊克昭盟伊金霍洛旗、呼和浩特市清水河县的 6 个蒙古冰草天然居群，以及内蒙沙芦草和蒙古冰草新品系 2 个栽培品种（系）共 45 份个体材料进行了遗传多样性检测。17 个引物共检测到 101 个位点，其中多态位点 81 个，占 80.2%，相对于其他小麦族植物，显示出了较高的遗传多样性。多样性指数（DC）分析结果表明，遗传多样性在居群内和居群间的分布存在不均衡现象，但总体来看，居群内的遗传变异高于居群间的，这是由蒙古冰草异花、风媒传粉的外繁育系统所决定的。在天然居群与栽培品种（系）间，前者的 DC值为 0.250，后者的 DC 值为 0.181，而且前者的平均遗传距离（0.290）也高于后者的（0.213），表明天然居群间的遗传分化大于栽培品种（系）的，这与天然居群间环境的异质性密切相关，同时也反映了栽培品种（系）间较近的亲缘关系。UPGMA 聚类分析结果表明，8 个居群基本可被分为与其生境特点及生长条件相适应的 3 个类群，即沙地居群、石砾质坡地居群和沙壤质土栽培品种（系），充分反映了天然环境条件和人为环境条件（或者说自然选择和人工选择）对蒙古冰草居群间遗传分化的巨大影响。

李景欣等（2005）用 57 个 10bp 随机引物，对 16 个天然种群冰草共计 352个单株的基因组 DNA 进行了 RAPD 多态性检测，其中具有多态性标记的 11 个引物，共检测出 124 个位点，3 个显多态性。用 Shannon 多样性指数量化的平均遗传多态度为 2.19，种群内和种群间的遗传变异比例分别为 60%和 40%，种群间的遗传相似度为 0.7702~0.9776，遗传距离为 0.0226~0.2611；基于 RAPD 标记，用非加权配对算术平均法进行聚类分析，把 16 个种群大致分为可分为 4 类，生境和表型相近的种群基本聚为一类，这与形态学研究的结果基本一致，证明物种变异与生境密切相关。11 个随机引物共检测到 124 个位点，其中多态位点 103 个，多态位点高达 83%，这充分说明了 RAPD 检测方法的高度灵敏性。通过横向比较RAPD 检测到的冰草属其他多态位点所占比例发现，冰草要比同属的蒙古冰草高。说明冰草具有丰富的遗传多样性水平，种群内的遗传变异均值为 0.60、种群间的遗传变异均值为 0.40，由此得知种群内的遗传变异大于种群间的。

2. SSR 技术分析冰草属植物遗传多样性

车永和和李立会（2006）首次对小麦 SSR 引物在冰草属植物遗传分析中的可利用性进行了评价，为该类植物进一步的研究和利用提供借鉴。根据 Rŏder 等（1998）和 Pestsova 等（2000）公布的序列信息合成小麦 SSR 引物，并随机抽取中国农业科学院作物科学研究所目前所收集和保存的冰草属植物 5 种、8 个居群，其中冰草 3 个居群、沙生冰草 1 个居群、西伯利亚冰草 1 个居群、蒙古冰草 2 个居群、根茎冰草 1 个居群，分别提取植物材料 DNA 进行 PCR 反应和 SSR 分析，认为用亲缘种属的引物来检测 SSR 位点是可行的，而且小麦 SSR 引物在冰草属植物中具有高的多态性。已开发应用的小麦 SSR 引物在冰草属种质资源研究利用方面有重要的利用价值，对小麦近缘野生植物研究有重要的指导意义。

车永和等（2008）采用 26 个多态性小麦 SSR 引物对采集自中国不同生态环境的 18 个沙生冰草居群进行遗传多样性的 SSR 分析。结果表明，26 个 SSR 引物多态性带纹数目为 2～27 条，平均每个引物在沙生冰草居群中扩增出了 9.384 条多态性带纹；不同引物间总遗传多样性指数最高为 0.944，最低为 0.375，平均遗传多样性指数为 0.745；SSR 检测到地区内遗传多样性占总遗传多样性的 82.2%，地区间遗传多样性占总遗传多样性的 17.8%；在 Nei 遗传距离 0.67 处，18 个沙生冰草居群被分为 3 个类群；UPGMA 聚类和主成分分析（principal component analysis，PCA）表明，采集地生态环境相似的沙生冰草居群遗传距离较近。沙生冰草遗传多样性与居群的遗传和生态环境相关，沙生冰草的有效保护和持续利用中，在对其主要生态环境居群保护和利用基础的上还需进一步加强不同生态环境中特异类型居群的保护和研究。

3. ISSR 技术分析冰草属植物遗传多样性

王方和袁庆华（2009）以来自国内外的 26 份冰草、9 份沙生冰草、3 份西伯利亚冰草、1 份蒙古冰草和 1 份兰茎冰草为供试材料，利用 ISSR 分子标记进行遗传多样性研究。首先建立了冰草属 ISSR 分析的技术体系，并筛选出 11 条 ISSR 引物对 33 份冰草材料进行 PCR 扩增，结果表明，33 份冰草材料得到 84 个位点，其中多态性位点数为 59，多态性位点所占比例为 70.2%，说明供试材料间存在较大的遗传变异，多态性丰富。冰草属材料的相似性系数分析表明，ISSR 标记的 GS 值为 0.083～0.706，平均 GS 值为 0.395。运用 NTSYS 软件，得到 33 个品种间的亲缘关系树状图，在 GS 值 0.52 处将 33 份材料聚为 4 类，材料地理来源对系统聚类结果影响较大，基本依地理距离聚类，各来源地的材料在聚类图中又有交叉现象，可能与来源地的地理生境相似及相互引种有关。以基因组 DNA 的 ISSR 分子标记所反映的不同居群的遗传差异能较好地显示各群体间亲缘关系的远近，呈现出较明显的与地理来源相关性。

（二）品种、品系、杂交种及外源种质的鉴定

指纹图谱是鉴别品种、品系的有利工具，具有快速、准确等优点。在市场经济条件下，指纹图谱在检测良种质量（真伪、纯度），防止伪劣种子流入市场，保护名、优、特种质及育成品种的知识产权和育种家的权益等方面有重要意义。在国外，指纹图谱用来鉴定作物品种的三性测试 DUS[特异性（distinctness）、一

致性（uniformity）、稳定性（stability）]，为品种审定、保存、保护提供依据。同时，分子标记也是鉴定外源种质有无的有利工具。

　　于卓等（2009）利用 AFLP 分子标记技术，对蒙古冰草与航道冰草正、反交 F_1 代植株及其染色体加倍植株的 DNA 多态性位点进行了比较分析。结果表明，用筛选出的 11 对适宜引物对供试材料进行 AFLP 扩增，共获得 430 条清晰的条带，其中多态性带 396 条，多态性比率高达 92.1%；供试材料的遗传距离为 0.6594～0.8182，蒙古冰草与航道冰草遗传距离较远；以遗传距离 0.72 为基准可划分为 3 类，即亲本蒙古冰草与正反交杂种 F_1 代为一类、正反交杂种 F_1 代染色体加倍植株为一类，亲本航道冰草为一类。

　　宿俊吉（2007）首先对小麦 SSR 和 EST-SSR 引物在冰草上的通用性进行了研究，以此为基础，利用 SSR 及 EST-SSR 分子标记对通过远缘杂交获得的 19 个普通小麦-冰草异源二体附加系进行了分析，其目的是筛选出小麦-冰草异源二体附加系中冰草 P 染色体的分子标记，并结合形态学性状及叶锈抗性对附加系进行归类。

　　选用定位于普通小麦 7 个部分同源群的 534 对 SSR 引物和 351 对 EST-SSR 引物分别对普通小麦品种 Fukuho 和四倍体冰草 Z559 的基因组 DNA 进行扩增。结果显示，有 475 对（89.0%）SSR 引物和 314 对（89.5%）EST-SSR 引物对 Fukuho 基因组 DNA 能有效扩增，226 对（42.3%）SSR 和 258 对（73.5%）EST-SSR 引物对 Z559 基因组 DNA 能有效扩增，表明小麦 EST-SSR 对冰草的通用性明显高于 SSR；扩增条带比率 SSR 和 EST-SSR 引物分别为 76.1%、84.1%，说明小麦 EST-SSR 在冰草上扩增带的质量亦优于 SSR。选择上述在 Fukuho 和 Z559 基因组 DNA 之间有多态性扩增且谱带清晰的 SSR 和 EST-SSR 引物各 60 对，对 Fukuho、中国春、北京 8 号，以及二倍体、四倍体、六倍体冰草 Z804、Z559、Z1075 的基因组 DNA 再进行 PCR 扩增，结果显示，40 对（66.7%）SSR 和 22 对（36.7%）EST-SSR 引物在 Fukuho、中国春和北京 8 号间扩增产物表现多态性，且前者高于后者；50 对（83.3%）SSR 引物和 52 对（86.7%）EST-SSR 引物在冰草 Z804、Z559 和 Z1075 间的扩增产物表现多态性，扩增产物的多态性水平两者相当。简而言之，SSR 引物在 3 个小麦品种间扩增产物的多态性高于 EST-SSR 引物，而两类引物在 3 个不同倍性冰草间扩增产物的多态性水平相当。通用性、多态性和扩增条带比率综合比较表明，普通小麦 EST-SSR 和 SSR 经筛选虽都能用于冰草，但两者相比 EST-SSR 更优。另外，通过对 19 个小麦-冰草附加系及其双亲的 PCR 分析，共筛选到 62 个冰草 P 染色体的 SSR 标记和 EST-SSR 标记。利用 13 个附加系筛选到 19 个标记。通过四倍体冰草筛选获得的这些标记适用于二倍体、六倍体冰草 P 染色体的快速检测与追踪。对另外 6 个小麦-冰草附加系进行 PCR 扩增，43 对引物在 6 个附加系中扩增出冰草染色体的特异标记，其中 29 对小麦 SSR 和

EST-SSR 引物在 6 个附加系中均有冰草特异带的扩增。对比小麦染色体遗传图谱简要地绘制出了这 6 个附加系中的冰草 P 染色体遗传模式图谱。研究中建立的 SSR 和 EST-SSR 分子标记不仅能够迅速、准确、可靠地检测和追踪小麦-冰草远缘杂交后代中的外源冰草染色质，而且为附加系归类和确立附加系中冰草染色体的部分同源群归属提供了依据。结合形态学性状，将 19 个附加系归为 6 类，为冰草染色体遗传图谱的构建和比较基因组学的研究奠定了基础。

武军（2006）利用 SSR 和 EST-SSR 技术，对小麦-冰草衍生后代中大穗多花和成穗受抑制两类材料进行了鉴定与分析，结果表明：①利用 SSR 技术对普通小麦-冰草衍生后代株系进行外源物质检测，筛选出 6 个 SSR 易位标记，说明小麦与冰草杂交后代中具有较高的基因渗入。②选用已定位于小麦 7 个部分同源群 21 对染色体上的 272 对 SSR 引物，以冰草 Z559、Fukuhokomugi、代换系（4844-2 和 4844-8）与附加系（4844-12）的基因组 DNA 为模板进行 PCR 分析。在所有引物中发现，6D 染色体上的 SSR 引物 Xgdm36、Xgdm98、Xgdm108 和 Xgwm325，在附加系中均能扩增出与小麦亲本相同的条带，而代换系中缺少小麦亲本所必有的条带，所有其他引物在附加系与代换系上扩增的条带没有差别，都能扩增出小麦亲本具有的特征条带。由此可以推断代换系中缺少 6D 染色体，表明代换系中小麦的 6D 染色体被一对冰草染色体所代换。由于这两个代换系是自发发生的，而且生长正常，故推断此冰草染色体与小麦第 6 同源群有部分同源关系，并定名这条冰草染色体为 6P。③EST-SSR 分析进一步验证 6P 与小麦第 6 同源群的部分同源关系的划分是正确的；同时筛选出 5 个冰草 6P 染色体的 SSR 标记。④利用小麦 SSR 与 EST-SSR 分子标记技术研究普通小麦-冰草衍生后代中抑制成穗基因 *SiFc* 表明，该抑制成穗的性状受一对隐性基因控制，位于小麦 1A 染色体短臂的近端部，与 Ksum104、Ksum117、Xcfa2153 和 WMC24 4 对引物所扩增的成穗受抑制的标记具有连锁关系，且 Ksum104 引物所扩增的标记紧密连锁，它们之间的遗传距离为 4.5cM。

王睿辉等（2004）用普通小麦的 SSR 引物对 10 个小麦-冰草二体附加系及其亲本 2559、Fukuho 的扩增结果表明，来自小麦的 SSR 引物不仅可以从冰草的基因组 DNA 中扩增出多态性的标记，而且在 101 对多态性 SSR 引物中，有 24 对引物能够对附加到小麦背景下的冰草染色体扩增出相应的片段，用以进行同源群关系分析。从每个部分同源群各选择 1 个 SSR 标记，将 10 个附加系归入 7 个不同的部分同源群，从而初步建立起不同附加系中冰草染色体与小麦染色体间的部分同源关系。同时发现，随着 SSR 标记数量的增加，可以揭示出冰草 P 基因组在遗传演化中所发生的复杂变化，以及冰草 P 基因组与普通小麦 A、B、D 基因组关系的复杂性。

（三）利用分子标记构建冰草遗传图谱

分子图谱为植物基因数量性状座位或者数量性状基因座（quantitative trait locus，QTL）的鉴别和定位、种质资源鉴定、物种进化等研究提供了有利的研究手段。主要包括以下步骤：根据遗传材料之间的多态性确定亲本组合，建立作图群体；群体中不同植株或品系的标记基因型分析；标记间的连锁关系。

李小雷等（2008）以二倍体蒙古冰草与航道冰草种间杂种 F_1 代自交获得的 F_2 代群体为材料，采用 AFLP、RAPD 标记技术构建冰草分子遗传连锁图谱，并利用该遗传图谱对冰草的株高、叶片数、茎粗、叶长、叶宽、分蘖数、单株鲜重、单株干重、茎叶比、穗长 10 个重要农艺性状进行 QTL 定位分析（图 5-34），为下一步开展分子标记辅助育种及重要基因的图位克隆提供参考，为冰草的遗传改良和杂种优势利用提供理论基础。

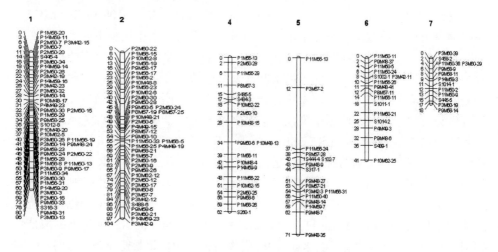

图 5-34　蒙古冰草遗传框架图（引自李小雷，2012）

分子标记作为一种新的遗传标记技术发展了近 20 年，具有很强的生命力，呈现出广阔的应用前景和巨大的应用潜力。在种质资源保护方面，由于生态环境的破坏和恶化，许多物种已经或正在消失，生物多样性消失已成为全球性问题；还有一些物种由于长期用于人工移植和杂交，其原产地及不同性系之间的界线用传统的方法很难确定，分子标记技术为种质资源保护提供了有力的工具。

借助于分子标记，通过物种分子遗传图谱的构建、群体遗传结构和多样性分析、物种演化和亲缘关系研究，能够对不同物种进行精确的系统学间的区分，精确确定物种的进化途径和分类学地位，进而对种质资源、基因库进行有效的保护。分子标记技术已成为植物进化、分类学研究和种质资源保护最主要的手段。

　　分子标记为植物品种鉴定提供了有力手段。对植物品种的鉴定，最终要通过建立种、品种、品系、无性系或杂种的指纹图谱来实现，即通过大量的研究制定不同植物的标准指纹图谱。目前发展的人工绘制品种鉴定简图（MCID）法将DNA指纹技术鉴定品种获得的结果转化为可信、简便、可参考和实际利用价值很高的能具体指导品种鉴定实践的实用信息，成为植物品种快速鉴定的参考依据。

　　在辅助选择育种和品种改良方面，利用分子标记技术，通过对现有品种的分子遗传图谱作图，能最大限度地综合利用有利基因和淘汰不利基因，设计出最佳杂交组合；通过对连锁标记的追踪和对数量性状的拆分，可准确定位一些其他方法难以确定的目标性状，从而进行早期选择，大大减少世代间隔和育种的盲目性，而且不受植株发育阶段和外界环境条件的限制。辅助选择育种结合传统的育种方法，推动植物遗传育种研究进入一个新的阶段。

　　全基因组关联分析（genome wide association study，GWAS）是利用全基因组范围内筛选出高密度的分子标记对所研究的群体进行扫描，分析扫描得出的分子标记数据与表型性状之间关联关系的方法。在植物基因组中的研究应用虽刚刚起步，但也取得了良好的效果。应用GWAS发掘植物复杂数量性状基因，为植物分子育种提供依据已成为国际植物基因组学研究的热点。

　　随着分子生物学理论与技术的迅猛发展，必将研发出分析速率更快、成本更低、信息量更大的分子标记技术。而分子标记技术与提取程序化、电泳胶片分析自动化、信息（数据）处理计算机化的结合，将加速遗传图谱的构建、基因定位、基因克隆、物种亲缘关系鉴别、与人类相关的致病基因的诊断和分析及植物分子育种的研究进程。

第六章　冰草育种研究

冰草属属于旱生植物类群，具有十分广泛的生态分布区，抗寒、耐旱性很强，耐瘠薄、抗风沙，适应性广，因此，具有重要的生态价值。其茎叶柔软，营养成分含量较高，适口性好，各种家畜均喜食。春季返青早，秋季枯黄晚，主要用作早春和晚秋放牧，因此在畜牧业生产中的意义更为特殊。近年来，随着中国生态建设力度的加强，北方干旱、半干旱地区十分重视冰草资源的开发利用，内蒙古、甘肃、宁夏等地，在"三化"草地改良中，冰草因其抗性和适应性强，成为重要的播种草种。但是，冰草品种缺乏，优良种子供应不足，限制了冰草大面积栽培种植及生态建设的进程。因此，培育高产、优质，以及符合生态建设需求的新品种是育种工作的重要任务。

第一节　育　种　目　标

冰草属植物除了作为优良牧草在建植刈割人工草地、放牧人工草地和改良天然草地中广泛应用外，在沙地、弃耕地的植被恢复和土壤改良中也得到越来越多的应用。此外，冰草也可用于水土保持、抗风蚀及美化环境等方面。由于利用目的和种植环境不同，适宜的品种类型不同，育种目标也略有侧重，在制定育种目标时都应考虑如下性状指标。

一、高额的饲草及种子产量

提高饲草和种子产量始终是冰草育种的主要目标，这是因为用于生态治理，特别是用于天然草场改良和需求的冰草品种，应能在干旱条件下迅速建植，并能获得较高的饲草产量和种子产量；而用于建植人工刈割草地的冰草品种在较好的灌溉条件下则更需要具有高额的青草、干草或种子产量指标。育种实践中，饲草和种子产量往往达不到同步提高，可根据实际需要选择一个主要目标，兼顾另一个目标。例如，以提高产量为主要目标，在此基础上兼顾种子产量的提高。

牧草产量指标是由微效多基因控制的数量性状，涉及植物内部及环境因子的影响因素较多，遗传改良的难度较大。就冰草而言，影响饲草产量的主要因素至少包括植株高度、株丛数、分蘖数、叶片数、再生速率、牧草含水量等性状；而生殖枝数、每穗小穗数、每小穗可育小花数则是构成种子产量的主要因子。因此，在将产量性状作为主要育种目标培育冰草新品种的过程中，应针对具体的产量构成因素开展育种研究。

二、优良的饲草品质

牧草品质通常是指牧草的饲用价值，是描述牧草在饲喂和放牧家畜时影响家畜适口性和生产性能的各种理化指标，如牧草自身所含的营养成分、消化率等。通常情况下，牧草品质的优劣主要由家畜采食和利用过程中涉及的具体性状指标来确定，即家畜是牧草品质最佳的检验和评价实体，而家畜的生产性能又与牧草品质密切相关。

冰草茎叶柔嫩，碳水化合物含量高，属于优质禾本科牧草。其主要缺点是叶量少，粗蛋白质含量较低。因此，在现阶段的育种实践中，品质改良的主要任务是通过提高叶量和粗蛋白质含量来改善冰草的营养品质和适口性。

三、优良的抗逆性状

抗逆性育种也称为抗性育种，是指牧草在不利的气候、土壤等环境因子的胁迫下，对逆境条件的抵抗性和耐受性。抗逆性好的牧草种或品种在相应的逆境胁迫条件下能良好生长，并保持相对稳定的产量和品质。

逆境对牧草的胁迫大致可分为温度胁迫、水分胁迫、矿物质胁迫，以及草食动物放牧啃食、践踏胁迫等，为此，作为优良牧草就需具备优良的抗干旱、耐寒冷、耐盐碱、耐高温、耐践踏等性能。

冰草属植物的抗旱性很强，但不同种和生态型之间存在明显的差异。冰草主要在中国干旱和半干旱的草原区被利用，选育在干旱和半干旱地区无灌溉条件下，播种后能迅速萌发，并可以获得较好产量的冰草品种在生产中具有重要意义。因此，在抗逆性育种方面，培育抗旱品种是提高冰草抗逆性的主要育种目标。同时，增强冰草对盐碱化等不良环境条件的耐受或抵抗性能也是现代冰草育种所关注的育种目标。

冰草原产于干旱环境，随着冰草的栽培化，其生长环境的水、肥条件得到改善，如果管理不当，会出现倒伏现象。因此，在提高饲草产量的育种过程中，兼顾抗倒伏性状的选育是十分必要的。

冰草属牧草为疏丛型禾草，个别物种具短根茎。这种特性更有利于发挥冰草固持水土、耐牧及防止土壤侵蚀等效用。因此，在冰草选育的过程中，将根茎型作为次要的育种目标适当加以考虑，育成的新品种，有助于干旱多风地区的植被恢复、放牧草地建设与改良、草坪建植、道路绿化和水土保持等。例如，美国的冰草品种 Road Crest 就是一个具根茎的草坪型品种，该品种根茎发育好、生物量低、植株低矮、种子活力好。中国在这方面的研究较少，目前还没有品种登记。内蒙古农业大学冰草课题组以内蒙古草原上野生冰草种质资源为材料，正在开展根茎型冰草的育种研究，并已取得较好的阶段进展，有望在短期内育成根茎型冰草品种，以填补该领域研究的空白。

第二节　冰草种质资源及其遗传变异

一、冰草种质资源及育种材料

冰草广泛分布于欧亚大陆温带草原区，在起源、演化和生态遗传变异及人类活动等多重因素的影响下，亚洲区域内野生冰草的生态生物学特性存在显著的遗传变异。例如，来自伊朗不同地区的野生冰草材料与中国产冰草材料相比，在成熟期、株高、种子大小、种子产量、植株构造及根茎的生长情况等方面存在显著差异，其中具根茎的植株比例非常高。另外，土耳其的一些冰草也表现出很强的具根茎特性。由此可见，遗传多样性丰富的野生冰草种质资源为多样化的冰草育种提供了珍贵的育种原始材料，有针对性地搜集具有重要目标性状的野生冰草种质资源是提高冰草育种成效的关键。

现有的冰草品系或品种是对某些优良性状进行选择或遗传改良后形成的栽培群体。这些种质材料具有某些突出的性状，特别是在抗逆性和农艺性状方面具有各自的优点，多样的品种特性使其具有不同功能，在生产应用中起着不同作用。目前，国外一些地区已经选育了许多优良冰草品种和品系，至 2012 年，北美洲共培育注册了 16 个冰草新品种（详见本书第一章）。科学地筛选和组配适宜的亲本，可加快育种进程，提高育种成效。例如，加拿大农业部以苏联的 1 个二倍体栽培品种为育种材料，经过系统选育，于 1932 年登记注册了北美洲第 1 个冰草栽培品种 Fairway。该品种植株低矮、叶量大、茎叶纤细，不仅在其本国草场补播中被广泛利用，其种子出口也为加拿大赚取了可观外汇。此后，人们又以 Fairway 为原始材料，通过对生长活力、植株高度和叶片形态等性状的进一步改良，育成了二倍体新品种 Parkway。后者株型更直立，活力更强，产量也更高。美国农业部农业研究局（USDA-ARS）与内布拉斯加州农业试验局（AES）共同合作，以 Fairway 品种为育种材料育成了二倍体新品种 Ruff，其适应性更强，繁衍的环境范围更广，被推荐在美国中部大平原和西部干旱荒漠地区西部大草原的干旱地带用以放牧和植被恢复。

从 20 世纪 60 年代开始，国内一些高校、科研院所及试验站开始对冰草种质资源进行了收集、引种、评价和选育工作。1983 年内蒙古农业大学云锦凤从美国犹他州 USDA-ARS 引进来自苏联、土耳其和伊朗等国家的冰草材料 259 份，包括冰草、沙生冰草、西伯利亚冰草及杂交种。经过多年的引种、观察和评价，筛选出了一批适应性好、产量高的材料，同时他们以美国选育并于 1984 年注册登记的四倍体冰草品种 Hycrest 为育种材料，经过 15 年的系统选育，育成了蒙农杂种冰草新品种。

除上述几个品种外，可作为冰草育种材料的国内品种还有很多，其中具有代表性的品种包括内蒙沙芦草、蒙农 1 号蒙古冰草、蒙农杂种冰草、Nordan 沙生冰草等，截至 2013 年，国内已培育和登记的冰草新品种 6 个。

二、遗传变异与遗传多样性研究

遗传多样性是指用种、变种、亚种或品种的基因变异来衡量的变异性，可分为染色体组多样性和基因多样性。遗传多样性评价是育种研究的重要内容，它决定了这些种质在今后育种实践中的有效利用。冰草具有丰富的遗传多样性，意味其具有较高的适应生存能力和进化潜能，对保持生态系统的稳定性和多样性具有重要作用。

（一）形态学水平

冰草分布广泛，在异质性环境的自然和人为选择压力下变异性很大。冰草的表型变异不仅表现在某些数量性状上，而且也表现在某些质量性状上，其中，冰草属内不同种和亚种穗型变异是种（亚种）间遗传多样性的体现（图版Ⅳ）也是鉴别种和亚种的一个重要特征。冰草形态特征的变异能够反映居群的遗传变异水平和居群结构。表型性状的变异往往具有适应和进化上的意义，不仅能在一定程度上了解遗传变异的大小，而且有助于了解冰草适应和进化的方式、机制及其影响因素。

1. 蒙古冰草（*Agropyron mongolicum* Keng.）

内蒙古农业大学冰草课题组对内蒙古中东部典型草原上蒙古冰草 6 个天然居群和 2 个栽培品种的形态学研究显示，8 个居群的穗长、穗宽、每穗节数、穗轴第一节间长、小穗长、小穗宽、第一颖长、第二颖长、每穗小花数和第一小花外外稃长 10 个性状在居群内和居群间都具有显著差异。居群内个体间的差异几乎存在于每一个居群的每一个性状中，但在不同居群内、不同的性状间其差异的程度各不相同。从总体情况来看，10 个性状中穗轴第一节间长的变异系数最大，在总居群中的平均值为 0.429；其次为穗长和每穗节数，其平均值分别为 0.228 和 0.217。在各个居群中，10 个性状的平均变异系数为 0.154～0.231，其值在 8 个居群中各不相同，表明在各个居群的个体间均存在大小不等的形态学差异。在 8 个居群间变异程度最大的是穗长（CV=0.343），变异程度最小的是小穗第二颖长（CV=0.080）。表明蒙古冰草形态性状的变异程度在居群内个体间及居群间的分布是不均衡的，反映出不同的性状对相同的生态环境因子影响的反应是不同的，同样同一性状对不同生境因子影响的反应也是不同的。进一步的分析表明，蒙古冰草表型性状的变异在居群内和居群间的分布同样是不均衡的，而且天然居群间性状的变异程度远大于栽培品种间的变异程度。对 10 个性状的主成分分析显示，穗长、每穗节数、小穗长和穗轴第一节间长 4 个性状是蒙古冰草表型差异的主要来源，也是蒙古冰草遗传变异的主要表型特征（解新明等，2001）。

内蒙沙芦草是由内蒙古野生分布的群体经过多年多代栽培驯化而育成的栽培驯化品种，蒙古冰草新品系是以内蒙沙芦草为原始群体，经过表型选择而育成的新品种。在同一栽培环境和相同栽培管理条件下，前者居群内个体间 10 个性状的平均变异系数（0.213）大于后者的平均变异系数（0.168）。由此可见，在冰草栽培品种间，由于育种过程中选择压力的不同，其表型性状的变异程度也表现出较大差异，而这 2 个品种在相同环境下表型性状上的差异也反映了其遗传的差异。这一结果也进一步证明了蒙古冰草的表型变异能够反映其遗传变异，通过表型选择进行冰草的遗传改良是可行的（解新明等，2001）。

表型性状的多元方差分析可揭示蒙古冰草居群内和居群间存在的差异。为了进一步了解居群间的相互关系，对 8 个居群间的 10 个性状进行了聚类分析。结果显示，蒙古冰草的形态差异与土壤因子有着紧密的联系。8 个居群聚为 3 类，来自石砾质坡地生境的 2 个居群聚为一类，来自沙地生境的 3 个居群聚为一类，而 2 个栽培品种聚为一类。由此可见，蒙古冰草各居群间的形态差异性与生态环境因子的异质性密切相关，具有相似生境特点的居群具有较相似的表型特征。同时也反映出人工选择和自然选择对蒙古冰草的形态差异可产生重要作用。

外稃是禾本科植物形态分类的重要特征之一，分类学家认为外稃是禾本科植物稳定而保守的性状。蒙古冰草外稃的形态，特别是微形态特征存在丰富的变异模式，因而也常被作为冰草分类的重要特征。例如，毛沙芦草（蒙古冰草的变种）与蒙古冰草的主要区别是颖及外稃显著被长柔毛。内蒙古农业大学冰草课题组对蒙古冰草外稃的微形态特征进行电子显微镜扫描观察，发现存在相当丰富的变异。通过放大 50 倍的电子显微镜扫描观察，蒙古冰草外稃的毛被可分为密被长柔毛、疏被中长度柔毛、疏被短刺毛和平滑无毛 4 种变异式样，但其共同的特征是都具有大小不等的疣突。进一步在放大 2500 倍下观察发现，蒙古冰草外稃的纹饰也有丰富的变异，依据表面纹饰和附属物的差异，可分为 9 个类型：①表面平缓，具星刺状附属物；②表面平缓，具不规则分枝短丝状附属物；③表面平缓，密被珊瑚礁状附属物；④表面平缓，具不规则短棒状附属物；⑤表面平缓，无附属物；⑥表面粗肋状，具珊瑚礁状附属物；⑦表面粗肋状，具星刺状附属物；⑧表面粗肋状，无附属物；⑨表面细肋状，无附属物。

以上研究揭示了蒙古冰草外稃在毛被和表面微形态特征上存在非常大的差异。但在观察中还发现，外稃的毛被与表面纹饰和附属物的组合在不同个体和群体间表现的差异更为丰富，据此可大致将蒙古冰草外稃分为 14 个变异类型：①密被长柔毛，表面平缓，具星刺状附属物；②密被长柔毛，表面平缓，无附属物；③疏被中长柔毛，表面平缓，具星刺状附属物；④疏被中长柔毛，表面粗肋状，无附属物；⑤疏被中长柔毛，表面细肋状，具星刺状附属物；⑥疏被短刺毛，表面平缓，具不规则短棒状附属物；⑦疏被短刺毛，表面粗肋状，具珊瑚礁状附属物；⑧疏被短刺毛，表面平缓，无附属物；⑨疏被短刺毛，表面细肋状，无附属物；⑩疏被短刺毛，表面粗肋状，无附属物；⑪无毛，表面平缓，具不规则分枝短丝状附属物；⑫无毛，表面粗肋状，具星刺状附属物；⑬无毛，表面平缓，珊瑚礁状附属物；⑭无毛，表面粗肋状，无附属物。

蒙古冰草中虽然存在上述 14 个变异类型，但不同类型在不同居群中的分布频率是不同的。第 1 种类型的分布频率最高，在观察的 8 个种群中，在 5 个种群中出现；第 3 个类型在 3 个居群中出现，第 7、10、14 种类型在 2 个种群中出现，其他类型仅在 1 个种群中。在观测的 8 个种群中，有 7 个种群均有 3 个外稃类型，仅有 1 个种群中有 2 个外稃类型。

蒙古冰草外稃的这些微形态特征变异式样无疑是基因型与环境共同作用的结果。但是，外稃是小花的一部分，是生殖器官，其基本形态几乎与其他花部器官同时分化，而且生长发育期也相对较短，不同于枝叶那样长时期的逐次生长分化，因而受外界环境饰变的影响最小（Stebbins，1963）。由此似乎可以推测，蒙古冰草外稃微形态特征的变异式样具有相当的遗传基础，是遗传变异在外部形态上的一种表现形式（解新明等，2001）。

2. 冰草（*Agropyron cristatum*）

内蒙古农业大学冰草课题组对采自内蒙古草甸草原、干草原、荒漠草原、科尔沁沙地、浑善达克沙地及大青山山地等不同生态区的 16 份冰草进行了表型变异研究。对穗长、穗宽、每穗节数、穗轴第一节间长、小穗长、小穗宽、第一颖长、第二颖长、每小穗小花数、第一小花外稃长 10 个性状的研究显示，种群内的个体间每个性状都存在差异，但在不同种群内、不同性状的个体差异程度不同。10 个性状的平均变异系数为 0.112～0.342，穗轴第一节间长的变异系数最大，其次为穗长和每小穗小花数。从种群间的差异看，16 个种群间变异程度最大的是穗宽（CV=0.28），变异幅度最小的为第一小花外稃长（CV=0.077）。这一结果与蒙古冰草的研究结果相同，都反映出生境或地理因素对冰草性状的影响有选择性。聚类分析结果表明，冰草的形态差异与土壤因子也有着紧密的联系。

物候期观测结果显示，不同种群及同一种群不同个体在生育期上表现出很大的差异。其中，出苗天数的变异最大（CV=63.24%），而枯黄期相对一致（CV=6.34%）。这种差异的产生是由于冰草繁育系统的遗传因素和环境因子的共同作用所致（李景欣等，2004）。

（二）细胞学水平

1. 蒙古冰草（*A. mongolicum* Keng.）B 染色体的变异

研究表明，蒙古冰草是冰草属中 B 染色体分布最普遍的种。云锦凤等（1996）的研究显示，蒙古冰草不同种群或不同来源的种质材料含有 B 染色体的数目也不同，甚至在同一植株的不同花粉母细胞中 B 染色体的数目也可能不同。目前的研究发现，蒙古冰草花粉母细胞 B 染色体数目为 1～7 条。这说明蒙古冰草在染色体上存在着广泛的多态性。

2. 冰草（*A. cristatum*）的染色体变异

冰草染色体的研究显示，6 个冰草种群的染色体数目均为 $2n=4x=28$，均为同源四倍体。但在染色体结构、随体和 B 染色体上存在丰富的变异，染色体长度比为 1.35～1.90，平均臂比为 1.35～1.56，2 个种群为 1B 核型，其余 4 个种群为 1A 核型。有 2 个种群的染色体有随体，1 个种群中检测出 B 染色体的存在。此外，同源染色体长度也存在一定程度的差异。由此可见，内蒙古野生冰草不同种群间存在一定程度的分化和变异（李景欣等，2005）。

（三）生化水平

1. 蒙古冰草（*A. mongolicum* Keng.）

等位酶（allozyme）是指由同一基因位点上不同等位基因所编码的同工酶。当基因中一个或多个核苷酸发生变化时，就会导致由它编码的氨基酸的改变，从而可以直接影响酶蛋白的结构和静电荷，最终造成酶蛋白在电泳中移动性的改变。通过对酶蛋白电泳图谱的分析就可以了解其基因的变异特点。等位酶分析技术不仅广泛用于植物遗传多样性的研究，还可用于不同种群的遗传结构、交配系统、遗传分化等诸多问题的研究。为了探析蒙古冰草不同种群的遗传结构和遗传多样性，解新明等（2001）采用不连续垂直板聚丙烯酰胺凝胶电泳技术对 8 个蒙古冰草种群（6 个天然居群，2 个栽培品种）进行了等位酶研究，共检测了 8 种酶系统，其中 5 种酶系统获得了清晰和稳定的酶谱。通过酶谱分析发现这 5 种酶受 12 个位点 23 个基因所编码（李景欣等，2005）。

研究结果显示，平均每个位点的基因数（A）为 1.740 个，但不同居群的 A 值有所不同，为 1.667～1.833。虽然居群中平均每个位点的基因数为 1.740 个，但真正起主导作用的有效基因数（A_e）平均为 1.533 个，而且每个居群的 A_e 值也各不相同，为 1.417～1.631。在总居群中，只有 Per-3、Est-4、Mdh-2 为单态位点（只有 1 个等位基因），其余位点都为多态位点，其中 Est-2 和 Aat-1 具有 3 个等位基因，其他位点分别具有 2 个等位基因。另外，Aat-1 位点的 *c* 基因 Aat-2 位点的 *b* 基因为稀有基因，这两个稀有基因只出现在沙地居群中。

固定指数（F）是对基因型偏离 Hardy-weinberg 平衡的度量指标。例如，$F<0$，表明杂合体过多，或者说杂合体多于纯合体。蒙古冰草 8 个居群均为负值，说明各个居群均存在过量的杂合体。居群间每代迁移数（number of migrants per generation，Nm）是测定群间基因流的一个参数。国外学者认为，当 Nm>1 时，基因流可以防止由遗传漂变引起的居群之间的遗传分化。蒙古冰草的 Nm=1.688，显然大于 1，表明各居群间存在较为强大的基因流，而降低了居群间的遗传分化（解新明等，2001）。

多态位点百分率（P）和平均每个位点的预期杂合度（He）（又称为基因多样性指数）是度量遗传多样性的重要参数，蒙古冰草在总居群的水平上，He=0.285，P=67.71%，显示出了较高的遗传多样性。居群水平上的分析表明，天然沙地和沙壤质地居群的遗传变异水平高于石砾质地居群和栽培品种。

各个多态位点的分析显示，蒙古冰草居群内的基因多样度（H）、总居群的基因多样度（H_T）、各居群间的基因多样度（D_{ST}）及基因分化系数（G_{ST}）各不相同，说明在居群间，不同位点的基因分化程度不同。总的遗传变异中，只有 12.9% 的变异存在于居群间，而 87.1% 的变异存在于居群内，即居群内的变异大于居群间的变异。Nei 氏遗传距离分析表明，生境因素是造成蒙古冰草居群间遗传分化的重要原因，而且野生种比栽培品种具有更高的遗传变异，栽培驯化品种比经过系统选育的品种有较高的杂合性和较丰富的基因多样性。这一结果充分反映出环境的异质性与蒙古冰草遗传多样性密切相关，同时也表明采用系统选择法进行蒙古冰草遗传改良是有效的（解新明等，2001）。

2. 冰草（*A. cristatum*）

内蒙古农业大学冰草课题组采用垂直板聚丙烯酰胺凝胶电泳技术对 16 个天然冰草种群的酯酶（EST）和 POD 进行了检测和分析，旨在揭示冰草野生种群在蛋白质水平上的遗传变异和多样性。结果共检测到 4 个基因位点，21 条酶带，均为多态性位点，多态性位点所占比例达 100%。各等位基因在不同种群中的分布频率差异很大，表明这些冰草种群都具有较高的等位酶基因分布。所检测到的 2 种等位酶 4 个等位基因位点的平均期望杂合度分析结果表明，总体杂合度为 0.7722，总体反映出较高的遗传多样性（李景欣等，2005）。

（四）分子水平

1. 蒙古冰草遗传多样性的 RAPD 分析

分子遗传学的研究表明，真核生物基因组 DNA 总量中大约只有 10% 具有编码功能，而其余 90% 的序列没有编码功能，其中在庞大的非编码区内广泛地分布着各种形式的重复 DNA 序列，由于它们不编码任何肽链，故很少受到选择作用（包括自然选择和人工选择）的影响而保持着高度的多态性（刘荣宗，1997）。

同时，基因突变与重组也构成了遗传多样性的重要来源。RAPD 是 20 世纪 90 年代初发展起来的一种新型遗传标记技术，具有快速、简捷、高效、灵敏、特异性强、检测位点多、对研究材料的数目及质量要求低等优点，因而被广泛用于植物遗传变异和遗传多样性研究。为了从 DNA 水平上揭示蒙古冰草的遗传变异和多样性，内蒙古农业大学冰草课题组采用 RAPD 技术对蒙古冰草进行了相关研究。筛选出 17 条引物，共产生 101 条带，平均每条产生约 6 条带。其中，81 条为多态性带，平均每条引物 4.8 条，多态位点所占比例达 80.20%，表明蒙古冰草在 DNA 水平上具有丰富的遗传多样性。这为蒙古冰草的引种驯化、新品种选育及近缘栽培品种的遗传改良提供了十分珍贵的遗传资源。

采用多样性指数（DC）对蒙古冰草遗传多样性分布格局的分析显示，各居群内的个体间都存在不同程度的遗传分化，个体间的遗传分化随着居群的不同而不同。蒙古冰草 8 个居群间也存在一定程度的遗传分化，遗传多样性在居群内及居群间的分布不均衡，居群内个体间的遗传变异大于居群间的遗传变异。

采用 Jaccard 系数所求得的遗传距离对蒙古冰草遗传多样性的分析表明，生境或生长条件越相似，其遗传距离越相近，而遗传距离最大的居群具有不同的生境或生长条件。进一步分析显示，天然居群间的遗传分化大于栽培品种间的遗传分化。这一结果与等位酶及表型性状的分析结果一致。

2. 冰草遗传多样性的 RAPD 分析

内蒙古农业大学冰草课题组采用 57 个随机引物，对 16 个天然冰草（*Agropyron cristatum*）种群 352 个单株的基因组 DNA 进行 RAPD 多态性检测的研究表明，从 57 个 RAPD 引物中选出多态性标记的引物 11 个，检测出 125 个位点，103 个呈多态性，多态位点所占比例为 83.00%。不同的群体及同一群体的不同个体间均存在较丰富的变异。

采用 Shannon 多样性指数对 11 个引物所检测的多样性分析显示，种群内平均遗传多态度为 2.19，群体的遗传多态度总量为 3.22，遗传变异均值为 0.60，而种群间的遗传变异均值为 0.40，也表现出种群内的遗传变异大于种群间的变异。DNA 水平进行的聚类分析显示，扁穗冰草的变异和遗传多样性与地域性的关系不明显（李景欣等，2005）。

第三节　冰草育种技术与方法

冰草属牧草是一类种植资源丰富，且有较好遗传学基础研究的牧草。因此，在培育新品种的过程中，应依据遗传学规律及前人的研究成果，充分利用现有种植资源，选定明确育种目标，发现或诱发变异，并科学地选择具有目标性状的植株，具体方法包括外来和野生种植资源的采集驯化、群体的选择改良、染色体倍性的操作、辐射诱变等（图 6-1）。其中，将不同物种优良性状综合于一体的有性杂交技术无疑是最为重要的育种方法，在冰草育种实践中应用最广泛，成效也最为显著。

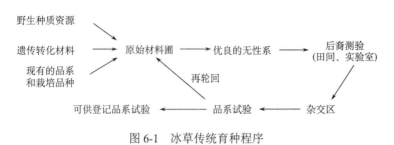

图 6-1　冰草传统育种程序

一、引种驯化

（一）国产野生冰草的栽培驯化研究——内蒙沙芦草选育

自 1975 年起，为了选育适宜在内蒙古中、西部地区退化干旱草场、沙地草场补播及撂荒地种植的冰草品种，内蒙古农业大学以内蒙古巴彦淖尔盟乌拉特中旗巴音哈太地区的野生蒙古冰草为材料，开展了野生冰草的栽培驯化研究。原始群体自然分布的生境条件为河岸沙地，草场类型为短花针茅+冷蒿+中间锦鸡儿+丛生禾草草场。经过近 10 多年的栽培驯化研究，改良了野生性状（如落粒性等）、提高了农艺性状（如植株高度、叶量等），选育出了'内蒙沙芦草'新品种，1991 年通过国家牧草审定委员会的审定，并登记为国家牧草新品种，登记号 096。

1. 育种方法与程序

1975 年采集野生种子，1976 年开始栽培驯化，逐渐扩大面积。1986～1990 年进行品种比较试验、多点区域试验及生产试验。育种程序见图 6-2。

2. 新品种的特征特性

经过多年多代栽培驯化形成的内蒙沙芦草栽培品种，株型为疏丛型，根须状，具沙套。茎秆直立且细弱，高 50～100cm，具2～3 节，茎基节常膝曲。叶鞘短于节间，光滑无毛，叶片灰绿色，内卷，叶量少，叶

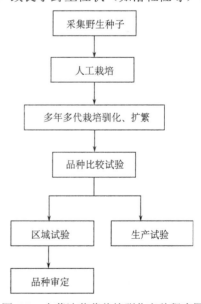

图 6-2　内蒙沙芦草栽培驯化育种程序图

长 7～10cm，宽 2～4cm，无毛。穗状花序直立，长 10～18cm，较疏松，每小穗含 3～8 枚小花。颖果椭圆形，灰褐色，长约 4mm，光滑，顶端具长约 2mm 的短尖头，千粒重 2.0～2.4g。二倍体，$2n=2x=14$。

内蒙沙芦草的主要特性是植株寿命较长，适应性强，抗寒、耐旱、耐风沙、耐瘠薄。春季返青早，秋季枯黄晚，牧草青绿期长。茎叶柔软，营养价值高，适口性好。但叶量少，苗期生长缓慢，再生性一般。

从品种的特征特性来看，虽然经过了多年多代的栽培驯化，但由于选育过程中人工选择的压力很小，栽培驯化的新品种在植物学形态和抗性方面没有明显的改变，仍然保持了野生种的形态和优良抗性。

3. 品种的栽培与利用

内蒙沙芦草品种对土壤要求不严格，适于在干旱区的浅复沙地栽培。在风沙大的退化草场可进行免耕补播，最好与豆科牧草混播。在降水量为 200mm 以上，冬季最低气温为–35℃以上的区域生长良好，可安全越冬。

早春至夏季均可播种。干旱地区以早春或夏季播种为宜，早春于 4～5 月土壤解冻后抢墒播种，夏季于 6 月月底至 8 月月初雨季来临时播种。播种量为 1～1.5kg/亩，播后及时镇压。条播，刈割人工草地行距 30cm，播深 2～3cm；种子生产田可减少播种量，并加大行距至 40～45cm。由于内蒙沙芦草种子小，苗期生长缓慢，播前需精细整地和防除杂草。在风沙较大的退化草场上，可采用免耕补播。

各种家畜对内蒙沙芦草均喜食，可用于放牧、青刈和调制干草，具有良好的适口性和消化率，抽穗期及时刈割可调制优质青干草。内蒙沙芦草初花期的营养成分见表 6-1。

表 6-1　内蒙沙芦草营养成分分析

物候期	营养成分及含量							
	粗蛋白质/%	粗脂肪/%	粗纤维/%	粗灰分/%	无氮浸出物/%	钙/%	磷/%	胡萝卜素/(mg/kg)
抽穗期	15.14	3.94	33.26	6.83	37.34	—	—	—
开花期	10.52	3.54	35.78	5.35	40.59	—	—	—
初花期	10.59	4.07	26.95	5.03	40.86	0.42	0.22	139.15

4. 品种注册登记与推广利用

内蒙沙芦草是内蒙古农业大学冰草课题组选育的中国第一个冰草野生栽培驯化品种，1991 年通过了国家牧草品种审定委员会的审定，登记为国家牧草品种。多年来，内蒙沙芦草在内蒙古中西部、甘肃、青海、宁夏、新疆等省（自治区）的沙化退化草地改良、飞播及水土流失区植被恢复中发挥了重要的作用。

（二）国外冰草品种的引种驯化——诺丹冰草的引进和审定登记

1984 年，为了满足国家对冰草品种的迫切需求，加快中国冰草育种进程，内蒙古农业大学从美国农业部犹他州立大学洛根市的伊万试验站引进了诺丹冰草（A. desertorum cv. Nordan），这是美国北达科他州 1958 年登记的沙生冰草品种。目的是通过引种栽培评价和品系试验的方法，快速选育适宜内蒙古中、西部及中国西北地区种植的冰草品种。经过多年的引种驯化和试验，通过了国家牧草审定委员会的审定，并登记为国家牧草新品种。

1. 育种方法与程序

1984 年引进在内蒙古呼和浩特地区栽培，1986 年开始在呼和浩特地区进行品种比较试验，同时，在内蒙古中西部不同自然气候条件下进行多点区域试验和生产试验，在不同试验阶段对其植物学特征、生物学特性和适应性等进行系统研究。

2. 品种特征特性

多年生丛生禾草，株高 70～80cm，茎较粗，直立，株间变异小，群体生长整齐。叶片深绿色，常为 2 片，叶长 5～7cm、宽 3～4mm，叶鞘短于节间，光滑无毛。穗状花序较紧密，长 5～10cm；小穗斜上升，不呈篦齿状排列，长 0.8～1.5cm。颖果舟形，黄褐色，具短芒尖。种子较大，千粒重为 2.2～2.6g，表面光滑，流动性好。四倍体，$2n=4x=28$。

诺丹冰草的适应性强，抗寒、耐旱、耐风沙、耐瘠薄。春季返青早，幼苗生长势强，青绿生长期长。草质柔嫩，叶量较多，营养价值高，适口性好。

3. 品种的栽培与利用

诺丹冰草品种对土壤要求不严格，适于在浅复沙地栽培，可在弃耕地上直播或退化草场上免耕补播。在年降水量 250mm 以上、冬季最低气温-35℃以上地区生长良好，能安全越冬。

早春至夏季均可播种。干旱地区以早春或夏季播种为宜，早春于 4～5 月土壤解冻后抢墒播种，夏季于 6 月月底至 8 月月初雨季来临时播种。播种量为 1～1.5kg/亩，播种后及时镇压。条播，刈割人工草地行距 30cm，播深 2～3cm；种子生产田可减少播种量，并加大行距至 40～60cm。播前需精细整地和防除杂草，苗期除草 1 次或 2 次。最好与苜蓿等豆科牧草混播。

初花期的粗蛋白质含量占风干草质量的 10.58%，粗灰分占 5.99%，粗脂肪占 4.07%，粗纤维占 33.36%，无氮浸出物 42.18%，钙占 0.41%，磷占 0.30%，胡萝卜素占 174.76mg/kg。各种家畜均喜食，用于放牧、青刈和调制干草，适口性和消化率较好。由于返青早，幼苗生长快，春季放牧利用具有特殊意义。抽穗期至初花期刈割可调制优质青干草。

4. 品种注册登记

诺丹冰草是内蒙古农业大学冰草课题组 1992 年登记的中国第一个冰草国外引进品种。主要特点是适应性和抗性较强，抗寒、耐旱、耐风沙、耐贫瘠和抗病虫。春季返青早，青绿持续期长，营养成分含量较高，草质柔嫩，适口性和消化率较好。株型直立，群体生长整齐，种子粒大，易建植，幼苗生长势强，叶量较多。

二、选择育种

国内外大量的育种研究表明，选择育种是冰草育种中较为传统和有效的方法之一。从冰草育种的历史和成就来看，选择育种的贡献较大。而且选择育种在其他育种方法的应用中也是必不可少的重要技术手段和育种环节。

群体选择法操作简单易行，育种时间短，效果较好。美国学者从自由异花授粉的两个世代中选择优良单株，将选出的 7 个植株的自由异花授粉后代扩大繁殖，作为品系进行测定，经品种比较及区域试验后成功选育了 'Nordan' 沙生冰草品种。内蒙古农业大学以 'Hycrest' 作为原始群体，经二次单株选择和一次混合选择育成了 "蒙农杂种冰草" 品种。近年来，云锦凤等以内蒙沙芦草品种为原始材料，采用单株-混合选择法选育了 '蒙农 1 号蒙古冰草' 新品种。

轮回选择法在许多牧草育种中普遍被采用，在冰草育种中也有采用。美国学者采用轮回选择法，经过二次轮回选择育成了草坪型冰草品种——'Road Crest'。

（一）蒙农 1 号蒙古冰草的选育

在内蒙古干旱草原区的自然条件下，内蒙沙芦草比伊菲、航道、苛克、帕克维等引进的冰草品种更易于建植，而且建植效果受播种期水分条件影响小，适宜中国北方年降水量为 200～400mm 的干旱、半干旱地区种植。但是，内蒙沙芦草作为饲用牧草存在的主要问题是牧草和种子产量低，灌溉条件下的干草产量仅为 3000kg/hm^2 左右。其田间株丛形态差异较大，在植株高度、茎秆直立程度、株丛大小和颜色等方面均表现出明显的株间变异，存在着很大的育种潜力。为了选育表型更为整齐一致，牧草和种子产量都有明显改善，并且能够保持原始群体较强的抗旱、耐寒特性和饲用品质的蒙古冰草新品种，内蒙古农业大学以内蒙沙芦草（内蒙古农业大学 1991 年登记）为原始群体选了 '蒙农 1 号蒙古冰草' 新品种，2005 年通过国家牧草审定委员会的审定，并登记为国家牧草新品种，登记号 305。

1. 选育方法与程序

在内蒙沙芦草群体中，以返青早，返青期株丛深绿色，生长旺盛；开花期株丛直立、株高 90cm 以上，分蘖数多，叶量丰富，整个生长期无病虫害等形状为目标性状。采用单株-混合选择法进行选育。具体选育方法和程序如下所述。

1992 年，在原始材料圃中进行第一次单株选择，获得符合条件的优良单株 20 个，分别收获种子，1993 年单独播种 20 个株系小区。

1995 年，进行第二次单株选择，共选得优良单株 13 个，单独收获种子，1996 年分别种植 13 个株系小区。

1997 年进行第三次单株选择，选得优良单株丛 260 个，进行单株混合收籽，共获得种子 1.4kg，形成了原种。

1998 年开始在呼和浩特进行新品系扩繁和品种比较试验，当年种植面积 600m²，翌年收获种子约 20kg。

2001 年开始在呼和浩特、锡林郭勒盟正蓝旗和苏尼特右旗进行区域试验、生产试验及原种扩繁。

2005 年，已在呼和浩特内蒙古农业大学科技园区牧草试验站、土左旗海流基地，内蒙古锡林郭勒盟正蓝旗牧草种籽繁殖场，苏尼特右旗牧草试验站及巴彦淖尔盟乌拉特中旗等地建植品种比较试验、区域试验、旱作生产试验及种子良繁田共计 50 余公顷，每年可收获种子超过 2000kg，为进一步生产试验和推广应用奠定了基础。

2. 品种特征特性

蒙农 1 号蒙古冰草新品种与内蒙沙芦草原始群体相比，草群高度明显增加，单株丛分蘖数及田间整齐度均有较大幅度的提高。乳熟期草群达到最大高度，内蒙沙芦草的平均株高为 83.1cm，而新品种的平均株高为 105.9cm，最高可达 122cm，比原始群体平均增高 22.8cm。而且，内蒙沙芦草的株高变幅范围较大，新品种的株高变幅范围较小，群体田间表现整齐一致。新品种的叶数及叶片长宽指标都较原始群体有明显增加，一般具 3～4 叶（比沙芦草增加 1 片或 2 片），叶片长 14～18cm，宽 0.4～0.6cm，牧草叶量明显增加；新品种的花穗体积也有所增加，一般穗长为 12～18cm，每穗小穗数 24～36 个，每小穗小花数 6～14 个。

新品种的分蘖能力也比内蒙沙芦草强，生活第 2 年平均单株丛的分蘖数可达 142 个，比原始群体的 102 个平均增多 40 个。此外，生殖蘖数也有较多增加，抽穗率达 86.8%，比原始群体（76.2%）提高了 10.6%，株丛颜色也显得较为整齐，一般呈深绿色。

从新品种的生长发育进程看，在同一地区两个材料的生长发育规律表现基本一致，不同地区表现有所不同。不同日期播种，当年的生长发育表现不同。2001～2004 年在正蓝旗进行了完整年度播期试验的结果表明，早春播种，当年即可正常结实；夏、秋季播种，当年植株生长旺盛，但不能抽穗；9 月下旬至 10 月中旬播种，当年出苗及翌年返青均不良；10 月月底至土壤封冻前播种，当年不出苗。播种第二年开始表现出相同的生长发育规律，春季返青较早，一般 3 月月底至 4 月月初春芽萌发，草地泛绿，返青期比当地天然草地提早 20～30 天，比苜蓿等豆科牧草至少提早 20 天；秋季枯黄较晚，一般在当地初霜一周后开始出现枯黄，再经过 20～30 天后达到完全枯黄。晚秋雨水较好，枯黄期延迟。生育期和青绿期因各地气温和降水量不同而有所差异，呼和浩特春季气温回升较快，返青较早，一般于 3 月下旬即可返青，5 月月底抽穗，7 月月底种子成熟，生育期 120 天左右；而且初霜晚，青绿期较长，3 年平均青绿期为 226 天。正蓝旗和西苏旗春季气温回升较慢，返青较晚，一般在 4 月上旬才可返青，8 月中旬种子成熟，而且初霜较早，青绿期较短，3 年平均青绿期正蓝旗为 207 天、西苏旗为 200 天。另外，正蓝旗因夏季降水多，生育期较长，3 年平均生育期为 130 天。从开花期、抽穗期和种熟期来看，各地新品种比内蒙沙芦草一般提前 1～3 天，这与新品系草群整齐性高于沙芦草有很大关系。

蒙农 1 号蒙古冰草新品种保持了内蒙沙芦草抗寒、耐旱，青绿期长的优良特性。但一般在苗期因幼苗细弱，严重干旱时容易出现死苗，特别是夏季高温干旱时，死苗现象较为严重，有时甚至全部旱死。三叶期开始分蘖后，株丛根系已较健全，抗旱能力明显增强；以成株的抗旱性为最强，在极度干旱时，叶片内卷，可以减少水分散失，甚至地上部分枯黄进入临时休眠，待降雨或灌溉后可在短期内迅速恢复生长。正蓝旗试点的观测发现，8 月月底播种，当年幼苗可以安全越冬，成株在冬季极端低温达到−40℃的年份，其越冬率仍可达到 95% 以上。

新品种草群高大整齐，叶量较丰富，牧草产量明显增加。正常年份刈割适时可以进行二次割草，第一次可在 6 月月初抽穗盛期刈割，占产草量的 60%；2 个多月后可于 8 月中旬进行第二次刈割，占产草量的 40%。7 月月底种子收获后，水热条件充沛，果后营养生长旺盛，到初霜前植株可以达到拔节期，也可进行割草或放牧利用。各地不同年度抽穗盛期刈割测产结果有所不同，但总体产草量均高于内蒙沙芦草。种植 4 年内，随着生长年限的延长牧草产量呈上升趋势。呼和浩特试点 3 年平均干草产量新品系为 6608.4kg/hm^2，内蒙沙芦草为 5118.3kg/hm^2，平均增产 29.11%；正蓝旗在 3 个试点中的产草量最高，3 年平均干草产量新品系为 7104.4kg/hm^2，内蒙沙芦草为 5435.1kg/hm^2，平均增产 30.71%；苏尼特右旗试点气候条件较差，3 年平均干草产量最低，新品系为 3680.8kg/hm^2，内蒙沙芦草为 2955.7kg/hm^2，平均增产 24.53%。

新品种抽穗率提高，生长整齐，种熟期一致，易于获得优质高产的种子。试验结果表明，各地不同年度种子产量有所不同，新品种均高于内蒙沙芦草，且随着生长年限的延长种子产量呈上升趋势。在呼和浩特试点 3 年平均种子产量为 520.8kg/hm^2，内蒙沙芦草为 336.3 kg/hm^2，平均增产 42.18%。正蓝旗试点在 3 个试点中的产量最高，3 年平均种子产量为 550.7kg/hm^2，内蒙沙芦草为 400.6kg/hm^2，平均增产 37.47%。虽然苏尼特右旗试点 3 年平均种子产量最低，仅为 261.0kg/hm^2，但内蒙沙芦草只有 195.5kg/hm^2，平均增产仍达到 33.50%。

新品种叶面积增大，叶量增加，粗蛋白质含量进一步提高，营养价值得以改善，草质柔嫩，适口性好，抽穗盛期粗蛋白质含量为15.89%、粗脂肪含量为4.06%、粗灰分含量为6.89%，均略高于内蒙沙芦草；这与选育后新品系的叶片数量增多、面积增大及叶片所占叶量比例提高有关。开花期粗蛋白质含量明显下降，粗纤维含量增加，生产中应注意适时刈割。

新品系的野生性状表现为成熟时的落粒性明显降低，这在种子繁殖时确定适宜的收获期和提高种子产量有大的帮助。

新品系生态适应性广泛，适宜在中国北方年降水量为 200～400mm 的干旱、半干旱地区推广种植。用途及利用方式与内蒙沙芦草相同。

（二）蒙农杂种冰草的选育

为了选育适宜中国北方干旱和半干旱地区人工草地建立和天然草场补播的冰草新品种。以美国 'Hycrest' 为材料，采用两次单株选择和一次混合选择，改进原始群体的整齐性和产量，以植株整齐高大、分蘖数多，牧草和种子产量高为选育目标。

众所周知，由于气候变化和人类干预等原因，中国北方天然草地退化、沙化和盐渍化程度十分严重，草地生产力的下降，直接阻碍了畜牧业生产和区域经济的发展。冰草属牧草耐旱、耐寒、抗病虫害，青绿期长，茎叶柔软，营养丰富，适口性好，是饲用价值较高的放牧型禾草，也是中国北方干旱及半干旱地区建立人工饲草料基地和改良天然草场的重要牧草。然而，中国虽然在冰草品种选育方面取得了一些成就，但真正在生产上大面积推广的草种较少，当家品种更为缺乏，品种单一化严重，难以满足天然草地改良和人工饲草基地建设的需要。因此，加速选育抗逆性强、优质高产的牧草新品种尤为重要。

1985 年，内蒙古农业大学云锦凤教授引进美国的杂种冰草品种 'Hycrest' 在呼和浩特地区进行试种，发现该品种生长势强，适应性好，但品种的整齐性不理想，群体内株间变异很大。为此，确定以植株整齐高大、分蘖数多为育种目标，选育在产草量及种子产量上较其原始群体显著提高，适宜中国北方干旱、半干旱地区天然草地改良及人工饲草料基地建设的冰草新品种。经过 15 年的育种研究，成功选育了 '蒙农杂种冰草' 新品种，1999 年通过国家牧草品种审定委员会的审定，并登记为国家牧草新品种，登记号 200。

1. 原始材料及其来源

原始材料 Hycrest（*A. cristatum* × *A. desertorum* cv. Hycrest）是人工诱变的四倍体冰草[*A.cristatum*（L.）Gaertn.]和天然四倍体沙生冰草[*A. desertorum*（Fisch.ex Link）Schult]的杂交种，由美国农业部（USDA）农业研究所（ARS）、犹他州农业试验中心（Utah AEC）和土壤保护所（SCS）于 1984 年育成，是美国第一个冰

草种间杂交新品种。1985 年引入到中国呼和浩特市内蒙古农业大学牧草试验站种植。并以 Hycrest 为育种材料，开展了冰草新品种的选育。

2. 育种方法与程序

1985～1991 年，用杂种冰草 Hycrest 作为原始群体，经过二次单株选择和一次混合选择育成，原代号为 8791——冰草新品系。

1992～1994 年，在呼和浩特进行品种比较试验。

1994～1996 年，进行区域试验。

1996～1998 年，进行多点生产试验；并扩繁种子。

3. 品种特征特性

多年生疏丛型禾草，根系多集中于 5～25cm 土层中，须根粗壮，具沙套。茎秆直立，较粗，株高 90～105cm，比原始群体 Hycrest 高 10～15cm，植株整齐。叶片长 14～18cm、宽 0.7～0.9cm，常具 6 叶，叶深绿色，叶鞘光滑无毛，短于节间。穗状花序排列紧密，穗长 8～11cm、穗宽 2.5～3.8cm，每穗小穗数 35～46 个，每小穗小花数 9～11 个，顶端两小花不育。外稃具短芒，芒长 3～6mm。种子成熟时茎叶仍保持绿色。颖果披针形，黄褐色，千粒重 3g 左右。四倍体（$2n=4x=28$）。

春季返青早，秋季枯黄期明显比原始群体晚，生育期 130 天左右，青绿期长达 205 天。分蘖能力较强，一般生活第二年平均每株丛分蘖数为 38～45 个，比原始群体 Hycrest 多 10～14 个。生殖蘖较多，抽穗率达 81.7%，而原始群体 Hycrest 的抽穗率为 68.5%。产量与品质兼优，干草产量和种子产量高，分别较原始群体增加 20.46% 和 12.41%。开花期粗蛋白质含量为 11.23%、粗脂肪含量为 2.36%、粗纤维含量为 36.91%，具有较高的营养价值。重要特点是种子成熟后茎叶仍保持青绿，有利于青饲和调制高质量干草。

蒙农杂种冰草种子萌发期的耐盐性较强，显著高于本地沙生冰草和蒙古冰草，但与 Hycrest 没有显著差异。种子萌发期抗旱性与 Hycrest 没有显著差异，但显著低于蒙古冰草，高于本地沙生冰草。

4. 适宜种植条件与利用

对土壤要求不严，在沙质土、壤土、黑钙土上均能良好生长。春季、夏季和秋季均可播种，但秋季 7 月月底至 8 月播种，因温度、雨水适宜，效果较好。在内蒙古春旱、风沙大的地区，可适当推迟播种期。有的地区也在 3 月月底至 4 月月初播种，呼和浩特地区在 5 月月初至中旬播种，6 月播种效果不佳。播前要精细整地，播量收种用为 22.5kg/hm²、收草用为 30kg/hm²，播深 2～3cm，播后及时镇压。条播收草行距 30cm，收种行距 50～70cm。播种当年苗期生长缓慢，易受杂草抑制，要注意苗期中耕除草。有条件的地区在分蘖期、拔节期、抽穗期灌水并结合施肥，可显著提高产量。

适宜于中国北方寒冷、干旱及半干旱地区种植，在灌溉条件下能充分发挥其叶量丰富、产量高的杂种优势，是建立人工草地的适宜草种。可单播也可与苜蓿混播，特别是与杂花苜蓿混播效果更好。营养成分与 Hycrest 没有显著差别（表 6-2）。

表 6-2　蒙农杂种冰草营养成分含量　　　　　　（单位：%）

品种	粗蛋白质	粗脂肪	粗纤维	钙	磷	粗灰分	吸附水	无氮浸出物
蒙农杂种冰草	11.23	2.36	36.91	1.38	0.10	5.45	7.66	36.39
Hycrest（CK）	10.81	2.27	37.39	1.28	0.14	5.82	7.88	35.83

三、诱变育种

空间诱变是指利用航天器将植物种子带到太空,利用空间微重力、宇宙射线、弱磁场、高真空等特殊的条件使植物体产生变化，引起染色体畸变，进而导致遗传变异。空间诱变育种的最大优势在于有可能在较短的时间内创造出目前地面诱变育种难以获得的罕见基因资源，进一步通过选择育种等方法选育出性状突出的优良品种。

空间诱变育种研究始于 20 世纪 60 年代初期，1960 年，苏联宇航员发现空间诱变后莴苣种子的发芽率和发芽势提高，产量提高及生长发育加快。1984 年，美国发现经过太空搭载的番茄种子地面种植后出现变异型番茄。1996 年，美国研究出太空矮秆小麦，株高 40cm，生育期 60 天，产量高出普通小麦的 3 倍。苏联宇航员发现在空间站播种的小麦、兰花、洋葱等植物比地面生长快、成熟早。美国的研究表明，在失重条件下，不影响松树、燕麦、绿豆等植物的生长，同时蛋白质含量提高，表明太空种植的作物可以提高产量。

2006 年，内蒙古农业大学利用中国第一颗专用育种卫星"实践八号"开展了冰草诱变育种的研究。2006 年 9 月 9～24 日，将蒙农杂种冰草种子经过 15 天空间诱变后返回地面，以未搭载种子作为对照，对其空间诱变的效果进行了研究。结果显示，航空搭载对蒙农杂种冰草种子的发芽率、发芽势、发芽指数、发芽速率、叶片数和分蘖数没有显著影响，但对其株高、叶片长、叶片宽、单株鲜重影响较大，出现了株高变矮、叶片变短、叶片增宽、单株鲜重增加的变异植株。综合分析表明，太空搭载改变了冰草各生长指标在不同数值区间内个体数量所占的比例，可能获得性状突出的变异植株，如植株明显矮化、叶片变短或增宽、单株鲜重明显增加等性状的变异单株，并且空间处理的蒙农杂种冰草抗旱性有增强的趋势（胡向敏等，2009）。这些变异对冰草育种具有重要的价值。

四、多倍体育种

自 1937 年人们发现用秋水仙素诱导多倍体的方法以来,国内外牧草细胞遗传和育种学者曾把多倍体育种视为突破产量育种障碍的新技术手段,开展了大量的多倍体育种研究。经过 70 多年的广泛研究和育种实践,人们对多倍体育种有了更为深入和客观的了解,认识到影响多倍体育种成败的因素涉及育种材料原有的染色体倍性水平、染色体组结构、繁殖授粉方式、植株的利用部位及具有多年生特性等,且育种材料的特点与诱导多倍体的特殊用途相吻合是多倍体育种成功的关键。

植物育种家有效利用倍性操作技术,诱发染色体数目变异,进而选育多倍体的育种途径不外乎如下几种方法:一是加倍一个种的染色体数,即诱导同源多倍体(autopolyploidy),目的是利用染色体加倍后形成较大的细胞和植株体的直接效应提高饲草产量;二是加倍种间杂种的染色体数目,即诱导产生异源多倍体(allopolyploidy)或双二倍体(amphiploidy),以恢复种间杂种的孕性(fertility),合成新种质,或对现存种进行遗传重组;三是用作不同倍性间或种间的遗传桥梁,促进不同植物分类单位间的遗传传递,起到基因渐渗的媒介作用。

国内外大量育种实践表明,单独应用多倍体诱导技术去诱发变异,不仅变异频率较低,而且很少能达到满意的育种效果。这是因为现有物种都是在一定的生态环境条件下,经自然长期选择的结果。任何物种所含有的染色体数目从遗传平衡或遗传稳定性来讲均处于最适水平,人为主观地改变物种的倍性常常会产生事与愿违的结果。因此,在育种实践中,人们通常将多倍体诱导作为一种辅助育种技术,与花粉培养、理化因子诱变等相结合,用以培养纯系或稳定变异的后代群体。尤其是在远缘杂交的过程中,多倍体诱导技术的作用更为明显,能有效地恢复杂种育性,并快速稳定杂种群体的分离。冰草有性杂交育种研究中,多倍体诱导技术应用较为普遍,相关实例在下文结合杂交育种具体论述。

五、有性杂交（远缘）育种

冰草杂交的常规方法是先去雄,后杂交。一般是在冰草开花前 1~2 天,将母本整穗去雄后套袋隔离,1~2 天后冰草开花时搜集父本花粉授于母本柱头,间隔 1 天后再重复授粉 1 次。由于冰草是比较严格的异花授粉植物,因而也可以采用不去雄直接杂交的方法。通常是在开花前将相邻种植的父本和母本穗套在 1 个袋中,开花后适当震动使之充分授粉。杂交后注意加强田间管理,待种子成熟后及时收获杂交种子。为了筛选适宜的杂交组合,一般要同时进行正交、反交两个组合的杂交。

（一）冰草花器构造及开花生物学特性

冰草为较紧密的穗状花序。穗长，冰草为 5～7cm；沙生冰草为 8～10cm；蒙古冰草为 10～14cm，少数可达 18cm。小穗无柄，每小穗含 3～8 个小花甚至更高。每小花含 3 枚雄蕊，1 枚雌蕊，柱头 2 枚呈羽毛状。

冰草在返青后 70～80 天达到开花始期。在呼和浩特地区，3 月月底至 4 月月初返青，6 月中旬进入始花期，7 月月底成熟。整个花序的开花顺序为中、上部的花先开放，然后逐渐向上、向下依次开放，基部的小花最后开放。小穗的开花顺序与此相反，基部小花最先开放，然后依次向上开放，顶部小花最后开放。

冰草每穗开花的持续时间为 11～13 天。开花的高峰期出现在初花后的第 4～6 天，此时约有 80% 的小花开放。在天气晴朗无风的条件下，开花时间可从 11：00 持续到 18：00，日开花高峰出现在 14：00～17：00。开花最适温度为 28～32℃，相对湿度为 40%～60%。阴雨天不开花或很少开花。

小花开放时，首先是内、外稃开裂，露出黄绿色的花药，15～20min 后，内、外稃夹角加大到 45° 时，柱头露出，花药下垂，散出花粉，花朵完全开放。每朵小花由内、外稃开始开裂到完全闭合的时间约需 120min。

冰草花药较大，长约 4mm，属异花授粉植物，高度自交不育。其自交不育程度因种而异，在个别种的种群内，也可能有个别植株表现出较高的自交可育性。据报道，二倍体冰草的自交结实率通常为 0.1%～1%，四倍体及六倍体冰草略高一些，一般均达不到 4%。

（二）冰草与相关近缘属的属间杂交

早期的研究认为，冰草属染色体组在小麦族中有高度独立遗传性，而对冰草的现代研究则表明，P 染色体组在小麦族中并非高度独立遗传，而是在进化上与 E、S 等染色体组间存在着较近的亲缘关系。目前的大量研究证明，冰草的 P 染色体组经过修饰以后，可以与 S 或 SY 染色体组结合存在于其他植物种中。对冰草属与小麦族内其他一些属间杂种的染色体配对研究表明，P 染色体组与 E 染色体组间具有相当高的同源性，P 染色体组与 S 染色体组间也有较高的同源性。近 20 年的研究认为，P 染色体组与 A、B、D 染色体组间很可能也存在着同源性。

1. 冰草属与披碱草属、偃麦草属、拟鹅冠草属等属间杂交

在禾本科牧草遗传改良和育种研究中，国内外学者在冰草属与小麦族内其他属，如披碱草属（*Elymus* L.）、偃麦草属（*Elytrigia*）、拟鹅冠草属（*Pseudoroegneria*）等的杂交方面开展了许多研究。在已开展的研究中，采用多倍体亲本材料曾获得过冰草属与披碱草属、偃麦草属、拟鹅冠草属、黑麦属（*Secale* L.）等少数种的属间杂种。后来采用了含有不同染色体组的二倍体种进行杂交，研究结果证明长

穗偃麦草与内蒙沙芦草的染色体组间存在着相当高的同源性。二倍体冰草及内蒙沙芦草与拟鹅观草属二倍体种的染色体组间有部分同源性。但冰草染色体组与黑麦属染色体组之间的遗传距离相当大,冰草属与披碱草属之间的杂种在减数分裂期染色体间也很少配对。目前,冰草属与大麦属、赖草属及新麦草属间还未获得属间杂种。

2. 冰草属与小麦属属间杂交

冰草是小麦族内一些粮食作物的近缘种,因而可以作为作物育种的优良抗性基因源,用于改良其近缘的大麦、小麦和黑麦等禾谷类作物品种的抗性。国内外作物育种家进行了小麦属与冰草属的杂交尝试,以期探索小麦抗病性和耐旱性改良的新途径。研究表明,冰草的 P 染色体组与普通小麦的 A、B、D 染色体组,特别是 D 染色体组存在有一定的同源性,表明冰草与小麦之间可能有基因流动,这为小麦的遗传改良提供了新的途径。有研究发现,小麦×四倍体冰草的杂种有着较高的染色体配对频率,认为这种高的染色体配对频率是由于抑制 Ph 基因效应因子所引起的小麦中部分同源染色体配对所致(Chen,1989)。普通小麦与二倍体冰草间的杂交已经获得了杂种及合成的双二倍体,研究发现,P 染色体组与小麦属 A、B、D 染色体组间的部分同源性较低,在双二倍体(AABBDDPP)中染色体完全配对,但在其后代中原先已配对的染色体表现解离,出现大量单价体。表明冰草属与小麦属之间的同源性很可能由于在杂种 F_1 代中存在未知因子而被掩盖(Limin,1990)。李立会等长期从事小麦与冰草的属间杂交育种研究,他们先后获得了普通小麦与四倍体冰草、沙生冰草及根茎冰草间的杂种。在对普通小麦×沙生冰草和普通小麦×根茎冰草两个组合的杂种测试和分析中发现,杂种 F_1 代在形态特征上接近于小麦栽培品种,在花粉母细胞减数分裂期有很高的染色体配对频率,特别是有较多的环状二价体,在 F_1 当代还有很低的可育性,自交结实率分别为 0.46%和 0.15%。这一结果与此前其他们研究报道的普通小麦与冰草属种之间的杂种不同。他们认为,普通小麦与冰草属之间的杂种染色体配对频率高的原因可能有 3 个方面:①冰草属的染色体组中存在有如同其他二倍体种中都存在的促进染色体配对基因;②冰草的 P 染色体组与普通小麦的 A、B、D 染色体组,特别是 D 染色体组间存在有一定的同源性;③普通小麦与冰草属四倍体材料间的杂种中的双份 P 染色体组剂量诱导了杂种中部分同源染色体间的配对。据此研究结果他们认为,将 P 染色体组中的期望基因导入普通小麦是很有可能的,冰草属与小麦属间存在有一定的亲缘关系。

国内的研究与国外的报道不同,在中国的冰草属材料中,B 染色体的奇偶性是随机的,含 B 染色体的材料主要集中在二倍体种中,而在四倍体材料中仅有极少数含 B 染色体。较高数目的 B 染色体有提高染色体间配对和交叉频率的作用,分布于不同生境条件下的冰草属材料存在着 B 染色体分布频率与倍性水平间的相关性。含 B 染色体的冰草属材料不易与小麦杂交。

（三）种间杂交

国内外的大量研究证明，种间杂交是冰草属牧草遗传改良和新品种选育的有效方法。冰草的种间杂交不仅容易获得成功，而且能够显著提高产量。这是由于冰草属植物在物种的形成、遗传基础和利用特点等方面为种间杂交和牧草产量性状的改良提供了十分有利的条件。第一，冰草属的大多数种是多倍体，在种的形成过程中多数经历了种间杂交。第二，冰草是异花授粉植物，亲本遗传基础广泛，遗传多样性丰富，杂交后的杂种优势明显。第三，冰草是可以进行无性繁殖的多年生牧草，可利用无性繁殖特性保持不育的远缘杂种后代，同时可有效地利用杂种优势。第四，种子产量和牧草（绿色体）产量均为冰草生产的收获对象，远缘杂交可明显提高绿色体的产量，因而杂种后代的产量性状能够得到显著的改良。

1. 二倍体冰草育种利用策略

二倍体种间杂交比较容易获得成功，F_1 代杂种部分可育。例如，蒙古冰草（二倍体 $2n=14$）和 Fairway（二倍体 $2n=14$）的种间杂交，可获得杂种优势显著的 F_1 代。通常情况下，直接通过四倍体和二倍体的杂种与二倍体回交，或六倍体和二倍体的杂种与二倍体回交的杂交途径，很难将冰草六倍体种或四倍体种的基因转移到二倍体育种材料中。采用这种育种策略，不仅必要的杂交和回交很难进行，而且所需的转移基因媒介的三倍体植株是不育的。此外，三倍体杂种产生了一个功能上不减少卵细胞的优势，这一优势致使基因流从二倍体向更高的倍性水平单向流动。然而，二倍体冰草品种虽然比四倍体沙生冰草茎叶更加繁茂、饲草品质更优，但它与沙生冰草相比，种子较小、产量较低、抗旱能力较差，而且在二倍体育种群体中，基因异变对选择育种的作用非常有限。因此，把六倍体冰草和四倍体冰草的遗传性状转移到二倍体冰草中就特别有研究价值（Dewey，1974）。

Dewey（1971）发现采用秋水仙素诱导四倍体（$4X$）能够使功能退化配子的比率增加，产生三倍体植株。可利用这些三倍体植株作为野生四倍体种通向二倍体水平的遗传媒介，在回交中采用由（N4x-C4x）×$2X$ 杂交得到的三倍体，成功地将四倍体的基因转移至二倍体水平，从而获得新的四倍体新品种，为二倍体冰草的育种利用提供了十分有效的新途径。

二倍体冰草的基本育种策略如下所述。

（1）二倍体材料间杂交获得四倍体冰草育种材料。

$$C_1C_1 \times C_2C_2 \longrightarrow C_1C_2 \longrightarrow C_1C_1C_2C_2 - A$$

（2）诱导二倍体加倍后杂交选育新的四倍体育种材料和新品种。

$$C_1C_1 \xrightarrow{\text{秋水仙素处理}} C_1C_1C_1C_1$$
$$C_2C_2 \xrightarrow{\text{秋水仙素处理}} C_2C_2C_2C_2 \quad \times \quad \longrightarrow C_1C_1C_2C_2 - B$$

（3）利用（1）和（2）获得的新材料与现有四倍体材料杂交选育四倍体新品种。

$$\left.\begin{array}{c} C_1C_1C_2C_2 - A \\ C_1C_1C_2C_2 - B \end{array}\right\} \quad \times \quad 现有四倍体 \longrightarrow 新的四倍体品种$$

（4）通过二倍体材料间遗传多样性的转移选育新品种。

$$C_1 C_1 \times C_3 C_3 \longrightarrow C_1 C_3$$
$$C_3 C_3 \times C_1 C_3 \longrightarrow C_3 C_3$$

蒙古冰草是冰草属的二倍体种，又名沙芦草，是多年生丛生或具短根茎禾草，在中国西北、华北地区草原带有零散分布，生长于干草原和荒漠草原的沙质生境。抗寒耐旱性极强，春季返青早，青绿期长，茎叶柔软、适口性良好，但叶量少，茎叶比高，饲用品质尚需改良。美国选育的二倍体冰草品种 Fairway 是北美洲广泛栽培的冰草品种，是在经济价值上较重要的二倍体物种。其群体形态学特征极其一致，株间变异小，通过选择进一步改良的潜力有限。为了整合蒙古冰草的优良抗性基因和 Fairway 的优良品质基因，探索两个种间基因渐渗及流动的可能性，创造出新的四倍体冰草物种，同时揭示二者的亲缘关系，为研究其演化和远缘杂交育种提供理论指导，内蒙古农业大学开展了冰草二倍体种间的远缘杂交研究，并选育出了禾草新品种——蒙杂冰草1号（*Agropyron cristatum* Gaertn. cv. Fairway × *Agropyron mongolicum* Keng.cv. Mengza No.1）。2011年通过内蒙古自治区牧草品种审定委员会的审定，登记为冰草育成品种。

蒙杂冰草 1 号的选育如下所述。

1）育种材料来源及其主要特性

蒙杂冰草 1 号的母本航道冰草（*Agropyron cristatum* Gaertn.cv.Fairway，$2n=2x=14$，染色体组 P_1P_1）引自美国，是一个经济价值较高的栽培种，株高 70cm 左右，根系发达，穗型小、穗状花序，两侧压扁、较紧密，茎叶鲜草蛋白质含量较高，分蘖能力较强，再生性强，叶量丰富，产草和产籽量高，具抗倒伏特性；父本是产于内蒙古草原的蒙古冰草（*Agropyron mongolicum*.Keng，$2n=2x=14$，染色体组 PP），别名沙芦草，茎秆直立、疏丛型，基部稍弯曲，株高 70~90cm，叶片窄披针形，穗状花序线形，小穗稀疏斜上排列穗轴两侧，分蘖数多，青绿期长，茎叶柔软，适口性好，具有强的抗旱、抗寒、耐风沙、耐瘠薄等特性，但其叶量少、产草量较低、种子成熟期不一致。种间杂种 F_1 代杂种优势明显，但结实率极低（5.3%）。

2）选育方法和过程

1998～2001 年进行航道冰草与蒙古冰草种间远缘杂交，采用人工去雄、亲本相邻种植及套袋隔离的方法进行杂交，并对杂种 F_1 代进行鉴定研究。

2002～2003 年，为克服杂种 F_1 代的不育性、创造四倍体冰草新种质，笔者利用秋水仙素溶液处理杂种 F_1 代萌发的种子诱导染色体加倍，获得异源四倍体（$2n=4x=28$，$P_1P_1P_2P_2$）杂交冰草加倍植株 16 株。

2004～2006 年，对 16 个染色体加倍植株 F_1～F_3 代的生育期、形态学、细胞学、同工酶、ISSR 等遗传特性分析发现，四倍体杂交冰草生长整齐，染色体及株高等主要农艺性状遗传稳定、育性高。同时将四倍体杂交冰草（加倍植株 F_3 代）的 16 个株系进行了分株扩繁，混合收获种形成新品系（原品系代号 SZB-02，F_4 代），并于 2006 年秋季按品种比较试验设计在田间播种。

2007～2009 年，在呼和浩特内蒙古农业大学农作物试验场进行品种比较试验。

2009～2011 年，在呼和浩特市托县古城镇南的力图村、通辽市科左中旗和鄂尔多斯市达拉特旗真金种业科技园进行区域试验和生产试验（区域试验第二年交叉进行第一年生产试验）。

3）品种的特征特性

蒙杂冰草 1 号为多年生疏丛型四倍体（$2n=4x=28$）禾本科草本植物，须根系，具沙套；植株高大、生长整齐，株高 90～100cm，茎粗约 0.26cm，全株深绿色；叶为长披针形，叶长 25～38cm，叶宽 0.8～1.0cm，叶脉浅绿色；穗型较宽大（图 6-3 及图版 X），穗长 9.5～13.0cm，穗宽 2.4～3.3cm，每穗 45.4 个小穗，每小穗 10 个小花，颖披针形；种子披针形，千粒重约 2.95g。

图 6-3　蒙杂冰草 1 号与亲本及杂种 F_1 代穗型图

A. 航道冰草；B. 蒙古冰草；C. 杂种 F_1 代；D. 蒙杂冰草 1 号

生育期为 130 天左右（返青至种子成熟），春季返青早，秋季枯黄晚，果后营养期长，生长期为 227 天；前期生长速率快，提供青饲草的时间早；分蘖性强，单株分蘖总数平均多达 69.1 个；植株再生性强，一年可刈割 2 次；小区试验，平均鲜草产量为 1600kg/亩、平均干草产量为 637kg/亩、平均种子产量为 53kg/亩；茎秆细，叶量多，草质好，粗蛋白质含量高达 16.13%，并富含脂肪、无氮浸出物、钙、磷等营养成分；植株抗倒伏、抗旱性和耐盐性强，在沙土、壤土、沙壤土、黑钙土上均能良好生长，生态适应性广。

4）适宜种植条件与利用

蒙杂冰草 1 号可在春季、夏季或秋季播种，春季白天气温达到 10℃左右即可播种，内蒙古中西部地区从 3 月月底至 4 月月初开始播种，适当早播有利于促进分蘖和提高抗寒性。多数于 5 月月初播种。秋季播种应在下霜前 30 天完成播种，以利于幼苗越冬。

收草用最好采取条播方式，行距 35~40cm，播种量 2kg/亩；制种用可采取条播或育苗移栽两种方式，行距 60~70cm，播种量 1.5kg/亩；适宜播深 2~3cm，播后及时镇压。

苗期生长较慢，易受杂草危害，应特别注意除草。施肥根据土壤肥力状况可施化肥和有机肥，化肥应以氮肥为主，适当配施磷、钾肥。种肥施磷酸氢二铵 15~20kg/亩、追肥施尿素 10~15kg/亩、基肥施有机肥 2~3t/亩，刈割后应灌水和施肥。

刈割利用适宜留茬高度为 5~7cm，留茬过高或过低不利于饲草再生。每年 2 青刈利用，第 1 次青刈以盛花期为宜，此时刈割再生草产量高，且鲜草营养价值较高，适口性好；第 2 次刈割利用应在深秋下霜前，可作青饲或晒制优质干草。放牧利用应在拔节期进行。

5）种子收获与贮藏

在内蒙古地区，蒙杂冰草 1 号在 7 月月底至 8 月月初种子成熟，注意及时收获，防止种子落粒，可采用人工收割或联合收割机直接收获。收获后，晾晒 2~3 天，进行脱粒与清选。种子贮存安全水分应保持在 14%以下。

2. 整合三个倍性水平的种质资源选育四倍体新品种的策略

研究表明，通过秋水仙素处理二倍体冰草能够获得可育的四倍体材料（C4x），C4x 无性植株与天然四倍体（N4x）选择植株的杂交比较容易，而且 C4x-N4x 杂种的生育力与其亲本相当，通过选择还可使这一杂种的生育力进一步提高。这种途径获得的许多杂种植物比其亲本品种更有活力。美国选育的冰草品种 Hycrest 就是通过这个途径完成的，Hycrest 的优势在通常植物生存艰难的环境压迫下表现出色，这一点在美国干旱、土壤盐渍化、旱雀麦和盐生草种群占优势，以及严重阻碍其他栽培种生存的试验区中得到了试验证明。

虽然由 N4x-2x 杂交的三倍体杂种存在严重的不育问题，但 Dewey（1971）发现通过（N4x-2x）×2X 杂交可以获得可育的四倍体植株。这为种质资源由二倍体转移至四倍体水平提供了又一个办法。Dewey（1969；1974）还发现，稳定的四倍体种群还可由 6x-4x 杂交获得，而且许多通过这一杂交获得的五倍体植株（5x）要比其任何一个亲本更具有活力。因此，通过对 5x 种群和 5x-4x 杂交后代的选择可以得到稳定的四倍体（4x）种群。育种学家建议把六倍体和二倍体间的杂交作为一个育种的工具，用来把 3 个倍性水平的种质资源结合到四倍体水平中。虽然这种 6x-2x 四倍体很难获得，而且其农艺价值的表现受到了限制，但它们可能会与其他的天然四倍体或诱导的四倍体杂交产生遗传多样的选育种群。

整合冰草 3 个倍性水平的种质资源选育四倍体新品种的育种策略可从以下途径实现。

（1）诱导的四倍体（C4x）与天然四倍体（N4x）杂交选育新的四倍体品种。

$$C4x \times N4x \longrightarrow 4x$$

（2）通过四倍体与二倍体杂交和回交选育新的四倍体品种。

$$(N4x - 2x) \times 2x \longrightarrow 4x$$

（3）通过六倍体与二倍体杂交选育新的四倍体品种。

$$(6x - 2x) \times 2x \longrightarrow 4x$$

（4）通过六倍体与二倍体杂种与天然四倍体杂交选育新的四倍体品种。

$$(6x - 2x) \times N4x \longrightarrow 4x$$

（5）利用途径（4）获得的四倍体与天然四倍体杂交选育新的四倍体品种。

$$C4x - 4 \times N4x \longrightarrow 4x$$

（6）通过六倍体与四倍体杂交产生的五倍体杂种选育新的四倍体品种。

$$6x \times 4x \longrightarrow 5x \longrightarrow 4x$$

（7）利用五倍体杂种与四倍体杂交选育新的四倍体品种。

$$6x \times 4x \longrightarrow 5x$$

在育种实践中，直接利用二倍体冰草与四倍体沙生冰草的种间杂交不易获得成功，但将二倍体冰草人工诱导染色体加倍为四倍体后再与四倍体沙生冰草杂交不仅容易成功，而且可获得很高的杂种优势。美国学者用这种方法成功育成了杂种冰草品种 Hycrest。

3. 六倍体冰草新品种的选育策略

六倍体水平冰草的选择和杂交是可能的，但这也许不是一个成功率较高的选择，在草地生境中发现的六倍体生态型数量很少，而且品质粗糙、农艺价值有限。六倍体复杂的遗传形式使它在育种过程中比四倍体和二倍体更难操作。六倍体在自然生境中的分布非常稀少，表明其超出了冰草最适倍性水平的范围。尽管如此，由二倍体和四倍体到六倍体水平的遗传转化已经实现（Dewey，1974）。一是通过对自然产生的 $6x$ 亲本的选择可获得完全可育的六倍体群体；二是通过 $6x$-C$4x$ 或 N$4x$ 杂交种可获得完全可育的 $6x$ 亲本材料，经过进一步的选择可以获得 $6x$ 育种群体。此外，还合理地提出了通过 $5x$ 杂种间的杂交获得可育 $6x$ 植株的育种策略。

六、综合品种法

综合品种法在冰草育种中采用较多。例如，Parkway、Hycrest 等品种的育成均采用此法。

由美国 USDA-ARS 等单位合作育成的杂种冰草 Hycrest，其育种过程是远缘杂交并结合综合品种选育方法的范例。其育种时间长（约 22 年），效果好。育种程序大致如下所述。

（1）1962～1967 年，对亲本二倍体冰草 Fairway 进行染色体加倍。采用秋水仙素处理幼苗使其加倍，并进行诱导四倍体的分离和鉴定。用加倍成功的纯合四倍体 Fairway 与天然四倍体沙生冰草进行有性杂交。同时采用正交、反交，均获得育性较高的杂种 F_1 代。

（2）1974 年，建立 7000 株的原始材料圃，材料来自 295 株的开放授粉后代无性系。

（3）根据植株活力、叶量及对病虫害的抗性等性状进行为期 2 年的评价，选出 103 个无性系。

（4）将选出的无性系在多次重复下开放授粉，按系收获种子。

（5）在两个草原区试验点对无性系进行后裔试验，测定其种子和干草产量及其他一些性状。

（6）根据后裔测验资料，筛选出 18 个优良无性系，在杂交圃中隔离繁殖种子，称为综合一代品系（SYn-1）。

（7）在 5 个区域试验点上进行品种比较试验，以亲本作对照。新品种有突出的杂交优势，根系发育好，植株苗壮。播种后发芽快，生长迅速，在干旱环境易建植，抗旱性强，种子产量比亲本 Nordan 和 Fairway 的产量约高 20%。

第七章　冰草的良种繁育

良种具有两层含义，即优良品种及优质种子。良种繁育是指有计划、迅速、大量地繁殖优良品种的优质种子。牧草良种繁育就是采用优良的栽培条件和科学的农艺措施，大量繁育具有优良种性的牧草种子，使之不致混杂退化，进一步为生产服务（曹致中，2003）。良种繁育是育种工作的延续，育种者培育出的新品种，必须选择适宜的地区和地块，采取必要的防杂保存、高产优质管理措施，建植良种繁殖田，以扩大种子数量，满足生产需求。随着冰草育种研究的不断加强，新品种的数量也会逐渐增加，推广应用范围将不断扩大，对良种的需求量和品质也会提出更高的要求。冰草属植物种类多，抗逆性强，生产中应依据不同品种的生物学特性，选择适宜的良种繁殖区域和地块，采用科学的建植、管理、收获、加工方法，获得优质高产的生产适用种子，为其高效推广应用提供可靠的种源保障。

第一节　适宜区域的选择

区域的温度、降水量、光照、无霜期等气候条件是决定良种繁育成败的重要环境条件。优良品种的优质种子生产需要适宜的地域条件。草业发达国家已经实现了牧草良种生产的地域化布局，依据牧草种子生产对气候条件的特殊要求，选择专门化的良种生产地域，集中生产一种或数种牧草种子，以获得最高的种子产量和质量，从而提高生产效益。例如，美国西北部俄勒冈州的"禾本科牧草种子之都"Willametie 峡谷、加拿大的西南部、荷兰的 Polder 地区、新西兰南岛的 Canterbury 平原及丹麦西部的 Jutland 等，已经成为目前世界上冷季型牧草种子生产的主要地区（韩建国等，2004）。中国早在 1978 年就提出了"四化一供"的种子工作方针，即"种子生产专业化、加工机械化、质量标准化和品种布局区域化，以县为单位统一组织供种"，为种业生产指明了方向。

冰草属植物属于温带牧草，生育期为 120 天左右。种子发芽最低温度为 3～5℃，最适温度为 15～25℃。冰草为冬性禾本科牧草，在内蒙古呼和浩特春季播种，当年很少抽穗结实，基本处于营养生长状态。第二年开始表现出返青早的优势，一般在 3 月月底返青，5 月上旬拔节，6 月上旬抽穗，6 月下旬和 7 月初开花，7 月月底至 8 月月初种子成熟。之后进入果后营养期，一直持续生长至 10 月中、下旬，乃至 11 月月初才枯黄，可保持青绿期 220 天左右。冰草不耐夏季高温，如果遇干热则停止生长，进入休眠。

　　张众和云锦凤（2002～2004 年）在内蒙古选择 3 个试点进行了蒙农 1 号蒙古冰草不同区域种子生产研究。3 个试点（呼和浩特试点、锡林郭勒盟正蓝旗试点、苏尼特右旗试点）的地理位置不同，气候条件有所不同。锡林郭勒盟正蓝旗试点位于呼和浩特试点的东北方向，向东大约比呼和浩特偏东 4 个经度线，比苏尼特右旗试点偏东近 3 个经度线。从年降水量来看，呼和浩特试点较多，平均为 400mm左右；正蓝旗试点居中，平均为 300mm 左右；苏尼特右旗试点较少，平均 200mm左右，极端年份只有 50～100mm。就有效积温而言，以呼和浩特试点最高，年平均为 2915℃；苏尼特右旗次之，年平均为 2500℃；正蓝旗试点最小，年平均为1800℃。2002 年、2003 年和 2004 年连续 3 年各试点小区测定结果见表 7-1。生殖枝数量、小花数量、种子数量和千粒重是决定种子产量的重要组分因子。由表7-1 可以看出，因生殖枝数、小花数和千粒重的测定值不同，从而导致 3 个试点的潜在种子产量差异较大，其中以锡林郭勒盟正蓝旗为最高，达到 1560.4kg/hm²；呼和浩特次之，为 1374.8kg/hm²；苏尼特右旗最低，为 1012.9kg/hm²。因生殖枝数、种子数和千粒重的测定值不同，又导致 3 个试点的表现种子产量也有较大差异，其中以锡林郭勒盟正蓝旗为最高，达到 733.8kg/hm²；呼和浩特次之，为637.1kg/hm²；苏尼特右旗最低，为 398.4kg/hm²。试验结果表明，锡林郭勒盟正蓝旗为蒙农 1 号蒙古冰草较适宜的种子生产地区。

表 7-1　蒙农 1 号蒙古冰草种子产量及组分测定结果（2002～2004 年）

试点	生殖枝数 /（个/m）	小花数 /（个/穗）	种子数 /（粒/穗）	千粒重 /g	潜在种子产量 /（kg/hm²）	表现种子产量 /（kg/hm²）
呼和浩特	166a	164a	76a	2.02a	1374.8ab	637.1ab
锡林郭勒盟正蓝旗	172a	168a	79a	2.16a	1560.4a	733.8a
苏尼特右旗	146ab	150ab	59ab	1.85ab	1012.9b	398.4b

第二节　良繁种子田建植

　　冰草为多年生草本，良繁种子田建成后，可以持续多年收获种子。田间管理水平越高，利用年限越长。建植优质、高产、稳定的种子繁殖田，是扩大良种种源、满足生产需求、降低生产成本、提高种植效益的可靠保证。多年研究和生产实践表明，建植冰草良种繁殖田，应注意把握以下关键环节。

一、选地与整地

（一）宜植地的选择

建植冰草种子田通常宜选择地势开阔、通风、光照充足、地面平整、土层深厚、疏松肥沃、肥力良好、排灌方便、杂草较少，病、虫、鼠、雀等为害轻，便于隔离，交通方便，相对集中连片的地块。虽然冰草具有适应性较强，耐寒、耐旱、耐瘠薄，对土壤要求不太严格等优良特性，但建植良繁种子田仍以选择疏松肥沃的沙壤土地块为宜，以便获得优质高产。冰草虽然对盐碱地有一定的适应性，但以土壤 pH 7～8 为宜，在潮湿和酸性土壤中生长不良。为便于机械作业，应注意选择地势平坦、集中连片的地块。冰草良繁田应配置相应的灌溉设施。

冰草是异花授粉植物，靠风力传粉，自花授粉基本不孕，在种子繁殖过程中容易产生天然杂交，引起生物学混杂，致使优良品种的优良特性丧失，产量和品质下降。因此，为保证种子纯度，种子田应注意品种间的隔离，隔离距离一般应在 500m 以上。

（二）精细整地

牧草种子田的耕作应抓好深耕、浅耙、轻耱、保墒等环节。北方地区秋季深翻可以熟化土壤，改善土壤的通透性，增强保水能力，促进根系下扎，扩大根量，增强吸收能力，使植株生长健壮，从而提高种子产量。

冰草种子颗粒小，千粒重一般为 2～3g，幼苗顶土能力弱，播前需精细整地，制作良好的播种床。北方地区一般夏秋伏天以深耕为宜，在充沛的水热条件下，土肥可以充分腐熟。冰草根系主要集中在 30cm 以上土层中，土壤耕作深度一般以 30cm 为宜。冰草种子田一次播种，可以多年收获，对土壤养分需求量大，翻地前应施足底肥，一般施腐熟有机肥 30t/hm^2。翌年早春播种前进行精细耙耱，并灌足底墒水。冰草种子小，覆土浅，北方早春季节地表容易干燥，因此在干旱、蒸发量大的地区，播种季节必须做好整地保墒工作，以疏松表土和平整地面为主，以保证冰草种子发芽出苗。当地表化冻时耙地，耙碎大的土块，切断地表土壤毛细管，防止水分过度蒸发。为有效控制播种深度，提高播种质量，播前可以进行适当镇压或轻耱。

二、播前种子处理

（一）清选除杂

冰草种子颗粒小，颖果外包被有内、外稃，而且栽培化程度低，种熟期不一致，往往导致种子净度较低，在种子收获之后或播种之前需要进行种子清选除杂。

大量种子应采用种子清选机进行清选，少量种子通过人工筛选或风选即可。播种种子质量要达到国家质量标准 GB6142-1985 规定的三级以上。

（二）晒种

播种之前，选择无风晴朗天气，将种子放置在露天阳光晾晒数小时，可以起到灭菌、杀虫的作用，也有利于增加种子流动性，便于机播时均匀下种，提高播种质量。同时，也有利于种子发芽出苗。

三、适播期选择

冰草种子容易萌发，幼苗耐寒性强，北方地区春季土壤解冻后即可播种，以耕层地温达到 10℃为宜。北方风旱区旱作时提倡秋季播种，此时水热条件适宜，易于抓苗；秋季播种，最晚不要超过 8 月月底，以便幼苗能够充分生长，确保安全越冬。干旱地区应注意天气状况，一般 6～7 月雨季抢墒播种，容易出苗。有灌溉条件时，从春季到秋季均可播种，但最好避开夏季酷热期，以免幼苗遭受热害。

云锦凤和张众等于 2005 年在内蒙古锡林郭勒盟正蓝旗进行了内蒙沙芦草播期试验，从 2001 年 7 月至 2002 年 8 月，经过 1 年完整的播期试验（每隔半月播种 1 次，全年共播种 15 次），对田间出苗、生长发育及种子生产性能的观测结果表明，当地种植多年生牧草的可播种期较长，一般为 3 月月底至 10 月月底。播种当年幼苗生长、翌春返青、植株生长、种子品质和产量都会因播种期不同而表现出较大的差异。不同时期播种，主要影响当年的出苗、保苗及种子产量和品质。春季早播，易于早出苗，当年即可收获种子；夏、秋季播种，当年不能抽穗结实；冬初播种，翌年早春出苗。播种当年生长良好的植株，从第二年开始早春返青及生长状况趋于一致，种子产量一般可达到 450～600kg/hm^2。在灌溉条件下，早春地表解冻后即可播种。早春播种有利于抢墒出苗。而且，早春季节，光照柔和，不伤苗，幼苗生长良好。同时，幼芽经过高低温交替变化诱导，有利于分化抽穗。但早春适播时间较短，4 月中旬之后播种，当年不能正常结实。当地春季多风，易造成播种困难。5 月 1 日前后，因常遇强风沙或沙尘暴，不能按计划播种。夏初土壤墒情较差，且天气逐渐干热，播后出苗不良，死苗现象严重，造成抓苗、保苗困难，且当年仅有个别植株抽穗。夏末秋初，雨季来临，水热条件适宜，有利于种子萌发出苗、幼苗分蘖及营养生长。6 月 30 日至 8 月 26 日播种，出苗及生长良好，但当年不抽穗。秋末播种，因气温下降，不利于种子萌发，田间表现出苗迟缓、不整齐，出苗率低。9 月 10 日和 25 日播种，出苗不良，当年不分蘖。10 月 10 日播种，当年不出苗。9 月 25 日和 10 月 10 日播种，翌年春季返青出苗差，种子产量低。这是由于 9 月 25 日以后播种，当年幼苗弱小，越冬度春时易受冬春低温及干旱伤害，而影响正常返青及生长发育。另外，部分种子发芽后因受冬春季低温伤害而不能形成正常幼苗，翌年田间密度小。秋末冬初，土壤开始封冻，进行寄籽播种，当年不出苗，但翌春随土壤解冻，气温回升，种子及时萌发，出苗及生长良好，有利于种子生产。10 月 25 日播种，当年不出苗，翌春出苗生长良好，种子产量可达 41.8kg/亩。综上所述认为，当地在灌溉条件下进行内蒙沙芦草种子生产时，冬初为最佳播种期。实行寄籽播种的好处有：①可以充分利用耕作季节，缩短生产周期，相当于将结实期提前了 1 年，提高了生产效益；②有利于种子抢墒萌发，及时出苗，抓苗效果好；③早春幼苗可以避开高温、强光生长，保苗效果好；④有利于合理协调各种作物的播种期，易于机具和人力调配；⑤可以避开当地春季的风沙天气，有利于安全播种。

四、播种方式与适播量

为确保播种质量，便于田间管理及收获，建植冰草种子田以条播为主，行距 40～50cm 为宜。播种量应根据种子的质量状况，以及土壤、气候和生产条件进行综合考虑。种子质量好、土壤肥力高、水肥条件充沛时可适当减少播种量。一般三级以上种子播种量以 15～30kg/hm^2 为宜。

20 世纪 70 年代，苏联草原工作者在哈萨克加盟共和国的不同地区进行了不同行距和播种密度对冰草种子产量影响的试验。结果发现，宽行条播获得的种子产量较高。在阿克杰列克斯基试验站，行距 45cm、播种量 300 万粒/hm^2 处理的种子产量最高。这种情况也出现在科拉斯诺库特育种站和阿克秋宾饲料试验站。采用宽行条播的冰草植株，生长比较繁茂，以生殖枝为主。北哈萨克，在干旱年份密播时生殖枝比例占 60%，宽行条播时生殖枝比例占 81%；湿润年份，密播时生殖枝比例占 48%，宽行条播时生殖枝比例占 73%。北哈萨克东南部，在干旱年份密播时生殖枝比例占 72%，宽行条播时生殖枝比例占 94%；湿润年份，密播时生殖枝比例占 66%，宽行条播时生殖枝比例占 72%。不论是干旱年份还是湿润年份，宽行条播收获的冰草种子质量都比较好，籽粒饱满，千粒重和发芽率都较高。

张众和云锦凤等（2002～2003 年）在内蒙古正蓝旗设置不同播种行距、种肥量和播种量三因子三位级正交试验，进行了不同播种因素对蒙古冰草种子产量和品质影响的田间试验。结果表明，条播行距是影响蒙农 1 号蒙古冰草种子产量和品质的主要因子，种肥量和播种量为次要因子。建植蒙农 1 号蒙古冰草种子田时，条播的最适行距为 38cm；用撒可富作种肥的适宜施用量为 157.8kg/hm^2；播种量以 13.3～52.6kg/hm^2 为宜。各小区种子产量测定结果见表 7-2，各因子对种子产量影响的方差分析结果见表 7-3，q 检验结果见表 7-4。

表 7-2　各小区种子产量测定结果

小区号	处理组合	A（行距）	B（种肥量）	C（播种量）	种子产量				
					I	II	和	平均	位次
1	$A_1B_1C_3$	1	1	3	72.69	78.61	151.3	75.65	9
2	$A_2B_1C_1$	2	1	1	614.21	551.11	1165.32	582.66	3
3	$A_3B_1C_2$	3	1	2	455.74	386.72	842.46	421.23	5
4	$A_1B_2C_2$	1	2	2	92.65	107.77	200.42	100.21	8
5	$A_2B_2C_3$	2	2	3	634.20	595.48	1229.68	614.84	2
6	$A_3B_2C_1$	3	2	1	359.62	415.72	775.34	387.67	6
7	$A_1B_3C_1$	1	3	1	125.29	99.67	224.96	112.48	7
8	$A_2B_3C_2$	2	3	2	621.58	706.94	1328.52	664.26	1
9	$A_3B_3C_3$	3	3	3	453.51	519.37	972.88	486.44	4
	K_1	576.68	2159.08	2165.62	3429.49	3461.39	6890.88		
	K_2	3723.52	2205.44	2371.40					
	K_3	2590.68	2526.36	2353.86					
	k_1	96.11	359.85	360.94					
	k_2	620.59	367.57	395.23					
	k_3	431.78	421.06	392.31					
	r	524.48	61.21	34.29					

表 7-3　种子产量方差分析

变异来源	平方和	自由度	均方	F 值	$F_{0.05}$	$F_{0.01}$
区组（重复）	56.534	1	56.534	0.04	5.32	11.26
行距	846 784.692	2	423 392.346	313.81**	4.46	8.65
种肥量	13 335.194	2	6 667.597	4.94*	4.46	8.65
播种量	4 338.187	2	2 169.093	1.61	4.46	8.65
误差	13 491.800	10	1 349.180			
总和	878 006.408	17				

表 7-4　三因子各位级间种子产量差异性比较

因子		各小区平均产量/（kg/hm²）	显著性	
			0.05	0.01
行距 /cm	38	620.59	a	A
	57	431.78	b	B
	19	96.11	c	C

续表

因子	各小区平均产量/（kg/hm²）	显著性	
		0.05	0.01
种肥量 /（g/m）	6.0	421.06	a	A
	3.0	367.57	b	A
	1.0	359.85	b	A
播种量 /（g/m）	1.0	395.23	a	A
	2.0	392.31	a	A
	0.5	360.94	a	A

由表 7-2 可以看出，9 个小区种子产量由大到小的排序为 8＞5＞2＞9＞3＞6＞7＞4＞1，各小区平均种子产量分别为 664.26kg/hm²、614.84kg/hm²、582.66kg/hm²、486.44kg/hm²、421.23kg/hm²、387.67kg/hm²、112.48kg/hm²、100.21kg/hm² 和 75.65kg/hm²。其中，位列第 1 位的 8 号小区的种子产量最高，约为第 9 位的 1 号小区的 9 倍，表明不同的试验条件会对种子产量产生较大的影响。同时也表明，8 号小区试验条件最佳，其因子组合为 $A_2B_3C_2$，具体条件是行距 38cm、种肥量 6.0g/m（157.8kg/hm²）、播种量 1.0g/m（26.3kg/hm²）。行距不同位级处理间的极差值最大（524.48），种肥量不同位级处理间的极差值次之（61.21），播种量不同位级处理间的极差值最小（34.29），表明 3 个因子中行距对种子产量的影响较大。方差分析（表 7-3）结果也表明，3 个因子中，行距对种子产量的影响较大，达到极显著水平；种肥量的影响次之，达到显著水平；播种量对种子产量的影响不显著。影响种子产量因子的主次顺序为行距＞种肥量＞播种量。q 检验（表 7-4）结果表明，行距不同位级处理中，以行距 38cm 的平均种子产量为最高（620.59kg/hm²），57cm 居中（431.78kg/hm²），19cm 最低（96.11kg/hm²），各位级间的差异均达到显著水平；在种肥量的不同位级处理中，以位级 3（6.0g/m）的种子产量最高（421.06kg/hm²），与其他 2 个处理的差异均达到显著水平。播种量不同位级处理间的差异不显著，但以位级 2（1.0g/m）处理的种子产量为高（395.23kg/hm²）。

千粒重是评价种子品质的重要指标，千粒重大，表明种子品质好；千粒重小，表明种子品质差。各处理小区种子千粒重测定结果见表 7-5，各因子对种子千粒重影响的方差分析结果见表 7-6，q 检验结果见表 7-7。

由表 7-5 可以看出，9 个小区种子千粒重由大到小的排序是 6＞3＞9＞5＞8＞2＞7＞4＞1，各小区种子千粒重分别为 2.23g、2.22g、2.16g、2.12g、2.02g、2.01g、1.91g、1.84g 和 1.82g。其中，排名前 6 位的 6 个小区——6 号小区、3 号小区、9 号小区、5 号小区、8 号小区和 2 号小区的种子千粒重均超过 2.0g，达到正常品质

表 7-5　各小区种子千粒重测定结果

小区号.	处理	A（行距）	B（种肥量）	C（播种量）	种子千粒重/g				
					I	II	和	平均	位次
1	$A_1B_1C_3$	1	1	3	1.80	1.84	3.64	1.82	9
2	$A_2B_1C_1$	2	1	1	2.03	1.99	4.02	2.01	6
3	$A_3B_1C_2$	3	1	2	2.20	2.24	4.44	2.22	2
4	$A_1B_2C_2$	1	2	2	1.83	1.85	3.68	1.84	8
5	$A_2B_2C_3$	2	2	3	2.14	2.10	4.24	2.12	4
6	$A_3B_2C_1$	3	2	1	2.22	2.24	4.46	2.23	1
7	$A_1B_3C_1$	1	3	1	1.90	1.92	3.82	1.91	7
8	$A_2B_3C_2$	2	3	2	2.03	2.01	4.04	2.02	5
9	$A_3B_3C_3$	3	3	3	2.17	2.15	4.32	2.16	3
	K_1	11.14	12.10	12.30	18.32	18.34	36.66		
	K_2	12.30	12.38	12.16					
	K_3	13.22	12.18	12.20					
	k_1	1.857	2.017	2.050					
	k_2	2.050	2.063	2.027					
	k_3	2.203	2.030	2.033					
	R	0.346	0.046	0.023					

表 7-6　种子千粒重方差分析

变异来源	平方和	自由度	均方	F 值	$F_{0.05}$	$F_{0.01}$
区组（重复）	0.000 02	1	0.000 02	0.01	5.32	11.26
行距	0.362 13	2	0.181 07	72.49**	4.46	8.65
播种量	0.006 93	2	0.003 47	1.39	4.46	8.65
种肥量	0.001 73	2	0.000 87	0.35	4.46	8.65
误差	0.004 18	10	0.002 50			
总和	0.395 80	17				

要求：位列第 1 位的 6 号小区的种子千粒重最高，比位列第 9 位的 1 号小区高 0.42g，约为 1.2 倍，表明不同的试验条件也会对种子千粒重产生较大的影响。同时也表明，6 号小区的试验条件最佳，其因子组合为 $A_3B_2C_1$，具体条件是行距为 57cm、种肥量为 3.0g/m（52.5kg/hm^2）、播种量为 0.5g/m（8.8kg/hm^2）。行距不同位级处理间的极差值最大（0.346），种肥量不同位级处理间的极差值次之（0.046），

播种量不同位级处理间的极差值最小（0.023），表明行距对种子千粒重的影响较大。方差分析（表 7-6）结果也表明，3 个因子中，行距对种子千粒重的影响较大，达到极显著水平；种肥量和播种量的影响不显著。影响种子千粒重因子的主次顺序也为行距＞种肥量＞播种量。q 检验（表 7-7）结果表明，行距不同位级处理中，以行距 57cm 的种子千粒重为最大（2.203 g）、38cm 居中（2.050g）、19cm 最低（1.857g），各位级间的差异均达到显著水平；在种肥量的不同位级处理中，以位级 2（3.0g/m）处理的种子千粒重最大（2.063g），与其他 2 个位级处理的差异不显著；播种量不同位级处理间的差异也不显著，但以位级 3（0.5g/m）处理的种子千粒重为高（2.050g）。

表 7-7　三因子各位级间种子千粒重差异性比较

因子		千粒重/g	显著性	
			0.05	0.01
行距/cm	57	2.203	a	A
	38	2.050	b	B
	19	1.857	c	C
种肥量/（g/m）	3.0	2.063	a	A
	6.0	2.030	a	A
	1.0	2.017	a	A
播种量/（g/m）	0.5	2.050	a	A
	2.0	2.033	a	A
	1.0	2.027	a	A

行距的大小会直接影响田间的出苗数量及植株的生长发育，与播种量共同作用，调控田间密度，从而影响种子的产量与品质。该试验中不同的行距直接导致不同的试验结果。试验观测与方差分析结果显示，3 号小区、6 号小区、9 号小区，以及 2 号小区、5 号小区、8 号小区的种子千粒重均达到正常品质要求（2.0g），它们的行距分别为 57cm 和 38cm；其中 8 号小区、5 号小区和 2 号小区的种子产量又位列前 3 名，分别达到 664.26kg/hm^2、614.84kg/hm^2 和 582.66kg/hm^2，特别是位列第 1 的 8 号小区的种子产量最高，约为位列第 9 的 1 号小区种子产量的 9倍。综合分析认为，蒙农 1 号蒙古冰草种子田建植在行距为 19cm 时，因田间密度过大，不利于植株抽穗结实；行距为 57cm 时，虽然单株穗生长发育良好，种子产量高，品质好，但大田种子总产量较低；最适宜的播种行距为 38cm，可在保证种子品质的同时获得高的种子产量。

　　播种量的大小无疑会直接影响田间的出苗数量，并与行距一起调控田间密度，从而对种子的产量和品质产生影响。分析结果表明，该试验中 3 个不同位级的播种量均属于适宜的播种量范围。位级 1 虽然播种量小，出苗数少，但在适宜的行距下分蘖增强；位级 3 播种量虽大，出苗数多，但分蘖减弱。从总体上看，3 个不同位级的播种量只会影响当年的出苗数量，而生活第二年以后的草群可以通过自我调节，使田间生殖枝条数趋于一个相对稳定的值，田间密度达到相对稳定状态。因此，生产中可以根据实际种子品质和生产条件在适宜播种量范围内选择最适的播种量，并尽量减小种子用量，降低生产成本。

　　该试验发现，蒙农 1 号蒙古冰草种子细小，内含营养物质较少，播种时适量施用种肥，可为幼苗早期生长提供营养补充，为种子的高产优质奠定物质基础。而且不同位级的种肥施用量均对播种当年幼苗生长和分蘖起到良好的促进作用，进而提高第二年的种子产量和品质。综合分析认为，种肥量以位级 3（6g/m）较为适宜，可以在保证种子品质的同时获得高的种子产量。

五、播种深度

　　冰草种子小，幼芽顶土能力弱，北方地区冰草播种时适宜深开沟、浅覆土。一般开沟深度为 6～8cm，覆土厚度以 2～3cm 为宜。水分条件好，土质黏重时稍浅；水分条件差、土质疏松时稍深。春季早播宜浅，迟播宜深。播后应及时适当镇压，使种子与土壤紧密接触，有利于种子吸胀萌发，避免吊根死苗。

第三节　田间管理

一、苗前破除地表板结

　　冰草种子细小，幼苗顶土能力弱，播种后出苗前常常会由于大雨后地表过度蒸发、不适当灌溉而造成地表板结，影响正常出苗。因此，出苗前要采用适量喷水保湿或适当地面轻耙，及时破除地表板结，提高出苗率。

二、杂草防除

　　农田杂草防除的总体原则是"以防为主，防除结合，综合防除"。生产实践中，可以通过种子检验与清选、播种前土壤处理、适宜土壤耕作、正确施用肥料、选择适宜播期、使用芽前除草剂等措施，提高田间杂草防除效果。

　　（1）种子检验与清选。播种前应严格按照国家有关规定进行种子检验与检疫，采取适当的方法进行清选，提高播种材料的安全性，避免播入杂草种子，造成田间杂草泛滥。特别是对进口的种子要严格执行种子检疫，严禁将检疫对象带入田中。

（2）播前土壤处理。冰草为长寿命禾草，种子田一次建成可多年收获。播种前土壤处理的主要目的是通过实施机械措施或化学除草剂，清除前作及杂草残留在土壤中的种子、根茎，特别是相似种类植物的繁殖体危害更大。因此，播种前土壤处理工作十分重要，关系到冰草种子的产量和纯净度。

（3）适宜土壤耕作。深耕可以深埋杂草种子于耕层底部，使其得不到萌发机会。夏秋伏耕可以提供较好的水热条件，诱发田间杂草，以减轻翌年田间草害的发生。

（4）正确施用肥料。肥料是冰草种子田实现优质高产的重要物质保障。特别是有机肥，不仅可以补充土壤养分，还可改善土壤微生物环境、熟化土壤、提高肥力。然而，有机肥的不当施用也给杂草传播创造了机遇。生产中要使用充分腐熟发酵的农家肥料，斩断杂草的传播途径。

（5）选择适宜播期。早春播种，由于温度较低，田间杂草较少，有利于冰草幼苗生长。夏秋季播种往往会因季节性水热条件充沛，导致田间杂草泛滥。冬初寄籽播种也可有效躲避杂草危害。

（6）使用芽前除草剂。播种期可先喷施化学除草剂进行土壤处理，除草剂以短效低毒为宜，一周后即可播种，如氨基氟乐灵、氟乐灵、农达和禾耐斯等。

此外，冰草幼苗前期生长缓慢，要适时中耕，及时铲除田间杂草，以免造成田间草害。一般每年早春返青后至抽穗前结合灌溉追肥，中耕锄草 2 次或 3 次；在秋季刈割后也应进行中耕、松土、清除杂草，促进秋季分蘖和冬前生长，对翌年田间杂草也能起到控制作用。

张众和崔爱娇（2007 年）在正蓝旗进行田间杂草调查时发现，蒙农 1 号蒙古冰草种子田中共有杂草 29 种，隶属 11 科。其中禾本科杂草最多，有 9 种，占总数的 31%；其次是菊科有 4 种，占 13.8%；豆科杂草有 3 种，占 10.3%。危害程度最大的是野糜子，其出现频率最大，达 73.3%，危害指数最高，达 66.2。其次为金狗尾草、田旋花、狗尾草，出现的频率为 24.4%～35.3%，危害指数为 7.6～16.0。化学除草试验结果发现，在蒙农 1 号蒙古冰草开花期喷施 2000ml/hm^2 拿扑净可防除野糜子、狗尾草、金狗尾草；喷施 750ml/hm^2 2,4-D 丁酯可防除田旋花。

三、灌水

水是确保冰草种子高产、稳产的首要条件。冰草为多年生草本，合理灌水不但可以提高种子产量，还可以延长生产利用年限。灌水量以既满足需要又不浪费为原则，可用土壤湿润深度衡量，以 20～25cm 为宜，约 800t/亩。

冰草种子田一年中最好灌水 5 次，即苗期或返青期、拔节期、孕穗-灌浆期、果后营养（秋季分蘖）期、入冬前。①播种前灌溉，打足底墒，有利于冰草种子发芽和出苗。灌水量以达到土层 15～20cm 或 20cm 深以上为宜，以满足冰草出苗缓慢的需求。播种到出苗前不宜灌水，避免发生土表板结，不利出苗。分蘖直至拔节期前，苗小需水少，一般不灌水。②拔节期是冰草生长最快的时期，也是需水最多的时期，同时也正值北方干旱区春末夏初的干旱季节，因此是冰草种子田灌水的重要时期，灌水量一般应达到土层20cm以下。③孕穗-灌浆期是关系冰草种子产量和质量的关键时期，北方又处于夏季干热期，此时灌水，并结合追肥，对冰草种子的提质增产效果非常明显。④果后营养期是冰草秋季分蘖的高峰期，当年秋季形成的营养枝翌年会发育成生殖枝，此时灌水可促进冰草分蘖，为翌年种子高产打下良好基础。⑤入冬前灌水可为冰草安全越冬度春提供可靠保障，此时灌水湿润土壤，可以有效控制土壤温度剧变，防止冻害发生。但要注意灌水时间和灌水水量。例如，灌水过晚和过多，灌水后很快在地表形成冰层，使低洼处冰草分蘖芽因处于冰盖下面而窒息死亡。

四、追肥

肥料是作物生长发育的基本物质条件，土壤营养状况直接影响种子的产量与品质，决定多年生牧草饲料作物种子有效生产年限的长短。冰草生产年限长，种子田一般可以连续收获5年以上，每年都要从土壤中带走大量的营养物质。因此，充足的养分供应是实现优质高产的重要保障。

张众和云锦凤等2002～2006年在内蒙古正蓝旗进行了蒙古冰草种子田的追肥试验，结果表明，不同施肥期及同期一次性不同施肥量水平处理，对蒙古冰草生长发育及种子产量构成因子均有较大影响。蒙古冰草种子田经过3年连续产种后，第4年表现种子产量急剧下降，只有233.1kg/hm^2，仅为第1年种子产量的35.9%。如果第3年种子收获后及时追施氮、磷、钾多元复合肥150kg/hm^2，可使翌年表现种子产量大幅度提高，达到1165.4kg/hm^2，为不追肥种子产量的5.2倍。就一次性追肥而言，适宜在种子收获后及时追肥，此时处于夏秋暖季，水热条件适宜，有利于充分发挥肥效，促进果后营养期株丛生长，形成一定数量的夏秋分蘖枝，为翌年种子高产奠定基础。果后营养期追肥，当年秋季枯黄前分蘖数达到574个/m，株丛高度达到38cm，地上部再生生物量达到287g/m，单枝条的叶片数达到6～8片。第二年开花期株丛高度达108cm，分蘖数为226个/m，生殖枝数为192个/m，抽穗率为90.0%，小穗数/穗达30个，小花数/穗达到8个。追肥时应选择多元复合肥，营养全价，可以收到一次性追肥的良好效果，降低多次追肥的生产成本。施肥量以150～300kg/hm^{2}为宜。在施肥量相同的情况下，追肥时间不同会对生长发育及种子产量产生很大的影响。3个不同时期追肥处理，即果后营养期（T1）、返青期（T2）、孕穗期（T3）中，以T1的追肥效果为最好，田间表现为株丛高大，分蘖旺盛。开花期测定时，株丛高度以T1处理为最高，达116cm，比对照增高了32cm；分蘖数达226个/m，为对照（124个/m）的1.8倍。由表7-8可以看出，各施肥处理种子产量构成的各因子，以及潜在种子产量和表现种子产量的观测值均比对照（CK）有所增加。特别是 T1 处理的生殖枝数增加较多（达到192个/m），潜在种子产量较高，达到2534.4kg/hm²，分别是 T2 处理的近2倍，T3 处理的1.8倍，差异达到极显著水平。但是，种子千粒重较小。究其原因，蒙农1号蒙古冰草为多年生草本，牧草及种子产量高，消耗营养多。采收种子后追肥、灌水，可以及时补充水分与营养，尽快恢复再生，促进夏秋季分蘖，经过冬春季低温冷冻处理，翌年才可分化花芽，抽穗开花，并于冬季前贮存足够营养物质，有利于安全越冬，为翌年生长发育和开花结实奠定了良好的基础。而且，此时水热条件好，植株生命活动旺盛，肥效发挥好。另外，收获种子后施肥，便于田间操作，对生长点破坏小。返青期追肥也可增加当年春季分蘖数量，促进抽穗开花，提高种子产量，但效果不如前者，此时追肥应注意把握适当的时间，过早会因温度低，抑制肥效的正常发挥；过晚则会在田间操作时，因轮胎碾压、人为践踏造成花芽的机械损失，影响抽穗结实。孕穗期追肥效果最差，一方面由于此时株丛的生殖枝数已经达到稳定状态，追肥并不能有效增加生殖枝数量；另一方面株丛生长繁茂，将近封垄，田间施肥操作困难，容易造成枝芽机械性损伤，影响开花结实，导致减产。因此，种子收获后的果后营养期为追肥的最佳时期，对蒙农1号蒙古冰草的种子产量与品质至关重要。

表 7-8　不同时期追肥对种子产量及其构成因子的影响

处理	生殖枝数/m	小穗数/穗	小花数/小穗	种子数/穗	千粒重/g	潜在种子产量/(kg/hm²)	表现种子产量/(kg/hm²)
对照（CK）	124c	19c	5bc	38c	1.894ab	557.8c	223.1c
果后营养期（T1）	192a	30a	8a	110a	2.165a	2534.4a	1165.4a
返青期（T2）	160b	26ab	6b	72b	2.032ab	1268.0b	585.2b
孕穗期（T3）	126c	28ab	7ab	87ab	2.242a	1384.2b	617.3b

2004 年 8 月 15 日种子收获 3 天后进行追肥，至 10 月 10 日植株开始枯黄时进行取样测定，结果见表 7-9。收获种子后及时追施复合肥，对当年再生十分有利。经过 50 多天的果后营养期生长，秋季分蘖数达到 574 个/m，是对照的 2 倍；同时，充足的养分条件促进了植株地上部的生长，至枯黄前株丛高度达到 38cm，为对照的 1.9 倍；地上部再生生物量达到 287g/m，为对照的 2.8 倍；单枝条的叶片数达到 6～8 片，最多可达 11 片，为对照的 2 倍。果后营养期（T1）追肥，第二年株丛高大，分蘖旺盛，种子产量大幅度提高。开花期株丛高度达到 108cm，比对照（76cm）增高 32cm；分蘖数为 226 个/m，为对照（124 个/m）的 1.8 倍；生殖枝数为 192 个/m，抽穗率为 90.0%。构成种子产量的其他因子的值均有不同程度的增加，小穗数/穗达到 30 个，为对照（19 个）的 1.6 倍；小花数/穗达到 8

个，比对照（5个）增加了3个，增长率为60%。表明夏秋季种子收获后及时追肥，可以促进果后营养期生长，繁茂的生长发育，使安全越冬得到保障，特别是增加夏秋季分蘖数量，心芽经过冬春季低温处理，有利于抽穗结实，为翌年种子产量的提高奠定了基础。在肥种和施肥量相同的情况下，追肥时间不同会对潜在种子产量和表现种子产量产生很大的影响。3个不同时期追肥处理的潜在种子产量和表现种子产量均比对照有所增加，其中以果后营养期（T1）的追肥效果为最好，潜在种子产量和表现种子产量分别达到最大值2534.4kg/hm^{2}和1165.4kg/hm^2，为对照（557.8kg/hm^{2}和223.1kg/hm^2）的4.5倍和5.2倍，并且分别是T2处理的近2倍和T3处理的1.8倍，差异达到极显著水平。潜在种子产量和表现种子产量是由品种的遗传特性和环境条件共同决定的，同时潜在种子产量又是表现种子产量的前提和基础，而高的表现种子产量又是实现高额实际种子产量的先决条件。在品种特性相对稳定的情况下，生境条件就成为决定种子产量高低的重要因素。试验结果表明，种子收获以后及时追肥，对蒙农1号蒙古冰草的种子生产至关重要，可以大幅度提高潜在种子产量，为获得高额的实际种子产量奠定基础。在肥种和施肥量相同的情况下，追肥时间不同会对种子千粒重产生较大的影响。3个不同时期追肥处理的种子千粒重均比对照有所增加，差异达到显著水平。其中以孕穗期（T3）的追肥效果为最好，种子千粒重达到最大值2.242g，比对照（1.894g）增加了18.3%，并且分别比T1处理（2.165g）增加了3.6%，比T2处理（2.032g）增加了10.3%。结果表明，追肥补充营养可以增加种子千粒重，提高种子品质，而且，孕穗期追肥对增加蒙农1号蒙古冰草种子千粒重的效果更为明显。

表7-9　果后营养期追肥对当年植株生长发育的影响

处理	当年分蘖数/m	株丛高度/cm	地上部再生生物量/（g/m）	叶片数/枝
对照（CK）	286	20	102	3～4
果后营养期（T1）	574	38	287	6～8
增加值	288	18	185	2～3

注：枯黄前测定

2005年8月16日种子收获4天后进行追肥，并于当年10月6日植株开始枯黄时和第二年开花后分别进行取样测定。不同肥种与施肥量的试验测定结果见表7-10、表7-11。在追肥期相同的情况下，施肥量不同会对生长发育及种子产量产生很大的影响。追肥可以恢复蒙农1号蒙古冰草的种子生产能力，延长种子田生产年限。但不同处理的追肥效果不同，其中以NPK2的潜在种子产量和表现种子产量值最大，达到2491.8kg/hm^{2}和1008.6kg/hm^2，是对照的6.4倍；其次是NPK3，潜在种子产量为2471.4kg/hm^2，但二者处于同一水平，差异不显著。

表 7-10　不同肥种及施肥量对当年植株生长发育的影响（枯黄前测定）

处理	当年分蘖数/m	株丛高度/cm	地上部再生生物量/（g/m）	叶片数/枝
CK	243c	21bc	93bc	3～4
NPK1	343b	27ab	123b	5～6
NPK2	554a	32a	267a	5～7
NPK3	556a	33a	272a	5～7

注：枯黄前测定。N.氮；P.磷；K.钾，下同

表 7-11　不同施肥量对种子产量及其构成因子的影响

处理	生殖枝数/m	小穗数/穗	小花数/小穗	种子数/穗	千粒重/g	潜在种子产量/（kg/hm²）	表现种子产量/（kg/hm²）
CK	90c	19c	5c	42 c	1.834ab	392.0c	173.3c
NPK1	132bc	27a	8a	80 ab	2.104a	1297.4b	480.5b
NPK2	178a	28a	9a	102 a	2.222a	2491.8a	1008.6a
NPK3	176a	29a	9a	97 a	2.152a	2471.4a	918.5a

　　张众、云锦凤等 2005 年在呼和浩特市进行了蒙农杂种冰草种子田追肥效应研究，对 5 年生种子田进行了尿素、磷酸二铵和复合肥 3 种肥料 15 个处理的追肥试验。结果表明，尿素可以促进营养生长，增加株丛高度和枝条数量，而对种子生产作用不大；磷酸二铵效果较好，枝条总数、生殖枝数、小花数和结实率都有明显提高，NP4（300kg/hm²）处理的种子产量增加了 454.0kg/hm²，利润增加了 12 270.0 元/hm²，追肥效应在 15 个处理中位居第二；复合肥对种子生产效果的影响最为明显，可以大幅度增加枝条总数、生殖枝数、生殖枝比例、小花数和结实率，其中以 NPK3 处理（225kg/hm²）为最好，株高达 68.4cm，比对照增高了 19.9cm；地上生物量达 195.2g，是对照的 3.3 倍；地下 0～40cm 根系的总重为最高（99.4g），为对照的 2.3 倍；表现种子产量增加了 489.5kg/hm²，生产利润增加了 13 695.0 元/hm²。

　　株丛高度及地上部分层结构的观测结果见表 7-12。不同施肥处理均可增加株丛高度和地上生物量。其中以复合肥 NPK3 处理的效果最为明显，株高达 68.4cm，比对照增高了 19.9m；地上生物量达 195.2g，是对照的 3.3 倍，差异均达到极显著水平。由表 7-12 还可以看出，不同施肥处理对株丛地上部茎、叶、穗的空间分布有较大的影响。不施肥时，株丛较矮，地上生物量主要分布于第一、二层，重量百分比为 54.2%；追肥后茎叶空间分布重心上移，茎叶主要分布于第二、三、四层，就 NPK3 而言，第一、二层生物量所占比例为 29.1%，第三、四、五层生物量占生物总量的 53.0%。

表 7-12 不同处理对株高及地上生物量分层分布的影响

处理	第一层/%	第二层/%	第三层/%	第四层/%	第五层/%	第六层/%	第七层/%	地上生物总量/g	株高/cm
CK	26.3	27.9	20.1	15.3	10.4	0	0	59.6c	48.5c
N1	22.8	25.5	23.3	15.2	13.2	0	0	72.9c	48.8c
N2	21.3	22.3	20.4	13.7	12.7	9.6	0	88.0c	53.1bc
N3	16.9	20.9	24.3	16.2	12.6	9.4	0	102.3bc	54.3bc
N4	17.2	21.0	24.0	15.7	12.8	9.3	0	102.7bc	53.5bc
N5	18.1	22.7	23.0	13.8	13.5	9.3	0	90.7c	52.3bc
NP1	20.3	21.3	21.8	13.9	12.8	9.9	0	87.2c	53.5bc
NP2	18.5	20.4	24.1	15.0	12.5	9.5	0	95.1c	54.3bc
NP3	17.2	21.4	23.6	16.8	12.1	8.9	0	110.6bc	54.9bc
NP4	18.2	20.9	23.0	16.8	12.2	8.9	0	108.0bc	53.6bc
NP5	18.2	21.0	23.0	16.9	12.5	8.4	0	103.0bc	53.5bc
NPK1	13.8	16.8	18.1	19.7	19.8	11.9	0	149.8b	56.8b
NPK2	13.8	15.5	16.3	18.7	18.2	10.7	6.7	171.3ab	63.8ab
NPK3	13.0	16.1	17.9	18.6	16.5	10.0	7.9	195.2a	68.4a
NPK4	14.2	16.5	18.1	18.9	15.7	9.2	7.1	191.3a	67.6a
NPK5	15.3	17.8	17.9	18.9	14.0	8.9	7.2	172.3ab	65.5ab

根系重量分层分布的观测结果见表 7-13。蒙农杂种冰草根系在土中的分布较浅，主要在 0～20cm 土层，占根系总质量的 70%～80%。施肥后根系质量明显增加，其中以 NPK3 处理地下 0～40cm 根系的总重为最高（99.4g），为对照的 2.3 倍，差异达到极显著水平，但仍集中分布在 0～20cm 土层，占根系总质量的 72.4%。表明施肥可以促进蒙农杂种冰草浅层根系增加。

表 7-13 不同施肥处理对根系重量分层分布的影响

处理	第一层 0～10cm		第二层 10～20cm		第三层 20～30cm		第四层 30～40cm		总重量/g
	g	%	g	%	g	%	g	%	
CK	20.7	48.8	11.5	27.1	8.0	18.9	2.2	5.2	42.4c
N1	21.4	45.6	12.6	26.9	9.1	19.4	3.8	8.1	46.9c
N2	22.2	44.3	13.3	26.5	10.0	20.0	4.6	9.2	50.1c
N3	23.4	42.1	14.6	26.3	11.8	21.2	5.8	10.4	55.6bc
N4	24.2	42.0	15.0	26.0	12.0	20.8	6.4	11.1	57.6bc
N5	24.1	58.6	15.2	26.1	12.3	21.1	6.6	11.3	58.2bc

处理	第一层 0～10cm		第二层 10～20cm		第三层 20～30cm		第四层 30～40cm		总重量/g
	g	%	g	%	g	%	g	%	
NP1	22.7	43.2	13.7	26.1	11.8	22.5	4.3	19.1	52.5bc
NP2	24.6	56.1	16.1	28.9	11.7	21.0	3.3	5.9	55.7bc
NP3	28.8	44.3	20.2	31.1	11.8	18.2	4.2	6.5	65.0bc
NP4	27.2	43.0	21.1	33.4	11.4	18.0	3.5	5.5	63.2bc
NP5	26.6	43.0	21.2	34.3	10.8	17.5	3.2	5.2	61.8bc
NPK1	22.6	42.5	16.7	31.4	11.3	21.2	2.6	4.9	53.2bc
NPK2	31.2	40.4	26.5	34.3	13.0	16.8	6.5	8.4	77.2b
NPK3	42.6	42.9	29.4	29.6	18.2	18.3	9.2	9.3	99.4a
NPK4	42.4	44.5	28.1	29.5	16.4	17.2	8.4	8.8	95.3a
NPK5	40.6	45.8	26.6	30.0	14.8	16.7	6.6	7.4	88.6ab

表现种子产量的观测结果见表 7-14。各施肥处理对表现种子产量的影响不同，除 N5 处理外，其余 14 个处理的表现种子产量均比对照有不同程度的增加，其中以 NPK3 处理的增加值为最大，达到 681.8kg/hm^2，为对照的 3.5 倍，差异达到极显著水平；位居第二的 NP4 处理，表现种子产量达到 646.3kg/hm^2，为对照的 3.4 倍，差异也达到极显著水平。施肥后各处理的枝条数、生殖枝数和生殖枝所占比例都有不同程度的提高。就枝条总数而言，以 N3 处理为最高，达 397 个/m，为对照的 2.9 倍，差异达到极显著水平；就生殖枝数而言，以 NP4 处理为最高，达 213 个/m，为对照的 2.3 倍，差异达到极显著水平；就生殖枝所占比例而言，以 NPK1 处理为最高，达 76.4%，比对照增加了 6.8%，差异达到显著水平，比最小值的 N5 处理增加 1 倍，差异达到极显著水平。由表 7-14 还可以看出，施肥后各处理的小穗数/穗、小花数/小穗、种子数/穗和结实率都有不同的变化，N 肥处理起到了降低的作用，而 NP 肥和 NPK 肥均有促进作用。其中以 NP3 处理值为最大，分别达到 32.2 个小穗/穗，比对照增加 3.9 个小穗/穗，差异达到极显著水平；7.1 个小花/小穗，比对照增加 1.8 个小花/小穗，差异达到极显著水平；103.3 粒种子/穗，比对照增加了 38.2 粒种子/穗，差异达到极显著水平；结实率为 45.2%，比对照增加了 1.8%，差异达到显著水平。各施肥处理对种子千粒重的影响不大。

表 7-14   施肥对种子产量及其构成因子的影响

处理	枝条数/m	生殖枝数 枝/m	生殖枝数 %	小穗数/穗	小花数/小穗	种子数/穗	结实率 /%	千粒重 /g	表现种子产量 /（kg/hm²）
CK	135.0c	94.0c	69.6ab	28.3b	5.3b	65.1bc	43.4ab	2.2a	192.3c
N1	268.0b	153.0b	57.0 b	29.3ab	6.4b	79.1b	42.2ab	2.3a	397.7bc
N2	286.0b	158.0b	55.2 b	27.5bc	6.8a	80.0b	42.8ab	2.3a	415.3bc
N3	397.0a	158.0b	39.8 c	27.4bc	6.4b	68.2bc	38.9b	2.4a	369.5bc
N4	355.0a	136.0bc	38.3 c	26.5bc	5.6b	52.1c	35.1ab	2.2a	222.7c
N5	322.0ab	137.0bc	42.5 c	23.2c	5.1b	41.8c	35.3b	2.3a	188.2c
NP1	260.0b	183.0ab	70.3ab	31.2a	5.8b	81.8b	45.2a	2.3a	491.9b
NP2	253.0bc	185.0ab	73.1 a	28.8b	6.2b	74.8b	41.9ab	2.4a	474.5b
NP3	320.0ab	206.0 a	64.3 b	30.1ab	6.4b	82.3b	42.7ab	2.3a	557.1ab
NP4	354.0a	213.0 a	60.1 b	31.3a	6.4b	88.5ab	44.2a	2.4a	646.3a
NP5	333.0ab	191.0ab	57.4 b	30.5ab	6.3b	86.7ab	45.1a	2.3a	544.1ab
NPK1	250.0bc	191.0ab	76.4 a	29.6ab	6.9a	92.3ab	45.2a	2.4a	554.1ab
NPK2	277.0b	197.0 a	71.1ab	31.7a	7.0a	99.9 a	45.0a	2.2a	618.5a
NPK3	284.0b	210.0 a	73.9 a	32.2a	7.1a	103.3a	45.2a	2.2a	681.8a
NPK4	275.0b	198.0 a	72.0 a	30.1ab	7.0a	92.1ab	43.7ab	2.1a	547.1ab
NPK5	268.0b	189.0ab	70.5ab	28.6b	7.0a	84.5ab	42.2ab	2.1a	479.1b

　　成本及效益分析结果见表 7-15。各施肥处理对经济效益的影响不同，除 N4、N5 处理外，其余 13 个处理的种子生产利润比对照均有不同程度的增加，其中以 NPK3 处理的增加值为最大，达到 13 695.0 元/hm²。表明合理施肥对于恢复蒙农杂种冰草退化种子田生产，提高生产效益具有重要的作用。

表 7-15   成本、产值及效益分析

处理	成本增加/（元/hm²）	增产种子/（kg/hm²）	产值增加/（元/hm²）	利润增加/（元/hm²）
N1	600.0	205.4	6 162.0	5 562.0
N2	750.0	223.0	6 690.0	5 940.0
N3	900.0	177.2	5 316.0	4 416.0
N4	1 050.0	30.4	912.0	−138.0
N5	1 200.0	−4.1	−123.0	−1 323.0
NP1	675.0	299.6	8 988.0	8 313.0
NP2	900.0	282.2	8 466.0	7 566.0
NP3	1 125.0	364.8	10 944.0	9 819.0

处理	成本增加/(元/hm²)	增产种子/(kg/hm²)	产值增加/(元/hm²)	利润增加/(元/hm²)
NP4	1 350.0	454.0	13 620.0	12 270.0
NP5	1 575.0	351.8	10 554.0	8 979.0
NPK1	630.0	361.8	10 854.0	10 224.0
NPK2	810.0	426.2	12 786.0	11 976.0
NPK3	990.0	489.5	14 685.0	13 695.0
NPK4	1 170.0	354.8	10 644.0	9 474.0
NPK5	1 350.0	286.8	8 604.0	7 254.0

试验结果表明，追施尿素（N 46%）可以明显促进蒙农杂种冰草的营养生长，增加株丛高度和枝条数量，但对于生殖枝数量、小花数、千粒重等种子产量构成因子的促进作用不大。追施磷酸二铵（P_2O_5 46%、N 18%）对蒙农杂种冰草种子田生产效果较好。在 5 个施肥量处理中，以 NP4（300kg/hm²）处理的效果最为明显，结果使枝条总数、生殖枝数、小花数和结实率都得到明显提高，种子产量增加 454.0kg/hm²、利润增加 12 270.0 元/hm²，追肥效应在 15 个处理中位居第二。复合肥（N∶P_2O_5∶K_2O=10∶8∶7）对蒙农杂种冰草种子生产的效果最为明显。追肥不仅增加了枝条总数、生殖枝数和生殖枝比例，而且小花数和结实率都得到明显提高，使种子产量增加、生产利润提高。

五、除杂去劣

种子田在生长期间要及时进行田间除杂去劣，除去异种异株，以及低矮、感染病虫害等劣质植株，以保证种子的纯净度。冰草田间除杂适宜在抽穗至开花期进行，特别是在开花期间，田间的识别比较容易，除杂去劣的效果较好。一般采用人工拔除或刈割。

第四节　种子收获与加工

一、种子收获

种子田收获是种植生产的最终目的，收获时间和方法对种子的数量和质量有很大影响。冰草易种植，有良好的结实特性，种子易收获，产量高，成熟早，大面积种子田可以机械化收获。种子成熟时植株还保持绿色，种子收获后茎叶仍具有较高的饲用价值。但冰草种子成熟后易自行脱落，等到种子完全成熟后，遇到风天，许多种子会被风吹落而造成损失，因此一般应于蜡熟期收获。

植株收割时采用谷物打捆机，应捆绑并立即堆成堆。在正常天气状况下，打捆后 10 天牧草已经足够干燥。普通的谷物分离器很容易收获种子。为了避免种子收获时的损失，应降低风扇速率或关闭进风口。一些分离器可降低机器尾部使种子回到传送带上，以去除更多杂质。在一定的条件下，可通过降低圆桶的运转速率达到最佳的收获效果，但要根据具体情况而定。实践证明，应当移除凹槽（concave）。收种还可用收割机，或带有草条捡拾装置，并带有刈晒和收获功能的联合收割机完成收获。

在美国，冰草种子可以用普通农用的具有合适筛子的风扇装置去清理。顶部有 1/18～1/4 平方英寸[①]的长方形孔隙，底部筛孔为 6×26 平方英寸或 4×26 平方英寸，大多数情况下去杂效果较好。如果收获时带有大量杂质则需要在初选时使用大一点孔径的筛子。一般冰草种子标准是 1 蒲式耳[②]（bushel），至少重 22 磅[③]，纯度达到 88%～90%，发芽率 85%。可选择种子时应每蒲式耳重 24～26 磅。

（1）收获时间。冰草种子成熟期较长，成熟后落粒性也较强，收获种子应及时。由于收获时间短，工作量大，所以选择适宜的收获期会减少损失而获得种子高产量。适时收获既能获得高额产量和品质优良的种子，又能减少收获不当造成的损失。冰草在同一花序上成熟不一致，从下向上逐渐成熟，而且落粒性强，尤其是蒙古冰草，落粒非常严重，蒙农杂种冰草落粒较少。一般可根据花序和茎秆颜色确定收获时间，即花序下部 1/3 由绿变黄，60%种子达到蜡熟状态时即可收获。收获时间也与收获方法有关。

（2）收获方法。小面积种子田一般采用人工收获，用镰刀割取地上部，在场面上晾晒，进行机械或人工脱粒。人工收获的进度较慢，田间落粒严重，据估测蒙古冰草损失率较大，约为 36%，沙生冰草和蒙农杂种冰草损失率较小，约为 30%和 25%。大面积生产用联合收获机收获为宜，小麦联合收割机收获的进度虽较快，但损失率也较大，蒙古冰草、沙生冰草、杂种冰草的损失率分别也能达到 30%、26%和 22%。用吸入式收获机效果较好，可以避免因种子脱落而造成的丰产不丰收。在人工收获过程中，刈割时手工抓握、田间晾晒、运输和脱粒等操作，均会导致种子损失。冰草采用联合收割机收获的效率较高，比人工分段收获率高 38.3%（刘波等，2008）。

二、种子加工

牧草种子收后要及时脱粒、清选、包装、入库。用塑料编织袋包装成 25kg 质量规格为宜。多年生禾本科牧草的小穗通常含有不孕小花，小花的结实率通常

---

① 1 平方英寸=6.451 600×10^{-4}m^2。

② 1 蒲式耳=35.239L。

③ 1 磅=0.453 592kg，下同。

为 60%～70%，收获的种子中含有一定量的空瘪种子。

为达到种子的质量等级（表 7-16），冰草种子收获、干燥脱粒后，应及时清洗去杂，小批量可以人工清选，大批量可以机械清选。

表 7-16　中国主要栽培牧草冰草种子质量分级标准

牧草名称	级别	最低净度/%	最低发芽率/%	其他种子每千克最高粒	最高水分/%
冰草（*Agropyron cristatum*）	1	80	80	2000	11
	2	75	75	3000	11
	3	70	70	5000	11

据测算，冰草小批量人工清选的空瘪率较低（11.6%），机械清选的空瘪率较高（15.1%）（刘波等，2008）。

附件：内蒙古自治区蒙古冰草的地方标准

1　主题内容与适用范围

本标准规定了蒙古冰草（*Agropyron mongolicum* Keng cv.'Neimeng'）的特征特性、生产性能、栽培技术、种子生产与分级。

本标准适用于蒙古冰草的品种鉴别、生产、种子分级及销售。

2　品种特征

2.1　品种来源

本品种系锡林郭勒盟的野生种经过 20 年的驯化培育而成的栽培品种。

2.2　形态特征

须根长而密集，具沙套，茎秆疏丛状直立，基部节膝曲，叶片灰绿色，光滑无毛。叶鞘紧密裹茎，短于节间。叶耳短而光，尖锐。叶舌截平，具纤毛。穗状花序顶生，直立，小穗疏松排列，向上斜生，穗轴无毛或有微毛。颖具 3 脉，外稃无毛，具 5 脉，基盘钝圆，边缘膜质，先端具短芒尖。内稃等长于外稃，脊部具纤毛。种子（颖果）椭圆形，千粒重 2.0g。

3　品种特性

耐寒、耐旱、耐瘠薄、抗风沙、返青早、枯黄晚、利用年限长、喜沙质土及沙壤质栗钙土上生长，在壤质、黏壤质土上也可生长良好。不耐高温。种子成熟后易落粒。适宜内蒙古年降水量 250mm 以上的地区种植。生育期 118 天左右。

4　生产性能

4.1　饲草产量

播种当年产草量较低，两年后随生长地区、土地条件、年份的不同而异，一般每公顷产干草 2000～3000kg。

4.2　种子产量

播种一年后每公顷产种子 360kg 左右。

5　栽培技术

5.1　整地

5.1.1　刈草地直播

土层深厚时耕翻、耙、耱，达到地平土碎，紧实。在风沙大而草场沙化严重的地区最好不翻耕。

5.1.2　天然草场补播

植被盖度低于 20%播前可重牧一次；植被盖度高于 20%需耙耱一次。

5.2　播种

5.2.1　种子质量

要用符合国家质量标准 GB6142－85 规定的三级以上种子。

5.2.2　种子处理

有条件的要对种子进行稀土浸种、药物拌种和丸衣处理。

5.2.3　播种期

春播、夏播均可。在土壤水分适宜或有灌溉条件的情况下应尽可能早播种。干旱地区旱作栽培，要趁雨季抢墒播种，最迟不得晚于 7 月 20 日。

5.2.4　播种量

条播每公顷播种量 15～20kg；撒播每公顷播种量 30～37kg；天然草场补播每公顷播种量 15kg 左右。

5.2.5　播种深度与行距

水浇地播种深度 2～3cm，旱地播种深度 3～4cm，行距 20～30cm。播种后镇压。

5.3　田间管理

苗期及时防除杂草，有条件的进行灌水和追肥，旱地下雨前也可追施氮肥。要注意及时防治病虫害。

5.4　利用

播种当年最好不要刈割利用，两年后每年可刈割 1 次或 2 次。在抽穗期刈割，留茬高度 8cm；天然草场补播放牧场，两年后可适度放牧。

6　种子生产与分级

6.1　种子生产

6.1.1　种子田的选择

选择地势平坦、土层深厚、土壤肥沃、排灌方便、无病虫害的地块作种子田，其周围 50m 距离内不得种有同种不同品种的牧草。

6.1.2　播种与管理

种子田宜春播，播种的头一年秋进行深翻，施足基肥，耙糖整平。种子要用符合 GB6142－85 规定的一级种子，每公顷播种量 15kg，行距 30～45cm，适时灌溉追施氮肥。在抽穗与蜡熟期进行去杂去劣。

6.1.3　种子收获

当穗头变黄、籽粒变硬时及时收割，运至场上晒干脱粒，单打单收。

6.2　种子分级

按国标 GB6142－85 规定的《禾本科主要栽培牧草种子质量分级》中冰草的标准执行。

附加说明

本标准由内蒙古自治区畜牧厅提出。

本标准由内蒙古自治区草原站负责起草。

本标准主要起草人：李秀珍、田传练、李风安。

本标准已于 1993 年 3 月 29 日经内蒙古自治区技术监督局批准（编号为DB15/107－93）并发布，从 1993 年 5 月 1 日起已在全区实施。

第八章　冰草的利用途径与技术

冰草作为温带草原的重要成分在欧亚草原的分布十分广泛。通常作为针茅草原、羊草草原、羊茅草原等群落的伴生成分出现,有时也可成为亚优势种。在覆沙地段或沙质土上可作为建群种而形成冰草草原。在山地草原,冰草分布也很普遍,但其多度有所下降。内蒙古是中国冰草属植物的多样性分布中心,全国冰草的所有种在这一地区均有自然分布,而且生境和生态类型多样,在内蒙古草原植被中占有特殊的地位。冰草抗逆性优良,营养价值高,利用途径广泛,在退化和沙化草地改良、沙地植被恢复、草地放牧管理,以及生态环境保护与建设中发挥着十分重要的作用。长期以来,国内外许多畜牧业发达国家十分重视冰草的利用研究,在大量的科学试验和生产实践中逐步扩大了冰草的利用途径,同时冰草的利用技术也日臻完善。

第一节　冰草在温带草原的地位与作用

冰草具有抗逆性强,对土壤要求不严,竞争性强,对杂草有良好的抑制作用,根系庞大,产量较高等优良特性。冰草在干旱和半干旱地区退化草地改良、人工草地建设中占有重要地位,特别是在中国北方草原区的退化、沙化草场改良和草原畜牧业中具有十分重要的地位和作用。

一、冰草在荒漠草原退化和沙化草场改良中的地位和作用

草场培育改良是草原畜牧业可持续发展的重要保障措施,也是现代畜牧业发展水平的重要标志。研究表明,荒漠草原退化草场通过围封改良后,草地生产力能够得到显著提高,草地总产量可增加 1 倍。其中,围封抚育效果最为明显的禾本科牧草当属蒙古冰草(*A.mongolicum*),围封 2 年后株高增加 1~2 倍或更高,鲜草产量增加 14~25 倍(阎志坚,2001)。在内蒙古巴彦诺尔盟荒漠草原植被盖度小于 30%的严重退化草地上,采用围封+松土补播蒙古冰草(*A. mongolicum*)和沙生冰草(*A.desertorum*)进行改良的试验结果显示,补播第 2 年草地总产量增加 20%,但禾本科牧草产量提高了近 50%。第 3 年产草量可增加 1.5 倍以上,禾本科牧草在草层中的比例增加到 75%,而豆科牧草比例基本无变化。第 4 年,草地基本上以冰草为主体,产草量可提高 1.7 倍,而且草群中禾本科种类成分的质量占总质量的 90%以上(贾明,2005)。由此可见,冰草在荒漠草原退化草场

围封改良中具有十分重要的作用，特别是在围封初期冰草对改良效果的影响更为突出。

　　冰草在哈萨克斯坦共和国从年降水量为 160～400mm 的平原荒漠草原、山地荒漠草原、山地草原至高寒草原均有分布。哈萨克斯坦共和国学者研究发现，冰草根系发达，根部具少量根瘤、能改良土壤结构、提高土壤肥力。因此，在哈萨克斯坦共和国常作为小麦、谷子和园艺作物的前作，可在草田轮作中发挥重要作用。

　　此外，利用冰草与其他牧草混播可以改良盐碱地。例如，苏联伏尔加格勒畜牧试验站在半荒漠地区播种冰草、黄花苜蓿（或紫花苜蓿）和伏地肤改良盐碱地，使干草产量提高了 3 倍之多。

二、冰草在典型草原退化和沙化草场改良中的作用

　　对内蒙古典型草原丛生禾草为主的大针茅（*Stipa grandis*）+糙隐子草（*Cleistogenes squarrosa*）退化草地改良的研究显示，冰草在天然退化草地中的优势度为 13.0，在群落主要草种中优势度居第 8 位，采用浅耕翻改良后第 3 年，冰草的优势度上升到 30.1，在群落中的优势度跃居到第 3 位。在冷蒿（*Artemisia frigida*）为建群种的退化草地上，采用松土改良的第 4 年，冰草的优势度由原来的第 4 位上升到第 2 位，除冷蒿外其他种类的优势度变化不大。可见冰草在典型草原退化草地植被恢复中发挥着重要作用（阎志坚，2001）。

三、冰草在草原区沙地植被恢复中的作用

　　研究表明，在鄂尔多斯高原库布齐沙地植被总盖度不足 30% 的半流动沙地退化草场上，采用蒙古冰草和沙生冰草与沙打旺（*Astragalus adsurgens*）、柠条锦鸡儿（*Caragana korshinskii*）和羊柴（*Hedysarum mongdicum*）混播改良，补播第 3 年群落的优势种由油蒿变成了沙打旺和冰草，一年生沙米（*Agriophyllum squarrosum*）基本消失，其他多年生植物的种类和数量明显增加。与补播前相比，土壤养分明显提高，速效氮增加了 22%，速效磷增加了 1 倍，植被总盖度提高了 3 倍，干草产量提高了 7 倍。流沙移动得到控制，生态环境明显改善（安渊等，1997；贾明，2005）。

第二节　冰草在退化草地改良中的应用

一、种和品种的选择

　　冰草是具有多种用途的牧草，它不仅可以提高低产放牧场和过牧放牧场的生产力，而且可以改良被侵蚀的土壤。研究表明，在哈萨克斯坦的大部分地区，不

论是采用单播方式，还是采用混播方式，改良天然草地最适宜的牧草是冰草（贾纳提等，2006；2009）。中国在天然草地改良的研究和实践也证明了冰草在天然草地改良中的地位和作用（谷安琳等，1994；1998；马瑞昌等，1998；殷国梅和陈世璜，2003；乌兰等，2003）。但是，不同冰草种类和品种的生态生物学特性存在差异，因而在天然草地改良中，需要根据气候、土壤条件、草场类型及退化程度等具体情况，选择最佳或适宜的冰草种类或品种，以保障达到更好的改良效果。

（一）冰草主要种和品种的特点

1. 蒙古冰草（*A. mongolicum*）

蒙古冰草又名沙芦草，是典型的沙生植物，在沙地植被中常成为优势种，主要分布于荒漠草原及其以西的沙地上，自然分布数量很大。在内蒙古干旱和半干旱地区旱作条件下，蒙古冰草的适应能力强、牧草产量高、稳产性较好，是适宜北方典型草原和荒漠草原补播的优良牧草。目前，适于中国天然草地改良的蒙古冰草品种主要有内蒙沙芦草和蒙农 1 号蒙古冰草。

2. 沙生冰草（*A. desertorum*）

沙生冰草是冰草种类中最耐旱的种。在荒漠草原的沙土、沙壤土分布较广，在中国荒漠草原以西分布较为集中，主要分布于哈萨克斯坦、中亚、中国、蒙古国。目前，适于中国天然草地改良的沙生冰草品种主要是诺丹冰草，其种子大、活力强、易建植。由于种子供应不足，许多地区常使用沙生冰草野生种子。

3. 冰草（*A. cristatum*）

冰草又名扁穗冰草、野麦子，是世界温带地区最重要的牧草之一，中国主要分布于东北、华北，以及内蒙古、甘肃、青海、新疆等地。扁穗冰草为旱生植物，属疏丛型中寿命禾草，其最大特点是寿命长、耐践踏，防风固沙能力极强，生长快、产量高。对干旱的适应性强，生态幅度广，抗干旱、耐低温能力极强，在年降水量为 230～380mm 的地区生长良好，在冬季高寒地带能安全越冬，适宜在寒冷干燥地区种植。对土壤和栽培养护条件要求很低，因而是一种良好的护坡、水土保持和固沙植物。在栗钙土上生长良好，耐瘠薄，也耐一定的盐碱，但不宜在酸性强的土壤和沼泽土壤上种植。

冰草生长快，产量高，有很好的持久性，一次建植一般可利用 5～10 年或更长。而且分蘖能力和再生性强，返青早，枯黄迟，利用时间长，耐践踏，冬季植株残留良好。可用于改良退化的天然草地和建立人工放牧地，是一种很有潜力的优良牧草。目前，中国尚无自主选育和登记的扁穗冰草品种，在天然草地改良中主要应用野生扁穗冰草种子。

4. 蒙农杂种冰草（*A.cristatum* × *A. desertorum* cv.Hycrest-Mengnong）

蒙农杂种冰草是一个草产量和种子产量均高的冰草杂交品种，其特点是种子成熟后茎叶不枯黄，仍保持青绿。适宜于中国北方寒冷、干旱及半干旱地区种植，是建立人工草地和改良天然草场的优良牧草品种。对土壤要求不严，在沙质土、壤土、黑钙土上均能良好生长。春季返青早，秋季枯黄期晚，生育期较长，130天左右，青绿期长达200天以上。

（二）天然草地改良中冰草的选择利用

通过对以上冰草主要种类和品种的了解，可以选择适宜的冰草种或品种用于不同植被类型天然草地的改良。就蒙古冰草而言，来源于内蒙古锡林郭勒盟和巴彦诺尔盟的蒙古冰草对中温荒漠草原和暖温性典型草原有比较一致的适应性，人工种植效果良好，适于用作这两个地区的补播草种。西伯利亚冰草和沙生冰草在利用方面次于蒙古冰草，但仍不失为草原补播利用的适宜草种。西伯利亚冰草在中温荒漠草原区的建植效果较在暖温性典型草原区更好，但其对暖温性典型草原区的生态条件同样有较好的适应性，可用作这两个地区的补播草种。沙生冰草更适宜在荒漠草原区利用，来源于巴彦诺尔盟的沙生冰草在中温型荒漠草原表现出良好的建植优势，适宜作为这一地区的补播草种。

蒙古冰草和沙生冰草通常是荒漠草原区草场改良的首选禾本科牧草，但扁穗冰草的表现不及前二者。在改良退化草地时，典型草原应以蒙古冰草为主，而草甸草原区退化草地改良应以扁穗冰草为主。在退化草地上应用苜蓿+红豆草+冰草混播组合可获得较高的干草产量。在沙地植被恢复中，依据气候和土壤条件，可选择蒙古冰草、沙生冰草和扁穗冰草作为主要补播草种。

中国从北美洲引进的冰草品种均可在内蒙古暖温性典型草原区旱作条件下建植，但必须选择在降水丰年或降水平年的年份播种，否则将很难建植成功。据内蒙古农业大学等单位的研究，从北美洲引入的7个冰草品种均不适应内蒙古干旱地区的旱作条件，但在半干旱地区降水好的年份播种可获得较理想的建植效果，旱作条件下可收获2~3年牧草。如果有较好的水分条件，P-27冰草、综合冰草、杂种冰草和航道冰草等品种可短期利用（谷安琳等，1994；1998）。

二、补播冰草的建植技术

（一）荒漠草原区

在荒漠草原区，适宜补播的冰草主要为蒙古冰草、沙生冰草和扁穗冰草。补播的时间因当地自然气候和土壤水分状况的差异而不同，一般以夏播（6月下旬）效果最好，由于正值雨季，水热同期，种子萌发和幼苗生长快，当年出苗率、保苗率和翌年的越冬率均较高。其次为夏秋播（7 月下旬），但不易过晚，以免影响安全越冬。春播虽然有利于提高越冬率，但常因多风和干旱等不利自然因素的影响，出苗率低，保苗困难。补播方法以条播或条带状免耕补播最好，覆土宜浅不宜深，一般在 2cm 左右为宜。补播时施用适量种肥有利于播种当年的保苗和植株生长，可显著增加补播冰草的生物量和生长速率。

内蒙古农业大学（王明玖和冯国栋，1990）的研究表明，在内蒙古中部短花针茅草原区，蒙古冰草补播的适宜播种期为 5 月 20 日至 8 月 20 日。此时播种，能抓全苗，幼苗长势良好，并且能够安全越冬。当 0～25cm 耕层土壤含水量达到 6.4%～7.6%，0～10cm 土壤含水量达到 5.0%～6.2%时，蒙古冰草种子开始萌发。播种当年，幼苗地上部分虽然生长较慢，但根系生长迅速，当株高 8～10cm 时，根系已经深入到耕层底部，长达 20cm，这是其能够适应干旱的重要原因。当幼苗地上部高度达到 2～3cm 时，对干旱和风沙就有了很强的抵抗能力，叶尖被大风吹干后仍能继续生长。蒙古冰草竞争力很强，只要抓住全苗，其他杂草就不易侵入。蒙古冰草返青早，最迟不过 4 月 9 日。1983 年的观测结果显示，3 月 27 日就大量返青，株高达到 2.5cm；5 月月初进入拔节期，株高达到 14cm，生长极为旺盛；6 月 8 日进入抽穗期，株高达到 30cm。从返青到抽穗经历 2 个月的营养生长期，此期间牧草青绿柔嫩、适口性好、消化率高，马、牛、绵羊都喜食，是放牧利用的最好时期。此时也正是天然草地青黄不接的困难时期，利用蒙古冰草放牧对于接羔保畜、安全度春意义重大。抽穗后的蒙古冰草生长非常快，7 月 24 日左右种子成熟，生育期 110 天。之后进入果后营养期，可以保持青绿期 3 月至 10 月下旬，而天然草场在 9 月中旬初霜后即进入枯黄期。

有报道显示，在冬季降雪较大的荒漠草原区采用早春顶凌播种、临冬寄子播种或冬季雪上播种也可以取得较好的效果。但是，不同气候区域或小气候条件对春季早播种的影响不尽相同。例如，在内蒙古中部短花针茅草原区连续多年的研究显示， 5 月 20 日以前播种，由于气温低、风沙大，对出苗保苗十分不利，因而播种后植株稀疏，幼苗长势弱；8 月 20 日以后播种，幼苗生长缓慢，不能进入到分蘖期，因而越冬困难。

（二）典型草原区

在典型草原区，适宜补播的冰草主要为蒙古冰草。补播的时间一般以夏播（6 月下旬）效果最好，当年出苗率、保苗率和翌年的越冬率均较高。其次为冬播（11 月下旬寄子播种），但不易过晚，通常在土壤封冻前完成。春播出苗率低，保苗困难。补播方法与荒漠草原区相同。

（三）草甸草原区

在草甸草原区，适宜退化草地补播的冰草种主要为扁穗冰草。补播的时间一般以夏播（6月下旬至7月上中旬）效果最好，其次为冬播（10月下旬至11月上中旬寄子播种）。

天然草地补播冰草通常采用免耕补播机播种，播深2～4cm，单播冰草的播种量为15～18kg/hm²，混播牧草中，豆科牧草的播种量为单播播种量的60%，冰草播种量占40%较为适宜。

第三节　冰草在沙地植被恢复及水土保持中的应用

一、沙地植被恢复中冰草的利用技术

在沙地半流动沙丘的草场改良中，通常采用蒙古冰草和沙生冰草与沙打旺、柠条锦鸡儿、羊柴、沙蒿（*Artemisia desertorum*）等组合混播。补播的最佳时间为6月下旬到7月下旬的雨季之前。由于分布于草原区的沙地，5月雨水偏少，大量的补播草种不能及时发芽，而且常常被害鼠吃掉，虽然在局部水分较好地段能够出苗，但在雨季之前，地表温度高达60℃，导致大量幼苗因过度失水而萎蔫死亡，因而保苗率极低。研究表明，6月下旬至7月下旬播种的保苗率较春季（雨季前）播种的保苗率增加近20倍。

由于半流动沙丘沙地草场多为起伏不平的地形条件，而不同地形条件受风蚀侵害的程度差异很大，因而对冰草建植效果的影响也非常明显。即使在补播当年保苗效果相同的情况下，由于不同地形的差异常常导致建植第二年的保苗率差异很大。沙丘迎风坡，背风坡的上、中部，以及沙丘顶部主要为流沙，风蚀作用十分明显。通常情况下，在冰草建植当年秋季和翌年春季的风沙时期，迎风坡一般被风蚀掉30cm左右的沙层，而背风坡常常被覆盖20～50cm的沙层，在这些地段种植的冰草植株很难定植和存活，第二年保苗率基本为零。而在丘间平地、缓迎风坡下部和背风坡底部补播后的保苗效果显著。试验表明，在沙丘迎风坡下部、背风坡底部和丘间平地补播容易成功，在迎风坡下部蒙古冰草的保苗率可达36%以上。其他地段如果不设机械沙障，补播不易成功。

冰草属牧草的生长年限和生长季降水量对产量的年际变化产生重要影响，播种当年的建植水平也直接影响第二年的牧草产量。一般来说，如果播种当年建植水平较高，则第二年的产量最高，以后逐年下降，但在生长季降水丰沛的年份，牧草产量可大幅度增加，或随建植年限增加下降不显著。

在位于内蒙古草甸草原区的呼伦贝尔沙地植被恢复中，冰草具有很高的利用价值，因而在生态建设和草场改良中的应用也非常普遍。内蒙古农业大学在呼伦贝尔沙地的研究显示，在半固定沙地中单播和混播扁穗冰草都有很好的植被恢复效果。但是，在相同立地条件下采用扁穗冰草+柠条+垂穗披碱草（*Elymus nutans*）混播、扁穗冰草+羊柴+披碱草和扁穗冰草+羊柴+柠条混播在群落的植物种类数、地上生物量及盖度等方面均显著优于单播。表明混播冰草比单播冰草更有利于沙地植被种类的增加和牧草产量的增加，对沙地植被的恢复作用和效果更加明显。对呼伦贝尔沙地植被恢复效果的调查和综合分析显示，在流动沙地的植被恢复中首先要解决的问题就是固沙，在设立机械沙障和生物沙障治理流沙的基础上，采用飞机混播冰草效果最好。一般在地形平缓的流动沙地区域飞机混播羊柴+柠条+沙蒿+冰草的植被恢复效果最好，其次为混播羊柴+柠条+冰草；在半固定和固定沙地上，采用羊柴+柠条+冰草的混播组合效果最好，其次为柠条+冰草+披碱草的混播组合。

二、水土保持与环境整治中冰草的利用技术

冰草是典型的旱生植物，具有抗逆性强、适应性强、抗旱耐寒、根系发达、株丛分枝扩展能力强、茎叶能很好地覆盖地面、有很好的防风固沙和保持水土的生态功能，因而成为良好的护坡、水土保持和固沙植物，也是公路护坡最常用的草种之一。目前已开始应用于中国公路、铁路护坡，以及机场绿化等。

近年来，国内已开展了一些相关研究。例如，青海大学等单位的研究显示，采用冰草与其他草种混播建植公路边坡护坡植被取得了很好的效果。采用苜蓿（*Medicago sativa*）+冰草（*A.cristatum*）混播护坡，出苗快，盖度增加也快，建植效果优于柠条（*Caragana korshrinskii* Kom.）+赖草（*Aneurolepidium dasystachys*）及其他组合，适宜在公路阳坡建植护坡植被。采用冰草（*A.cristatum*）+星星草（*Puccineuia tenuiflora*）+沙棘（*Hippophae rhamnoides*）混播组合护坡，地上植物量增加最快，适宜在公路阴坡建植护坡植被（马海霞和王柳英，2007）。

王建光等（2008）在内蒙古呼集高速公路卓资山段（K419-K420）自2003～2007年连续5年观察调研路堑60°边坡喷播护坡植被群落的种群动态变化。对由沙芦草、无芒雀麦（*Bronus inermis*）、紫花苜蓿（*Medicago sativa*）、白花草木樨（*Melilotus albus*）、沙打旺（*Astragalus sdsurgens*）、柠条（*Caragana korshrinskii* Kom）6种草按密度比30%、30%、20%、10%、5%、5%混播建植的护坡植被群落中各种群不同坡位密度变化状况的调查结果显示，沙芦草种群和无芒雀麦种群的变化规律极为相似。建植后前3年仅上坡段和中坡段密度稍有减少，而下坡段密度则略有增加；第4年因气候干燥和管护跟不上致使种群密度显著降低，沙芦草锐减88.5%，无芒雀麦减少84.0%；但从第5年残留数量来看，沙芦草变化不大，而无芒雀麦又进一步锐减37.9%，为此沙芦草比无芒雀麦表现得要好一些。

苜蓿、白花草木樨、沙打旺和柠条等豆科草的种群密度自建植当年开始依年限逐半锐减，直至第 5 年基本消失。由此表明，在坡陡建植护坡植被应以禾草为宜，气候干燥地区更以耐旱的冰草类植物为好（表 8-1）。

表 8-1　护坡植被群落中各植物种群密度的 5 年演替变化

年份	坡位	各植物种群密度/（株/m²）						总密度/（株/m²）
		沙芦草	无芒雀麦	苜蓿	白花草木樨	沙打旺	柠条	
2003	上坡	633	644	325	225	19	21	1867
	中坡	681	645	342	223	22	25	1938
	下坡	736	714	392	300	24	29	2195
	平均	683	668	353	249	22	25	2000
2004	上坡	596	611	102	98	6	8	1421
	中坡	627	621	123	110	10	8	1499
	下坡	780	734	223	144	10	15	1906
	平均	668	655	149	117	9	10	1609
2005	上坡	573	577	30	12	0	2	1194
	中坡	610	589	35	18	0	2	1254
	下坡	822	769	68	33	2	3	1697
	平均	668	645	44	21	1	2	1382
2006	上坡	54	71	17	10	0	2	154
	中坡	62	88	22	13	1	1	187
	下坡	115	151	27	21	1	2	317
	平均	77	103	22	15	1	2	219
2007	上坡	30	13	4	2	0	0	49
	中坡	68	52	10	6	0	1	137
	下坡	123	127	27	13	0	1	291
	平均	74	64	14	7	0	1	159

王秉玺等（2011）对西宁曹家堡机场飞行区恢复重建植被进行了引种试验研究，引种 12 种草，其中冰草（*A. cristatum*）、西伯利亚冰草（*A. sibiricum*）和碱茅（*Puccineuia distans*）的福赐（Fults）产地为加拿大，中华羊茅（*Festuca sinensis*）、冷地早熟禾（*Poa crymophila*）和星星草（*Puccineuia tenuiflora*）产地为中国青海，草地早熟禾（*Poa pratensis*）的康尼（Conni）产地为丹麦。其余产地为美国，包括高羊茅（*Festuca arundinacea*）的猎狗 5 号（Houndod 5）、多年生黑麦草（*Lolium perenne*），以及草地早熟禾的午夜（Midnight）、抢手股（Bluechip）、巴润（Baron）。

5 月月底播种，播种量为每平方米 1600 粒种子。连续 4 年的观察结果见表 8-2。

表 8-2　引种 12 种草的基本信息及其成苗状况

序号	草种名称	播前发芽率/%	播后 15 天出苗率/%	当年秋末存苗率/%	第 2～4 年状况			
					返青状况	覆盖状况	生长状况	综合评价
1	冰草	49	49.3	18.7	＋＋	＋＋＋	＋＋	＋＋
2	西伯利亚冰草	68	63.3	37.7	＋＋＋	＋＋＋	＋＋＋	＋＋＋
3	多年生黑麦草	97	85.0	18.7	—	＋＋＋	—	—
4	猎狗 5 号	98	89.7	25.0	＋	＋＋＋	＋	＋
5	中华羊茅	84	72.3	1.0	＋＋＋	＋＋＋	＋＋＋	＋＋＋
6	星星草	79	11.0	0.3	＋＋＋	＋	＋＋＋	＋＋＋
7	福赐	56	6.7	0	—	＋	—	—
8	冷地早熟禾	50	22.3	0	＋＋＋	＋＋	＋＋＋	＋＋＋
9	康尼	71	51.3	0	—	—	—	—
10	午夜	81	47.3	0	—	—	—	—
11	抢手股	45	53.0	0	—	—	—	—
12	巴润	76	49.0	0.7	—	—	—	—

注："＋＋＋"为很好，"＋＋"为好，"＋"为中等，"—"为差

　　表 8-2 中的结果显示，播后 15 天齐苗时，除星星草和福赐碱茅出苗率较低外，其他草出苗率接近 50%或以上。但从生长季结束前的存苗率看，只有西伯利亚冰草最多，接近 38%，猎狗 5 号高羊茅其次，冰草和多年生黑麦草尚不足 20%。进一步连续 3 年的观察显示，猎狗 5 号高羊茅和多年生黑麦草因返青存在问题而不足以被利用，只有西伯利亚冰草和冰草因其突出的耐盐碱性、耐瘠薄性和耐旱性，以及很强的适应性和生长能力而生存下来，因此这 2 种草值得在建植管理粗放的生态植被中推广应用。

　　于然、王建光和李琴（内部资料，待发表）等于 2013～2014 年在内蒙古呼和浩特半干旱地区哈素海环湖路路侧 20°边坡上研究了冰草（*A. cristatum*，Ac）与无芒雀麦（*Bromus inermis*，Bi）、披碱草（*Elymus dahuricus*，Ed）、老芒麦（*Elymus sibiricus*，Es）的等比例混播组合应用技术，其中冰草和无芒雀麦产地为加拿大，披碱草和老芒麦产地为中国青海。采用 AHP 层次分析法，利用 Yaahp 软件对各草种混播组合建立模型，构建判断矩阵，通过层次单排序和总排序及其一致性检验，得到可以计算综合得分的评分系统。使用该系统，对表 8-3 中各植被群落于生长第二年（2014 年）测试的 16 个性状指标进行综合评价分析。

表 8-3　哈素海环湖路边坡冰草与其他禾草混播方式的综合评价

评价指标	草种组合处理										
	Ac	Bi	Ed	Es	AcBi	AcEd	AcEs	AcBiEd	AcBiEs	AcEdEs	AcBiEdEs
成坪速率	5.0	7.1	8.4	8.7	6.2	6.9	6.7	8.6	8.1	9.5	9.4
越冬率	7.3	7.4	7.1	7.6	8.0	7.5	7.5	8.8	8.7	9.3	9.0
综合抗逆性	8.6	8.6	5.7	5.3	8.0	7.8	8.2	8.5	7.1	6.2	8.4
株高	6.7	8.5	8.9	9.4	8.6	9.3	8.0	9.0	8.7	9.2	9.0
密度	5.6	6.5	6.7	8.0	8.1	8.1	8.1	9.2	8.3	8.6	9.1
盖度	6.3	7.6	7.0	7.4	9.1	8.5	8.9	9.4	9.1	8.7	9.3
根体积	8.9	9.1	6.6	4.9	6.3	5.2	5.6	6.0	5.4	4.9	8.3
根系分布情况	7.2	7.7	8.0	8.3	8.5	8.4	8.5	8.9	8.8	8.2	8.5
地下生物量	9.2	9.2	8.3	6.5	7.0	6.9	7.6	7.4	7.4	7.1	8.8
土壤含水量	9.2	7.5	9.8	6.2	5.3	7.8	9.0	7.6	5.1	9.7	7.0
抗冲刷能力	6.4	6.3	6.0	6.3	6.4	7.5	6.9	6.6	7.7	6.8	7.2
地上生物量	6.4	8.2	9.5	6.0	6.2	6.3	6.0	5.9	5.8	5.8	7.3
茎叶截留率	6.9	7.6	7.0	7.7	7.8	7.1	7.6	7.9	7.5	8.0	7.8
色泽	8.6	8.0	8.3	8.5	7.2	7.3	6.9	6.7	7.3	6.2	6.9
绿色期	7.9	7.5	7.6	7.5	7.3	7.7	8.0	7.6	8.1	8.2	7.9
均一性	9.1	8.5	8.2	8.6	8.0	6.9	8.1	7.6	6.5	6.2	6.4
综合得分	7.5	8.0	7.4	6.7	7.4	7.3	7.5	7.9	7.3	7.4	8.4

　　由表 8-3 分析可知，冰草综合得分与其他 3 个禾草相比，低于无芒雀麦，与披碱草持平，远高于老芒麦。究其原因，冰草在成坪速率、株高、密度、盖度、根系分布状况、地上生物量、茎叶截留率等方面由于自身特性而决定了其结果，另外与研究群落所处环湖路边坡邻近水面致使土壤潮湿也有关，这也是性喜湿地的无芒雀麦发挥出优势的结果所在。从混播组合来看，群落的多样性有助于增强群落的综合生态效能，这也是 4 个草种组合优于 3 个草种组合、3 个草种组合优于 2 个草种组合的原因。当然混播组合中草种的选择也会起很大作用，该研究中冰草与无芒雀麦和披碱草的 3 个草种混播也是不错的选择，如果在坪床土壤水分条件不稳定平地或坡地的状态下，冰草与无芒雀麦 2 个草种混播也是值得选用的组合。

　　总体来看，冰草在水土保持和环境整治中的生态应用在中国刚刚起步，虽然开展了一些研究和应用，取得了较好的效果，但尚属冰草应用的新领域，研究基础仍还薄弱。但是，冰草在环境治理中的应用前景非常广阔，还需要进一步开展更多、更深入的研究和应用实践。

第四节　冰草的加工利用技术

在温带干旱、半干旱草原区，冰草是最有价值的饲用植物之一。冰草不仅是反刍家畜的粗饲料和放牧饲草的重要来源，而且是增加土壤肥力的肥源。冰草及其混播牧草，既可以作为放牧饲草，又可加工调制干草、草粉、颗粒饲料和干草砖等草产品，具有营养丰富、消化率高等特点。冰草的加工产品在干旱、半干旱草原地区的现代畜牧业中有着十分重要的作用和应用前景。

一、冰草的营养成分

苏联学者科尔玛诺夫斯卡娅（1968 年）的研究显示，冰草与草原地区其他多年生禾本科牧草相比，营养价值不亚于鸡脚草、无芒雀麦、无根茎冰草和各种黑麦草，而接近于紫花苜蓿（表 8-4）。

表 8-4　冰草鲜草中的饲料单位及营养成分含量

牧草种类	饲料单位/个	可消化粗蛋白质/g	钙/g	磷/g	胡萝卜素/mg
冰草	0.23	33	2.2	0.9	70
鸡脚草	0.23	24	1.2	0.7	40
无芒雀麦	0.24	26	1.7	0.9	60
无根茎冰草	0.23	23	1.2	0.8	35
黑麦草	0.18	15	1.3	0.7	25
英国黑麦草	0.22	19	1.9	0.9	70
白花草木樨	0.18	31	2.5	0.5	40
紫花苜蓿	0.22	41	6.4	0.6	50
红豆草	0.22	31	2.7	0.7	65

注：1kg 鲜草中的含量

冰草的粗蛋白质具有很高的生物学价值，含有丰富的必需氨基酸。在冰草的鲜草中，含有除色氨酸外的全部必需氨基酸。与其他多年生禾本科牧草相比，冰草鲜草中含有较多的赖氨酸、精氨酸、苯丙氨酸、苏氨酸、甘氨酸、胱氨酸和组氨酸。

二、影响冰草营养成分含量的因素

冰草的营养成分和饲用价值受气候、土壤条件、品种、栽培技术、生育时期、收获技术和贮藏方法等因素的影响。

研究发现，处于拔节前的冰草，适口性最好，营养价值也很高。抽穗期的冰草营养成分和适口性都开始缓慢下降，开花期后营养含量迅速下降，到成熟期营养含量降到最低，适口性也明显变差。冰草鲜草中氨基酸的含量在拔节期和抽穗期最高（表 8-5、表 8-6）。

表 8-5　不同生育时期冰草的氨基酸含量　　　　　　　（单位：g/kg）

氨基酸	青草			干草		
	拔节期	抽穗期	开花期	拔节期	抽穗期	开花期
胱氨酸	1.98	—	—	3.35	—	—
赖氨酸	3.03	2.73	1.91	5.14	5.53	4.82
组氨酸	2.04	1.58	1.34	3.46	3.20	3.38
精氨酸	2.46	1.45	1.35	4.18	2.94	3.41
天冬氨酸	3.64	3.09	2.44	6.18	6.27	6.15
丝氨酸	1.79	1.85	1.79	3.04	3.76	4.52
甘氨酸	1.96	2.08	1.33	3.33	4.21	3.37
谷氨酸	4.19	5.08	3.34	8.32	10.30	8.62
苏氨酸	2.34	2.44	1.32	3.96	4.96	3.33
丙氨酸	2.67	2.10	1.77	4.53	4.25	4.47
酪氨酸	2.03	1.58	1.44	3.44	3.20	3.64
甲硫氨酸	—	—	—	3.37	2.99	2.98
缬氨酸	4.24	3.48	2.80	3.81	4.08	4.18
苯丙氨酸	2.23	2.61	1.33	3.78	5.30	3.36
亮氨酸	4.06	4.66	2.92	6.88	9.45	7.36

表 8-6　冰草营养物质含量及有机物质的消化能与代谢能

牧草名称	生育期	粗蛋白质 /%	粗脂肪 /%	有机物质消化率 /%	消化能 /（MJ/kg）	代谢能 /（MJ/kg）
冰草	抽穗	16.12	3.14	63.93	11.17	8.92
沙生冰草	抽穗-开花	15.80	3.81	59.92	10.50	8.27
蒙古冰草	抽穗	13.07	3.08	55.15	9.42	7.37

资料来源：陈默君等，2002

冰草青草的化学成分和饲用价值随生态条件而有所变化。苏联学者的研究发现，哈萨克草原地区的冰草中粗蛋白质和粗纤维的含量比乌克兰草原地区及伏尔加格勒等地的高，而且不同生态区域的冰草干草中氨基酸的含量也存在明显差异。

冰草植株的碳水化合物成分不仅取决于生育时期和品种，而且与地带性气候、土壤条件有关。而就某一种冰草而言，各种碳水化合物的含量主要取决于发育阶段和栽培地区。

三、冰草的刈割技术

在温带草原区，冰草通常一年只能刈割一次。尽管在水分充足的年份，冰草在秋季再生草生长较好时可以进行第二次刈割，但是干草产量较低。所以，在大多数情况下，冰草还是以一年刈割一次为宜。

确定最适宜的刈割时期对冰草的有效利用和获得高产优质的干草十分重要。一般来讲，冰草在抽穗盛期刈割最适宜，此时可获得最高的草产量和粗蛋白质含量。刈割过早，干草产量会明显降低；刈割过晚时，虽然总产量高，但是，营养物质含量和饲用价值降低。例如，在抽穗初期和开花期刈割的冰草，干草产量都低于抽穗盛期刈割所获得的干草产量（H.H.莫扎耶夫，1975 年）。需要指出的是，如果考虑到兼顾割草场轮换等因素的限制，可在不同年份分别在抽穗期和开花期刈割，但应尽可能在短时期内完成刈割，不宜持续到结实期以后刈割。割草时应尽量低割，以保证获得较高的牧草产量，但并不是越低越好，考虑到对第二年产草量的影响，不宜刈割过低，刈割高度低于 5cm 时往往导致后续年份干草产量大幅度下降，一般刈割留茬高度以 5～7cm 为宜。

四、冰草的加工

（一）调制干草

冰草的优质干草要求含水量应为 12%～17%，鲜绿色，有香味。干草可分为散干草、切碎或铡段干草、打捆干草和干草砖。中国冰草主要在北方干旱和半干旱区种植，在干草调制过程中常常遇到的主要问题是干草晒得过干，但有些地区或年份又会出现不易干燥的现象。需要说明的是，调制冰草干草时，不论是过干还是过湿，都会影响干草的品质。过于干燥的干草在搂草、堆草或打捆和运输时会损失大量叶片，因而导致大量营养成分损失，品质下降。但干燥不充分、较潮湿的干草，往往容易发霉、腐烂，不仅干草质量不好，还会使饲用家畜出现矿物质和维生素缺乏，易发生佝偻病、胃病和夜盲症等病症。

为了保存胡萝卜素和大量叶片，获得优质的调制干草，应在刈割牧草的同时，采用搂草机将刈割的冰草搂成草垄。这样可以有效防止由于阳光照射而导致的干草退色和胡萝卜素损失。同时，在调制过程中如果遇到降雨，干草在草垄上干燥，只有表层牧草失去绿色，而下面的干草仍然保持绿色。在草垄上将牧草晒干到含水量为 25%～30%时，按调制技术的不同，可将草垄上的干草堆成草堆、圆形草堆和长形草堆，或用打捆机打成不同规格的草捆。

打捆是调制干草的最好方法，可在调制、运输等过程中有效减少干草的损失。打捆干草具有体积小、便于运输和贮藏的特点。调制干草捆的工艺简单，可分刈割牧草、搂草垅干燥和打捆机搂草打捆3个过程。关键技术是搂成的草垅要均匀、疏松、通风良好。用捡拾压捆机收集草垅干草，从草垅上压捆干草可在含水量稍高（25%～30%）的时候进行，牧草可在草捆中直接干透。然后将草捆运到贮藏的地方堆成大的草堆贮藏。

（二）调制切碎干草

切碎干草是指将刈割后并充分干燥的冰草用切碎收割机切成较短的草段后调制而成的干草加工产品。调制方法为刈草的同时进行搂草或把牧草堆成草垅进行干燥，从草垅上捡拾干草的同时切碎干草。从草垅捡拾和切碎干草，可用专门的饲草切割机或改装的谷物收割机，干草切碎长度一般以10～5cm为宜。这种加工方法可提高加工生产效率，减少人力和成本，便于贮藏和饲喂牲畜，还可增加干草的适口性。

（三）半干青贮

半干青贮是一种采用凋萎的牧草调制青贮饲草的方法，半干青贮可以大幅度降低牧草在调制过程中的损失，并能够较好地保持其营养物质。与直接青贮和调制干草相比，这种方法能够大幅度降低牧草中营养物质的损失（韦利奇科. 1987）。合理地调制和保存半干青贮，不仅能够保障获得高产优质的冰草加工产品，而且比其他方法更具管理和经济方面的优越性。

冰草半干青贮的基本技术环节为刈割、搂草垅、凋萎干燥、捡拾、粉碎、堆放和青贮保存等。其关键技术如下所述。

（1）冰草刈割后在草垅上自然晾晒到含水量为55%～60%，牧草呈现凋萎状态，但并未干燥，然后再用机械捡拾。

（2）捡拾和茎秆粉碎时，采用捡拾粉碎机将冰草茎秆切割成草段，采用青贮塔青贮时切割的草段要求短一些，一般长度不超过3cm，采用青贮窖青贮时切割的草段可适当长一些，一般切成5～6cm长即可。

（3）青贮塔青贮时，堆放半干草段高度需达到16m以上，并且应在3～4天内装满一个半干青贮塔。装满半干草段的青贮塔要求用塑料薄膜严格封闭。青贮窖青贮时，堆放的半干草段必须用机械压紧。

（4）在半干青贮期间，温度控制在37℃以下。

（四）加工草粉和草颗粒

随着现代畜牧业的发展和饲养方式的变革，利用干燥冰草加工草粉和草颗粒饲料的数量逐步增加，这些冰草产品不仅有较高的营养价值，而且便于贮藏和饲喂利用。研究表明，冰草及其与豆科混播的牧草地，收获牧草的蛋白质和无氮浸出物比天然草地干草高近 1 倍，而胡萝卜素比天然干草高 4～6 倍。冰草干草中含有大量的核黄素、烟碱、泛酸、各种维生素 B、叶黄素、维生素 E、维生素 K 及各种矿物质。采用一般方法干燥的干草，这些物质都将受到破坏，加工成草粉后营养物质的损失不超过 5%～10%，制成的草粉中还保持着酶、生长素和氨基酸（韦利奇科，1987）。

草粉生产的主要工艺过程包括刈割、切碎、人工干燥、粉碎、包装和贮存等环节。其中关键技术是切碎时草段的长度不超过 30mm，经过人工高温快速干燥后再进行磨粉。

在冰草草粉加工和保存过程中，如何保存胡萝卜素具有非常重要的意义。草粉的适宜含水量为 10%～12%，含水量超过 13%～15%或低于 10%时，草粉中的胡萝卜素发生分解。贮藏含水量超过 15%时草粉会发霉，胡萝卜素也将受到破坏。值得注意的是，尽管达到以上要求，要想长期保存冰草草粉中的营养物质仍然是很困难的。事实上，保存和利用草粉的最合理方法是将草粉制成草颗粒。颗粒状草粉可以制成多种饲料，或构成谷物饲料、无机盐、维生素或整个全价日粮组成的添加成分。

第五节　冰草的放牧利用

冰草质地柔软，营养价值较高，幼嫩时马和羊最喜食，牛和骆驼喜食，在干旱草原区把它作为催肥的牧草，但开花后期营养价值和适口性均有所降低。实践证明，放牧地上的青鲜牧草是最有饲用价值和最经济的饲草。冰草具有很好的放牧稳定性，放牧利用可达 6～10 年或 10 年以上，而且冰草在春季比其他牧草返青早，青绿持续期长，是利用季节较长的放牧利用型牧草，在晚秋果后营养期亦可放牧，在天然草地上，冰草对放牧利用具有重要意义。

一、冰草在天然放牧地利用中的作用

冰草在中国境内的干草原、荒漠草原等各类草原中主要以伴生种的形式出现，天然冰草很少形成单质群落，在沙地植被中，冰草往往成为优势成分。内蒙古天然草地中冰草主要伴生于羊草、大针茅和克氏针茅群落（中国科学院内蒙古宁夏综合考察队，1985）。

（一）冰草对放牧强度的响应

冰草在羊草为建群种的草地中，随着放牧强度的变化在群落中的地位和作用也有较大的变化（表8-7）。羊草作为草原群落的建群种，随牧压的增加其重要值基本呈下降趋势；冰草作为优势种在轻度放牧时重要值达最大，而后又逐渐减少；大针茅（*Stipa grandis*）重要值在中度放牧达最大，而后又逐渐减小；冷蒿随牧压的增加，其重要值基本呈上升趋势。用主成分分析法将长期放牧干扰形成的退化系列划分为4个群落类型，即无放牧为羊草+冰草+丛生禾草、轻度放牧为羊草+冰草+针茅+冷蒿+丛生禾草、中度放牧为羊草+冷蒿+丛生禾草、重度放牧为冷蒿+隐子草+小丛生禾草群落类型（宝音陶格涛等，2002）。表明冰草在群落中的伴生地位和对不同放牧强度干扰具有的一定适应性。

表 8-7　不同放牧强度的群落特征

群落特征	无牧	轻牧	中牧	重牧
建群种	羊草	羊草	羊草	冷蒿
优势种	针茅、冰草	冰草、针茅、冷蒿	冷蒿、隐子草	隐子草、蓑草、洽草、冰草
群落密度	600～800	600～700	540～620	850～1000
地上生物量	280～340	125～145	110～120	70～100
羊草重要值	3.00	2.18	2.57	1.06
冰草重要值	1.39	2.08	1.50	1.18
大针茅重要值	1.15	1.93	2.25	0.52
冷蒿重要值	0.76	2.08	1.25	3.00
菊叶委陵菜重要值	0.28	0.25	0.35	1.48
退化系列群落类型	冰草+羊草+丛生禾草	羊草+针茅+冷蒿+丛生禾草	羊草+冷蒿+隐子草+丛生禾草	冷蒿+隐子草+小丛生禾草

资料来源：宝音陶格涛等，2002

李彦强（2013）在模拟放牧践踏条件下对比研究了中间偃麦草（*Elytrigia intermedia*）、无芒雀麦（*Bromus inermis*）、羊草和蒙古冰草干草产量的变化（图8-1）。4种牧草干草产量在CK处理最大，其他处理干草产量都远低于CK处理。4种牧草干草产量随践踏强度的减弱均呈现出先增大后减小的趋势，羊草、蒙古冰草在各处理间均有极显著差异。4种牧草在重度践踏下，蒙古冰草干草的产量高于其他3种牧草的产量。安慧（2014）对短花针茅荒漠草原的研究结果见表8-8。蒙古冰草地上生物量在围封、轻度放牧和中度放牧处理中的差异未达显著水平

（$P<0.05$），但围封和轻度放牧处理均高于重度放牧处理。根系生物量和个体生物量均随放牧强度的增加而下降。说明蒙古冰草具有较强的耐牧性，而且这种耐牧性是有限的。

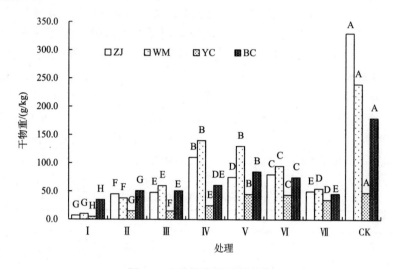

图 8-1　4 种牧草的干草产量

ZJ. 中间偃麦草（*Elytrigia intermedia*）；WM. 无芒雀麦（*Bromus inermis*）；YC. 羊草（*Leymus chinensis*）；
BC. 蒙古冰草（*A.mongolicum*）

表 8-8　放牧干扰对荒漠草原优势植物蒙古冰草生物量的影响

植物种类	放牧强度	地上生物量/（g/plant）	根系生物量/（g/plant）	个体生物量/（g/plant）
蒙古冰草	重度放牧（HG）	3.50±0.17b	18.91±3.73c	22.41±3.90c
	中度放牧（MG）	8.20±1.08ab	65.52±4.38b	73.72±3.40b
	轻度放牧（LG）	9.74±0.77a	69.12±13.32b	77.48±15.70b
	围封区（CK）	12.03±4.62a	169.03±33.70a	181.06±38.04a

　　由放牧强度导致的草地退化程度影响冰草的有性繁殖。对不同退化程度冰草的有性繁殖状况研究表明，冰草的小穗数、小花数等穗部特征，以及种子千粒重均随放牧强度的增加呈下降趋势（表 8-9）。除各处理的小花数、无退化和轻度退化穗宽及种子千粒重外，中度退化和重度退化的穗部特征及种子千粒重均显著地低于无退化和轻度退化处理（赵萌莉等，2006）。放牧胁迫对冰草种群有性繁殖的响应是多方面的，在表型性状上表现为营养枝数量增加，生殖枝数量、生殖枝高度、营养枝高度、结实率、株丛径、穗宽、穗长、穗节数、穗小花数均降低，而营养枝和生殖枝高度的降低表现出显著性差异。但受放牧胁迫的冰草种群在解

除放牧的第一年仍然保留其变异性状；解除放牧的第二年放牧胁迫引起的表型性状的变异消失，几乎完全恢复到正常的水平（秀花等，2013）。可见放牧强度影响冰草的有性繁殖，特别是在重度退化的草地上这种影响更明显。同时也说明冰草的有性繁殖具有较强的抗放牧胁迫能力和恢复能力。

表 8-9   冰草穗部特征和种子千粒重的差异显著性分析

测定项目	无退化	轻度退化	中度退化	重度退化
小穗数/（个/生殖枝）	17.35A	17.00A	16.53B	13.35C
小花数/（个/小穗）	6.12A	6.21A	5.67A	5.28A
结实数/（粒/小穗）	0.81A	0.78A	0.54B	0.21C
穗宽/cm	0.14A	0.10B	0.08B	0.07B
穗长/cm	3.37A	3.21A	2.22B	1.23C
穗重/g	0.10A	0.09A	0.06B	0.04B
种子千粒重/g	2.48A	1.67B	1.01C	0.92C

（二）冰草对放牧制度的响应

刘艳（2004）对大针茅典型草原主要植物种群特征对不同放牧制度的响应进行了研究，比较分析了划区轮牧和自由放牧第 3 年的观测结果（表 8-10）。轮牧区大针茅的高度、盖度和密度明显低于自由放牧区（$P<0.05$），说明划区轮牧对大针茅有一定的抑制作用。放牧对羊草影响较大，羊草的高度、盖度和密度在自由放牧区均处于较低水平。冰草种群特征在不同放牧制度处理中变化比较特殊，在不放牧的对照区（CK）冰草的高度处于较高水平，但其盖度和密度在对照区又处于较低水平，两种不同放牧制度均不同程度地提高了冰草的盖度和密度。说明冰草对放牧的响应比较敏感，适当的放牧使冰草种群在群落中的作用有所加强。

表 8-10   不同放牧制度大针茅草原主要植物种群特征

植物种类	高度/cm			盖度/%			密度/[（株·丛）/m²]		
	RG	CG	CK	RG	CG	CK	RG	CG	CK
大针茅	26.46b	34.90a	34.90a	18.08a	22.08a	9.80b	41.04b	60.40a	30.80b
羊草	17.84b	21.40b	30.30a	9.80b	5.44c	15.60b	175.60a	75.60b	146.00ab
米氏冰草	14.92b	19.33ab	23.67a	1.20a	0.40ab	0.10b	13.44a	15.60a	2.40b
糙隐子草	7.44b	8.30b	11.90a	18.94a	18.40a	17.40a	88.32a	82.80a	115.20a
西伯利亚羽茅	18.42a	26.00a	21.88a	1.27a	0.05b	0.40ab	7.04a	0.80a	2.00a

不同放牧制度主要植物种群生长季群落现存量分析表明（图8-2），对照区现存量最高，而轮牧区现存量又显著高于自由放牧区（$P<0.05$）。从群落现存量的构成来看，3个试验处理均以大针茅、羊草和糙隐子草为主要组成部分，冰草现存量仅占群落现存量的4.3%～7.4%。冰草现存量动态显示（图8-3），对照区冰草现存量平均值显著高于两放牧处理（$P<0.05$），两放牧处理间无显著差异（$P>0.05$），且春季和秋季冰草现存量处于较高水平（刘艳，2004）。说明冰草是群落现存量构成的伴生成分和次要成分，其现存量在群落现存量构成中贡献也较小，且现存量高低受放牧影响明显。

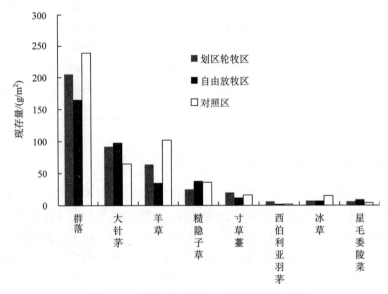

图 8-2 不同放牧制度主要植物种群现存量

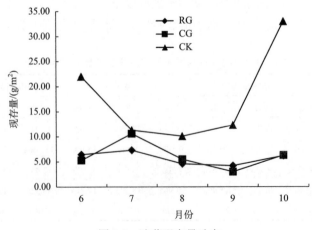

图 8-3 冰草现存量动态

　　袁晓冬等（2004）对不同放牧制度下大针茅草原主要植物种群的抽穗率和结实率的研究结果见表 8-11。大针茅、羊草和冰草的抽穗率均无显著差异（$P>0.05$），而糙隐子草和西伯利亚羽茅均以对照区的抽穗率最高（$P<0.05$）。可见，两种放牧制度对这几种牧草抽穗率的影响差异不大。从几种牧草的结实率看，糙隐子草结实率在 3 个处理之间无显著差异（$P>0.05$），羊草、冰草和寸草薹的结实率在轮牧区高于自由放牧区（$P<0.05$）。羊草、冰草有性繁殖能力极弱，结实率通常较低，轮牧对提高结实率较低的羊草、冰草有利。进一步对产量构成因子进行综合分析表明，羊草、冰草、西伯利亚羽茅的单位面积生殖枝数均表现为轮牧区高于自由放牧区（$P<0.05$），只有大针茅的单位面积生殖枝数为自由放牧区高于轮牧区（$P<0.05$）。羊草、冰草和寸草薹在轮牧区每个生殖枝上的小穗数均高于自由放牧区（$P<0.05$）。每个小穗上的种子数大针茅和糙隐子草 3 个处理间无显著差异（$P<0.05$），但羊草、冰草和寸草薹在轮牧区高于自由放牧区（$P<0.05$）。除大针茅外，其他牧草在轮牧区的种子产量均高于自由放牧区。可见冰草对群落的有性繁殖贡献较大，自由放牧不利于冰草的种子繁殖。

表 8-11　不同放牧制度大针茅草原主要种群植物的抽穗率和结实率　（单位：%）

牧草种类	抽穗率			结实率		
	RG	CG	CK	RG	CG	CK
大针茅	13.35a	13.11a	14.62a	38.00b	49.00a	43.00ab
羊草	10.46a	8.96a	10.83a	9.90a	3.50b	4.30b
糙隐子草	52.55b	50.54b	65.23a	65.70a	59.10a	64.90a
米氏冰草	42.14a	38.65a	32.46a	18.40b	12.40c	22.50a
西伯利亚羽茅	38.41b	48.31ab	52.06a	64.20a	79.50a	63.50b

二、冰草人工草地的放牧利用技术

　　冰草抗旱、耐寒，是早春优质的放牧型草类，冰草人工草地较一般天然草地可提前放牧 2 个月，只要利用合理，可以连续利用达 40 年之久，成为实行人工草地与天然草地互补放牧的当家草种。

（一）放牧利用的时期

　　冰草人工草地的适宜放牧利用期为建植第 2 年之后。春季是冰草放牧利用的重要时期，但放牧开始时间不宜过早，一般应在草群进入拔节期以后，高度达到 10～20cm 时进行放牧，可持续放牧 1～2 个月。苏联的利用经验是牛和马可放牧 40～60 天，羊可放牧 25～30 天，然后停止放牧。秋季可再次利用冰草草地放牧，但也要注意放牧时间的合理安排。由于秋季冰草植株体内积累了大量营养物质用于再生草的形成和根的生长，此时如果放牧利用不当，会导致冰草越冬率的降低和下一年生产能力的下降。因此，秋季放牧应当在初霜前 25～30 天停止，待霜冻以后冰草植株停止生长时再继续放牧。这样既可充分利用冰草地的放牧饲草，又可保障冰草群落的越冬性和翌年的饲草产量。

苏联的试验研究表明，在早春土壤湿度和营养水平较高时，采食的植物可以得到补偿。冰草在早春放牧后的补偿等于或大于未放牧植物（Olson et al.，1989）。冰草的鲜草具有很高的营养价值和消化率，还含有较多的维生素 D、维生素 C 和维生素 E 等，可保障牲畜的生理活动和生长发育需要。冰草为牛、马、羊和骆驼所喜食，在冰草草地上放牧可获得高产优质的畜产品。在干旱年份的夏季和早秋季节，冰草暂时停止生长处于休眠状态，秋季降雨后又可重新生长，提供再生草，放牧利用到降雪以前。冰草在春季生长发育很快，这对于春季和秋季放牧利用都十分重要。

冰草在春季和秋季的分蘖高峰期适口性最好，是放牧利用的最好时期。在这个阶段，冰草体内含有较高的粗蛋白质、氨基酸和少量维生素，具有很高的消化率。但是，由于冰草幼嫩期，营养物质含量极不平衡，植株中含大量非蛋白质氮，而蛋白质很少，氮的过剩和纤维素的缺乏，会导致乳牛产奶量下降，甚至使牲畜容易发生痉挛或死亡。因此，应该避免在过于幼嫩的冰草地上放牧。值得注意的是，冰草的适口性与冰草的生长阶段和放牧的牲畜种类密切相关。冰草对马和牛的适口性最好，其次是羊，对放牧骆驼的适口性最低。而且冰草开花以后对各种家畜的适口性都显著下降。

（二）放牧草地的轮换

国外的研究表明，采用人工草地与天然草地互补放牧是合理利用冰草放牧草地和提高载畜能力的有效措施。冰草人工地放牧利用的时间一般为 4 月中旬至 6 月中旬，6 月至 8 月中旬在天然草地上放牧，8 月中旬至 10 月中旬在人工栽培的俄罗斯野黑麦草草地上放牧，10 月中旬以后开始饲喂干草及青贮。上述分阶段的放牧，加拿大的科研单位称之为"互补系统"。这种做法的好处是可以延长放牧时间，在降水量为 300～350mm 的区域，天然草地能放青 1.5～2 个月，建植了人工牧草以后，放青时间增加到 6 个月，能满足牲畜的各种营养需要；可缓和天然草地压力，有利于天然草地的恢复。

参 考 文 献

韦利奇科 Π K. 1987. 冰草. 刘起译. 北京: 中国农业科技出版社.

安慧. 2014. 放牧干扰对荒漠草原优势植物形态可塑性及生物量分配的影响. 干旱区资源与环境, 11: 116-121.

安渊, 王育青, 陈敏, 等. 1997. 沙地草场补播技术及其生态效益研究. 草地学报, (1): 33-41.

宝音陶格涛, 李艳梅, 杨持. 2002. 不同牧压梯度下植物群落特性的比较. 草业科学, 2: 13-15.

蔡平钟, 宁素华, 向跃武, 等. 2001. 转苏云金杆菌杀虫晶体蛋白基因抗虫水稻的 GUS 和 PCR 辅助选择. 西南农业学报, 4: 1-4.

曹致中. 2003. 牧草种籽生产技术. 北京: 金盾出版社.

曾兵. 2007. 鸭茅种质资源遗传多样性的分子标记及优异种质评价. 雅安: 四川农业大学博士学位论文.

车永和, 李洪杰, 杨燕萍, 等. 2008. 沙生冰草遗传多样性的 SSR 分析. 麦类作物学报, 1: 35-40.

车永和, 李立会. 2006. 小麦 SSR 引物在冰草属植物分析应用中的评价. 农业生物技术学报, 14(6): 994-995.

车永和. 2004. 小麦族 P 基因组植物的遗传多样性与系统演化研究. 杨陵: 西北农林科技大学博士学位论文.

陈勤, 周荣华, 李立会, 等. 1988. 第一个小麦与新麦草属间杂种. 科学通报, 1: 64-67.

陈世璜, 齐智鑫. 2005. 冰草属植物生态地理分布和根系类型的研究. 内蒙古草业, 17(4): 1-5.

陈志宏, 韩建国, 秦歌菊, 等. 2004. 冰草种子发育过程中活力变化的研究. 草业学报, 13(2): 94-98.

程保成, 刘巧英, 江宏, 等. 1986. 一种鉴定高粱品种抗旱性的方法. 种子, (5, 6): 73-74.

崔爱娇, 张众, 张姣, 等. 2009. 蒙古冰草种子田杂草调查研究报告. 内蒙古草业, 1: 28, 34-36, 40.

道格通. 2003. 冰草在荒漠草原生态生物学特性研究. 呼和浩特: 内蒙古农业大学硕士学位论文.

董玉林, 云锦凤, 石凤翎, 等. 2007. 不同贮藏年限蒙农杂种冰草种子生活力及活力的变化. 内蒙古草业, 19(3): 1-4.

杜春芳, 刘惠民, 李润植, 等. 2003. 单核苷酸多态性在作物遗传及改良中的应用. 遗传, 6: 735-739.

杜占池, 杨宗贵, 崔骁勇. 1999. 草原植物光合生理生态研究. 中国草地, (3): 20-27.

杜占池, 杨宗贵. 2000. 冰草叶片光合速率与生态因子的关系. 草地学报, 8(3): 155-163.

方宣钧. 2001. 作物 DNA 标记辅助育种. 北京: 科学出版社.

高卫华, 云锦凤, 杨静, 等. 1990. 冰草属牧草营养器官解剖学研究. 内蒙古草业, (4): 19-22.

耿以礼, 陈守良. 1963. 国产鹅观草属 *Roegneria* C. Koch 之订正. 南京大学学报(生物学), (1): 1-92.

耿以礼. 1959. 中国主要植物图说——禾本科. 北京: 科学出版社.

谷安琳, 云锦凤, Holzworth L, 等. 1994. 冰草属植物在内蒙古干旱草原的建植试验. 中国草地, (3): 37-41.

谷安琳, 云锦凤, Holzworth L, 等. 1998. 冰草属牧草在旱作条件下的产量分析. 中国草地, (3): 22-26.

郭海林, 刘建秀, 朱雪花, 等. 2006. 结缕草属杂交后代抗寒性评价. 草地学报, 14(1): 24-28.

郭素英. 2005. 黄瓜 *F* 基因的 SRAP 分子标记. 重庆: 西南农业大学硕士学位论文.

海棠, 韩国栋. 2004. 不同条件下蒙古冰草种子产量及产量构成因子的分析. 内蒙古农业大学学报, 25(1): 109-113.

韩建国, 马春晖, 孙铁军. 2004. 禾本科牧草种子生产技术的研究. 中国草学会第六届二次会议暨国际学术研讨会论文集.

何文兴, 易津, 李洪梅. 2004. 根茎禾草乳熟期净光合速率日变化的比较研究. 应用生态学报, 15(2): 205-209.

胡向敏, 云锦凤, 高翠萍. 2009. "实践八号"卫星搭载对蒙农杂种冰草生物学特性的影响. 安徽农业科学, 3: 946-948.

霍秀文, 魏建华, 徐春波, 等. 2004a. 冰草种间杂种蒙农杂种组织培养再生和遗传转化体系的建立. 中国农业科学, 37(5): 642-647.

霍秀文, 魏建华, 张辉, 等. 2004b. 冰草属植物组织培养再生体系的建立. 华北农学报, 19(1): 17-20.

霍秀文, 云锦凤, 米福贵, 等. 2006. 共转化法获得蒙农杂种冰草转基因植株. 中国农业科学, 39(10): 1977-1983.

贾明. 2005. 内蒙古荒漠草原植被恢复与重建技术体系研究. 北京: 中国农业大学农业推广硕士学位论文.

贾纳提, 郭选政, 李捷. 2006. 哈萨克斯坦共和国冰草种质资源特性研究. 草业科学, 23(12): 31-35.

贾纳提, 李莉, 朱昊. 2009. 冰草种质在哈萨克斯坦共和国草地畜牧业中的地位及应用. 草食家畜, (2): 41-42.

蒋明义, 郭绍川. 1996. 水分亏缺诱导的氧化胁迫和植物的抗氧化作用. 植物生理学通讯, 32(2): 144-150.

蒋明义, 荆家海, 王韶唐. 1991. 渗透胁迫对水稻幼苗膜脂过氧化及体内保护系统的影响. 植物生理学报, 17(1): 80-84.

蒋明义, 杨文英, 徐江, 陈巧云. 1994. 渗透胁迫诱导水稻幼苗的氧化伤害. 作物学报, 20(6): 733-738.

蒋明义. 1999. 水分胁迫下植物体内 H$^+$的产生与细胞的氧化损伤. 植物学报, 41(3): 229-234.

金晓明, 艾琳, 卢欣石. 2010. 温度变化下两种冰草种子萌发的动态特征. 种子, 29(4): 1-4.

康虹丽, 邬佳宾, 韩冰, 等. 2009. 蒙古冰草 *PLD* 基因 cDNA 克隆及生物信息学分析. 西北植物学报, 11: 2189-2197.

李光蓉, 杨足君, 张勇, 等. 2007. 澳冰草中一个新型 *α-gliadin* 基因的克隆与序列分析. 安徽农业科学, 35(27): 8457-8458.

李景欣, 云锦凤, 阿拉坦苏布道. 2004a. 冰草的遗传多样性研究. 中国草地, 26(6): 12-15.

李景欣, 云锦凤, 郭军. 2005. 16 个天然冰草种群遗传多样性 RAPD 分析. 草地学报, 3: 190-193.

李景欣, 云锦凤, 李国瑞, 等. 2005. 冰草染色体组型分析, 内蒙古农业大学学报, 26(4): 23-25.

李景欣, 云锦凤, 鲁洪艳, 等. 2005. 野生冰草种质资源同工酶遗传多样性分析与评价. 中国草地, 6: 36-40.

李景欣, 云锦凤, 苏布道, 等. 2004b. 几个不同种群冰草的抗旱性比较研究. 干旱区资源与环境, 18(5): 163-166.

李立会, 董玉琛, 周荣华, 等. 1992. 小麦×冰草属间杂种 F$_1$ 的植株再生及其变异. 遗传学报, 3: 250-258, 293.

李立会, 董玉琛. 1993. 冰草属研究进展. 遗传, 15(1): 45-48.

李立会, 徐世雨. 1991. 冰草属中 B 染色体在减数分裂期的遗传行为研究. 植物学报, 33(11): 833-839.

李少芳, 周焕斌, 李立会, 等. 2007. 冰草高分子质量麦谷蛋白亚基因的分离及结构特征分析. 作物学报, 1: 63-69.

李小雷, 于卓, 马艳红, 等. 2008. 几种披碱草种间杂种 F$_1$ 遗传特性及冰草分子图谱构建. 中国遗传学会第八次代表大会暨学术讨论会会论文摘要汇编(2004-2008), 2.

李彦强, 张力君, 易津. 2013. 4 种禾本科牧草对模拟放牧强度的响应. 草原与草业, 2: 41-44.

李永祥, 李斯深, 李立会, 等. 2005. 披碱草属 12 个物种遗传多样性的 ISSR 和 SSR 比较分析. 中国农业科学, 8: 1522-1527.

李勇. 2009. 扁穗冰草[Agropyron cristatum(L.)Gaertn]PLD 的 cDNA 克隆及干旱胁迫下 *PLD* 基因的表达和作用. 呼和浩特: 内蒙古师范大学硕士论文.

李再云, 华玉伟, 葛贤宏, 等. 2005. 植物远缘杂交中的染色体行为及其遗传与进化意义. 遗传, 2: 315-324.

林金科, 赖明志, 詹梓金. 2000. 茶树叶片净光合速率对生态因子的响应. 生态学报, 20(3): 404-409.

林植芳, 李双顺, 林桂珠, 等. 1984. 水稻叶片的衰老与超氧化物活性及脂质过氧化作用的关系. 植物学报, 26(6): 605-615.

刘波, 孙启忠, 刘富渊, 等. 2008. 4 种多年生禾本科牧草种子收获方法的研究. 安徽农业科学, 36(16): 6722-6724.

刘杰, 刘公社, 齐冬梅, 等. 2000. 用微卫星序列构建羊草遗传指纹图谱. 植物学报, 9: 985-987.

刘利, 张众, 毕静, 等. 2009. 5 个禾本科牧草品种在典型草原区耐旱适应性比较试验. 内蒙古农业大学学报(自然科学版), 2: 270-273.

刘荣宗. 1997. 真核生物基因组 DNA 多态性. 生物学通报, 4: 8-9.

刘书润. 1982. 内蒙古锡林郭勒盟地区冰草属 *Agropyron* J. Garrtn. 植物的初步整理. 内蒙古大学学报(自然科学), (1): 71-76.

刘万清, 贺林. 1998. SNP——为人类基因组描绘新的蓝图. 遗传, 6: 40-42.

刘伟华, 郭勇, 武军, 等. 2007. 小麦-冰草附加系与小麦-杀配子染色体附加系杂交 F_1 的细胞学特性. 作物学报, 6: 898-902.

刘艳. 2004. 典型草原划区轮牧和自由放牧制度的比较研究. 呼和浩特: 内蒙古农业大学硕士学位论文.

刘迎春, 胡勇. 2002. 3 种引进禾本科牧草的染色体核型研究. 四川草原, 4: 40-42.

刘稚, 樊梦康, 崔澂. 1987. 土壤根癌杆菌体外转化胡萝卜悬浮培养细胞. 中国科学(B 辑), 5: 507-512.

马海霞, 王柳英. 2007. 青海省宁大路边坡植被建植试验. 青海畜牧兽医杂志, 37(3): 15-17.

马鹤林, 李造哲. 1983. 红外线、磁水对羊草种子发芽率的影响. 内蒙古农牧学院学报, 1: 28-32.

马瑞昌, 郭迎冬, 卡米力, 等. 1998. 冰草属牧草改良干旱草地的建植试验. 草食家畜, (4): 48-50.

穆怀彬, 陈世璜. 2005. 三种冰草分蘖特性的研究. 内蒙古草业, 1: 12-13.

穆怀彬. 2005. 荒漠草原种植的三种冰草生物生态学特性研究. 呼和浩特: 内蒙古农业大学硕士学位论文.

潘瑞炽, 郑先念. 1994. 土壤干旱期间墨兰的水分生理变化. 云南植物研究, 16: 379-384.

彭祚登, 李吉跃, 沈熙环. 1998. 林木抗旱性育种的现状与策略思考. 北京林业大学学报, 20(4): 98-103.

祁娟. 2009. 碱草属(*Elymus* L.)植物野生种质资源生态适应性研究. 兰州: 甘肃农业大学博士学位论文.

石凤敏, 云锦凤, 赵彦. 2011. 蒙古冰草 *MwLEA3* 基因 ihpRNA 表达载体的构建. 生物技术通报, 5: 87-92.

石凤敏, 赵彦, 云锦凤. 2008. 蒙古冰草有丝分裂及染色体核型分析. 内蒙古农业科技, 6: 59-60, 77.

石井龙一, 村田吉男. 1978. C_3、C_4 植物の光合成. 日作记, 47(1): 16-188.

宋宪亮. 2004. 异源四倍体棉花栽培种分子遗传图谱的构建及部分性状 QTL 标记定位. 泰安: 山东农业大学博士学位论文.

孙启忠. 1990. 水分胁迫下四种冰草种子萌发特性及其与幼苗抗旱性的关系. 中国草地, (4): 10-12.

孙启忠. 1991. 四种冰草幼苗抗旱性的研究. 中国草地, (3): 29-32.

孙铁军, 韩建国, 赵守强, 等. 2005b. 施肥对扁穗冰草种子产量及其组成因素的影响. 中国农业大学学报, 10(3): 15-20.

孙铁军, 韩建国, 赵守强, 等. 2005a. 施肥对扁穗冰草种子发育过程中生理生化特性的影响. 草地学报, 13(2): 87-92

孙铁军, 苏日古嘎, 马万里, 等. 2008. 十种禾草耐寒性的比较研究. 中国草地学报, 30(1): 56-60.

孙志民. 2000. 冰草属植物的收集与遗传多样性的研究. 北京: 中国农业科学院研究生院硕士论文.

王秉玺, 黄仲才, 朱小波. 2011. 西宁曹家堡机场飞行区植被建植技术研究. 中国水土保持, 5: 56-58.

王承斌, 赵来喜, 海淑珍, 等. 1989. 牧草过氧化物酶同工酶与抗寒性的初步研究. 中国草地, 5: 72-74.

王丹, 王俊杰, 李凌浩, 等. 2014. 旱作条件下苜蓿与冰草不同混播方式的产草量及种间竞争关系. 中国草地学报, 36(05): 27-31.

王德利, 王正文, 张喜军. 1999. 羊草两个趋异类型的光合生理生态特性比较的初步研究. 生态学报, 19(6): 837-843.

王方, 袁庆华. 2009. 冰草 ISSR-PCR 反应体系的建立与优化. 草地学报, 17(3): 354-357.

王关林, 方宏筠, 那杰. 1996. 外源基因在转基因植物中的遗传特性. 遗传, 6: 37-41.

王桂花, 米福贵, 刘娟, 等. 2007. *p5CS* 基因在蒙农杂种冰草植株中的表达及耐盐性研究. 华北农学报, 4: 33-36.

王桂花, 米福贵, 刘娟, 等. 2008. 共转化 *CBF_4* 和 *bar* 基因蒙农杂种冰草植株的分子检测. 内蒙古大学学报(自然科学版), 1: 61-65.

王桂花. 2007. 转基因冰草植株检测抗性鉴定及原材料筛选研究. 呼和浩特: 内蒙古农业大学博士学位论文.

王建光, 王波, 张春禹, 等. 2004. 北方寒冷半干旱地区喷播建植护坡植被最晚播期的研究. 四川草原, 159-162.

王明玖, 冯国栋. 1990. 在短花针茅草原种植蒙古冰草的效果. 中国草地, (2): 27-31.

王荣华, 石雷, 汤庚国, 等. 2003. 渗透胁迫对蒙古冰草幼苗保护酶系统的影响. 植物学通报, 20(3): 330-335

王荣华, 石雷, 汤庚国, 等. 2004. 盐胁迫下蒙古冰草幼苗生长和离子含量的变化. 植物研究, 24(3): 326-330.

王睿辉. 2004. 小麦-冰草异源二体附加系的细胞学和分子生物学检测. 北京: 中国农业科学院博士学位论文.

王锡邦, 孙莉, 黄久常. 1992. 渗透胁迫引起的膜损伤与膜脂过氧化的某些自由基的关系. 中国科学(B 辑), (4): 364-368.

王心宇, 陈佩度, 亓增军, 等. 2001. ISSR 标记在小麦指纹图谱分析中的应用研究初探. 农业生物技术学报, 3: 261-263, 308.

王怡丹, 郭晓宇, 全炳武. 2008. 水分胁迫下蒙古冰草、扁穗冰草和滨麦抗旱性研究. 延边大学农学学报, 30(2): 98-103.

王玉辉, 周广胜. 2001. 松嫩草地羊草叶片光合作用生理生态特征分析. 应用生态学, 12(1): 75-79.

温素英, 阿拉塔, 等. 2001. 旱作人工草地建植综合技术研究. 内蒙古畜牧科学, (3): 4-6.

乌兰, 鲍业鸣, 殷国梅, 等. 2003. 冰草生态生物学特性与生态因素相关性的研究. 内蒙古畜牧科学, (3): 8-10.

武军. 2006. 小麦-冰草特异种质的遗传分析. 杨陵: 西北农林科技大学博士学位论文.

夏光敏, 王槐, 陈惠民. 1996. 小麦与新麦草及高冰草属间不对称体细胞杂交的植株再生. 科学通报, 15: 1423-1426.

解继红, 云锦凤, 杨斌, 等. 2006. 2, 4-D 和 BAP 对蒙古冰草幼胚愈伤组织诱导及生长的影响. 中国草地学报, 28(2): 44-47.

解新民. 2001. 蒙古冰草的遗传多样性研究. 呼和浩特: 内蒙古农业大学博士学位论文.

解新明, 马万里, 李秉滔. 2001. 冰草属分类学研究之回顾. 内蒙古师大学报(自然科学汉文版), 30(4): 341-348.

解新明, 马万里, 杨锡麟. 1993. 内蒙古 5 种冰草属植物的花粉形态. 内蒙古师大学报(自然科学汉文版), 22(生物学增刊): 39-44.

解新明, 杨锡麟, 余诞年. 1988. 西伯利亚冰草和蒙古冰草分类问题初探. 内蒙古师大学报(自然科学汉文版), 17(3): 20-22.

解新明, 杨锡麟, 余诞年. 1989. 脂酶同工酶在冰草属分类中的应用. 内蒙古师大学报(自然科学汉文版), 18(4): 23-28.

解新明, 杨锡麟. 1993. 冰草和根茎冰草变异式样的初步研究. 内蒙古师大学报(自然科学汉文版), (2): 64-69.

解新明, 云锦凤, 赵冰, 等. 2001. 蒙古冰草遗传多样性的等位酶分析. 草业科学, (6): 6-11.

解新明, 云锦凤, 尹俊, 等. 2002. 蒙古冰草遗传多样性的 RAPD 分析. 西北植物学报, (1): 56-62.

宿俊吉. 2007. 普通小麦-冰草异源二体附加系中冰草 P 染色体的分子标记. 杨陵: 西北农林科技大学博士学位论文.

秀花, 赵萌莉, 牛海, 等. 2013. 放牧胁迫下冰草表型性状的变化. 草原与草业, 4: 38-46.

徐春波, 米福贵, 王勇, 等. 2009. 影响冰草成熟胚组织培养再生体系频率的因素. 草业学报, 1: 80-85.

徐春波, 米福贵, 王勇. 2006. 转基因冰草植株耐盐性研究. 草地学报, 14(1): 21-23.

许大全. 1990. 光合作用"午睡"现象的生态、生理与生化. 植物生理学通讯, (6): 5-10.

宣继萍, 高鹤, 刘建秀. 2004. 结缕草品种(系)的抗寒性鉴定. 江苏农业学报, 20(1): 44-46.

宣继萍, 章镇, 房经贵, 等. 2002. 苹果品种 ISSR 指纹图谱构建. 果树学报, 6: 421-423.

闫贵兴. 2001. 中国草地饲用植物染色体研究. 呼和浩特: 内蒙古人民出版社, 68.

闫贵兴, 张素贞, 薛凤华, 等. 2001. 内蒙古中温型草原带重要饲用植物细胞地理学研究. 中国
　　草地, 1998, 1: 4-14.

闫贵兴, 张素贞. 1985. 沙芦草染色体组型的分析. 中国草原, (2): 38-42.

闫洁, 贺晓, 李青丰, 等. 2004. 冰草种子发育的解剖学研究. 中国草地, 26(1): 44-48.

闫伟红, 徐柱, 李临杭, 等. 2010. 冰草叶片光合日变化研究. 草业与畜牧, 7: 10-15.

闫伟红. 2010. 冰草属和鹅观草属部分植物种质资源遗传分析. 北京: 中国农业科学院博士学
　　位论文.

阎志坚. 2001. 中国北方半干旱区退化草地改良技术的研究. 呼和浩特: 内蒙古农业大学硕士学
　　位论文.

颜济, 杨俊良, 伯纳德 R 包姆. 2006. 小麦族生物系统学. 第 3 卷. 北京: 中国农业出版社.

颜济, 杨俊良, 颜旸. 2005. 木原均. 洛夫与小麦族(禾本科)的现代遗传学属的概念. 植物分类
　　学报, 43(1): 82-93.

杨典洱, 王岳光, 张承亮, 等. 2001. 植物抗性基因研究新趋势. 生物技术通报, 6: 1-4.

杨国辉, 杨欣明, 王睿辉, 等. 2010. 小麦-冰草附加系 1-4 重组 P 染色体对 Ph 基因的抑制作用.
　　科学通报, (6): 463-467.

杨全, 王红霞, 王文全. 2009. 桔梗光合生理特性研究. 时珍国医国药, 20(8): 2022-2023.

杨锡麟, 王朝品. 1987. 中国植物志. 第 9 卷. 3 分册. 北京: 科学出版社, 111-116.

杨锡麟. 1979. 国产冰草属 $Agropyron$ J. Garrtn. 的初步整理. 内蒙古师范学院学报(自然科学),
　　(1): 1-12.

易杨杰, 张新全, 黄琳凯, 等. 2008. 野生狗牙根种质遗传多样性的 SRAP 研究. 遗传, 30(1):
　　94-100

殷国梅, 陈世璜. 2003. 冰草属植物无性繁殖特性的研究. 内蒙古草业, 15(2): 1-2.

殷国梅, 刘德福. 2004. 沙生冰草分蘖特性的初探. 中国草地, 26(3): 75-77.

于卓, Suguru S. 2002. 小麦族 10 种禾草叶片可消化性及矿物质含量的差异. 草地学报, (1): 1-6.

于卓, 马艳红, 李小雷, 等. 2009. 蒙古冰草与航道冰草正、反交 F_1 及其染色体加倍植株 AFLP
　　分析. 中国草地学报, 6: 14-19.

于卓, 云锦凤. 1999. 几种小麦族禾草及其杂交后代基因组 DNA 的 RAPD 研究. 草地学报, (4):
　　287-292.

虞剑平, 邵启全. 1990. 根癌农杆菌($Agrobacterium\ tumefaciens$)介导的百脉根($Lotus\ corniculatus$
　　L.)的转化. 中国科学(B 辑), 3: 271-274, 341.

袁晓冬, 卫智军, 刘艳, 等. 2004. 典型草原不同放牧制度植物繁殖特性研究. 中国草业可持续
　　发展战略——中国草业可持续发展战略论坛论文集, 8.

云锦凤, 高卫华, 孙彦. 1991. 四种冰草属牧草苗期抗旱性研究. 中国草地, (增刊): 1-7.

云锦凤, 李瑞芬. 1997. 冰草的远缘杂交及杂种分析. 草地学报, (4): 221-227.

云锦凤, 李造哲, 于卓, 等. 1999. 杂种冰草 1 号的选育. 中国草地, (5): 7-11.

云锦凤, 米福贵, 杜建才, 等. 1989a. 冰草茎生长锥分化、幼穗形成及小孢子发育. 中国草地, (5): 30-35.

云锦凤, 米福贵, 高卫华. 1989b. 冰草属牧草产量及营养物质含量动态的研究. 中国草地, (6): 28-31.

云锦凤, 米福贵. 1989a. 冰草属分类学研究的历史回顾. 中国草地, (2): 3-7.

云锦凤, 米福贵. 1989b. 冰草种子的萌发、生长发育及其开花生物学. 中国草地, (4): 16-21.

云锦凤, 米福贵. 1989c. 冰草属牧草的种类与分布. 中国草地, (3): 14-17.

云锦凤, 米福贵. 1990. 干旱地区一种优良禾草——蒙古冰草. 内蒙古草业, (2): 70-71.

云锦凤, 斯琴高娃. 1996. 蒙古冰草 B 染色体的研究. 内蒙古农牧学院学报, 17(1): 14-17.

云锦凤, 易津, 候文才. 1988. 四份冰草材料种子活力测定初报. 内蒙古草业, (1): 30-35.

云锦凤, 赵彦, 石凤敏, 等. 2011. 蒙古冰草肌动蛋白基因片段的克隆与组织表达分析. 草业学报, 20(2): 170-176

张辉, 魏建华, 霍秀文, 等. 2005. 蒙农杂种冰草成熟胚愈伤组织的诱导及植株再生. 草地学报, 1: 30-33.

张辉. 2004. 蒙农杂种冰草成熟胚愈伤组织诱导、植株再生及转基因研究. 呼和浩特: 内蒙古农业大学硕士学位论文.

张力君, 易津, 贾光宏, 等. 2000. 9 种禾草对干旱胁迫的生理反应. 内蒙古农业大学学报(自然科学版), 21(04): 14-19.

张瑞博, 雷国平, 王建丽, 等. 2010. 施肥期和收获期对扁穗冰草种子产量的影响. 黑龙江农业科学, (9): 163-165.

张新全, 杨俊良, 颜济, 等. 1999. 青海仲彬草和黑药仲彬草的生物系统学研究. 植物分类学报, 2: 117-124

张众, 云锦凤, 包金刚, 等. 2005. 不同播种期对内蒙沙芦草种子生产的影响. 内蒙古草业, 17(1): 3-6.

张众, 云锦凤, 李艳萍, 等. 2006. 蒙农杂种冰草种子田追肥效应初探. 内蒙古农业大学学报, 27(4): 1-5.

赵萌莉, 云锦凤, 珊丹, 等. 2006. 不同放牧压力下冰草种群可塑性变化的初步研究. 中国草地学报, 1: 13-17.

赵秀琴, 赵明, 陆军, 等. 2002. 热带远缘杂交水稻高光效后代在温带的光合特性观察. 中国农业大学学报, 7(3): 1-6.

赵彦. 2009. 蒙古冰草抗旱相关基因克隆、表达及 RNAi 载体构建. 呼和浩特: 内蒙古农业大学博士学位论文.

中国科学院内蒙古宁夏综合考察队. 1955. 内蒙古植被. 北京: 科学出版社.

朱选伟, 黄振英, 张淑敏, 等. 2005. 浑善达克沙地冰草种子萌发、出苗和幼苗生长对土壤水分的反应. 生态学报, 2: 364-370.

Ahmad F, Comeau A. 1991. A new intergeneric hybrid between *Triticum aestivum* L. and *Agropyron fragile*(Roth)Candargy : variation in *A. fragile* for suppression of the wheat *Ph*-locus activity. Plant Breed, 106: 275-283.

Appels R, Baum B. 1992. Evolution of the Nor and 5S DNA Loci in the Triticeae. *In*: Solts P S, SoltisD E, Doyle J J. Springer: Molecular Systematics of Plants, 92-116.

Asay K H, Jehnson K B, Hsiao C. 1992. Probable origin of standard crested wheatgrass, *Agropyron desertorum* Fisch ex Link. Schultes Can J Plant Sci, 72: 763-772.

Baenziger H. 1962. Supernumerary chromosomes in diploid and tetraploid forms of crested wheatgrass. Canadian Jour Bot, 549-561.

Baum B R, Edwards T, Johnson D A. 2008. Loss of 5S rDNA units in the evolution of *Agropyron*, *Pseudoroegneria*, and *Douglas deweya*. Genome, 51(8): 589-598.

Bentham G. 1881. Notes on Gramineae. Journal of the Linnean Society . Botany London, 1881(1): 14-134.

Bothmer R von, Flink J, Landström T. 1986. Meiosis in interspecific *Hordeum* hybrids I triploid combinations. Canadian Journal of Genetics and Cytology, 28(3): 525-535.

Bothmer R von, Flink J, Landström T. 1987. Meiosis in *Hordeum* interspecific hybrids II triploid hybrids. Evol Trends Plants, 1: 41-50.

Bowden W M. 1965. Cytotaxonomy of the species and interspecific hybrids of the genus *Agropyron* in Canada and neighboring areas. Canad J Bot, 43: 1421-1448.

Budak H, Shearman R C, Parmaksiz I, et al. 2004. Molecular characterization of Buffalograss germplasm using sequence-related amplified polymorphism markers. Theor Appl Genet, 108: 328-334.

Chen Q, Jahier J, Cauderon Y. 1989. Production and cytogentic studies of hybrids between *Triticum aestivum*(L.)Thell and *Agropyron cristatum*(L.)Gaertn. C R. Acad Sci Ser, 308: 411-416.

Chen Q, Jahier J, Cauderon Y.1989. Cytological studies on *Agropyron* Gaertn species from Inner Mongolia, China. Comptes Rendus de l' Academie des Sciences Series 3, Sciences de la Vie 309(11): 519-525.

Chi Y, Yang J L, Yen Y. 2005. Hitoshi Kihara, Askell Love and the modern genetic concept of the genera in the tribe Triticeae. Journal of Systematics and Evolution, 43(1): 82-93.

Chris B, Marc V M, Dirk I. 1992. Superoxide dismutase and stress tolerance. Annual Review Plant Physiol and Plant Molecular Biology, 43: 83-116.

Dewey D R. 1969. Hybrids between tetraploid and hexaploid crested wheatgrasses. Crop Science, 9(6): 787-791.

Deway D R. 1969. Synthetic hybrids of *Agropyron albicans* × *A. dasystachyum*, *Sitanion hystrix*, and *Elymus canadensis*. American Journal of Botany, 56(6): 664-670.

Dewey D R. 1971. Synthetic hybrids of *Hordeum bogdanii* with *Elymus canadensis* and *Sitanion hystrix*. American Journal of Botany, 58(10): 902-908.

Dewey D R. 1971. Reproduction in crested *Wheatgrass triploids*. Crop Science, 11: 575.

Dewey D R. 1974. Cytogenetics of *Elymus sibiricus* and its hybrids with *Agropyron tauri*, *Elymus canadensis*, and *Agropyron caninum*. Bot Gaz, 135: 80-87.

Dewey D R. 1984. The Genomic System of Classification as a Guide to Intergeneric Hybridization with the Perennial Triticeae. *In*: Gustafson J P. Gene Manipulation in Plant Improvement. New York: Plenum Publishing Corporation, 209-279.

Dewey D R. 1973. Hybrids between diploid and hexaploid crested wheatgrass. Crop Sci, 13: 474-477

Dexter S T, Totingham W E, Graber L F. 1932. Investigation of the hardiness of plant by measurement of electrical conductivity. Plant Physiology, 7: 63-78.

Dillman A C. 1946. The beginnings of crested wheatgrass in North America. J Amer Soc Agron, 38: 237-250.

Dunn J H. 1999. Low temperature tolerance of *Zoysia grasses*. Hort Science, 34(1): 96-99.

Ferriol M, Pico B, Nuez F. 2003. Genetic diversity of a germplasm collection of *Cucuibita pepo* using SRAP and AFLP markers. Theor Appl Genet, 107: 271-282.

Hamilton E W, Heckathorn S A, 2001. Mitochondrial adaptations to NaCl. complex I is protected by anti-oxidants and small heat shock proteins, whereas complex II is protected by proline and betaine. Plant Physiol, 126(3): 1266-1274.

Hichock A S.1951. Tribe 3. Hordeae. *In*: Manual of the Grasses of the United States. USDA Misc Publ 200. 2nd ed. Revised by Agnes Chase, 230-280.

Hill M J. 1980. Temperate Pasture Grass Seed Crops: Formative factors. *In*: Hebblethwaite P D. Seed Production. London: Butterworths, 137-151.

Hsiao C, Asay K H, Dewey D R. 1989. Cytogenetic analysis of interspecific hybrids and amphploids between two diploid crested wheatgrass, *A. mongolicum* and *A. cristatum*. Genome, 32: 1079-1084.

Hsiao C, Chatterton N J, Asay K H, et al. 1995. Phylogenetic relationships of the monogenomic species of the wheat tribe, Triticeae(Poaeeae), inferred from nuclear rDNA(intenal transcribed spacer)sequences. Genome, 38: 211-223.

Hsiao C, Wang R R C, Dewey D R. 1986. Karyotype analysis and genome relationships of 22 diploid species in the tribe Triticeae. Can J Genet Cytol, 28: 109-120.

Jones K. 1960. Taxonomic and Biosystematics Problems in the Crested Wheatgrasses, InProc. 14th Western Grass Breeders Work Planning Conf, 29-34.

Kellogg E A. 1992. Restriction site variation in the chloroplast genomes of the monogenomic Triticeae. Hereditas, 116: 43-47.

Knowles R P. 1955. A study of variability in crested wheatgrass. Can J Bot, 33: 534-546.

Kosarev M G. 1949. The variability of characters of crested wheatgrass. Selei Semen, (4): 41-43.

Limin A E, Foeler D B. 1990. An interspecific hybrid and amphiploid produced from *Triticum aestivum* crosses with *Agropyron cristatum* and *Agropyron desertorum*. Genome, 33: 581-584.

Lindquist S, Craig E A. 1988. The heat-shock proteins. Annual Review of Genet, 22: 631-677.

Löve Á. 1982. Generic evolution of the wheatgrasses. Biologisches Zentralblatt, 101: 199-212.

Löve Á. 1984. Conspectus of the Triticeae. Feddes Repertorium, 95: 425-351.

Löve Á. 1986. Some taxonomical adjustments in eurasiatic wheatgrasses. Veröff Geobot Inst ETH, Stiftung Rübel, Zürich, 87: 43-52.

Martin A, Cabrera E, Esteban E. 1999a. A fertile amphiploid between diploid wheat(*Triticum tauschii*) and crested wheatgrass(*Agropyron cristatum*). Genome, 42(3): 519-525.

Martin A, Rubiales D, Cabrera A. 1999b. A fertile amphiploid between a wild barley(*Hordeum chilense*) and crested wheatgrass(*Agropyron cristatum*). Int J Plant Sci, 160(4): 783-786.

Mcintyre C L. 1988. Variation at isozyme loci in Tririeeae. Plant Syst Evol, 160: 123-142.

Melderis A. 1980. Tribe Triticeae. Vol5. *In*: Tutin T G, Heywood V H, Burges N A. Flora Europaea. Cambridge: Cambridge University Press, 190-206.

Monte J V, Mclintyre C L, Gustafson J P. 1993. Analysis of phylogenetic relationships in the *Triticeae ribe* using RFLPS. Theor Appl Genet, 86: 646-655.

Nevski S A. 1933. Uber das system der Hordeae Benth. Flora Syst Viyss Rast Leningrad, 1: 9-32.

Nevski S A. 1934. Tribe XIV. Hordeae Bentham. *In*: Roshevits R Y, Shishkin B K. Izdat: Flora SSSR.

Olson B E, Richard L S, Richard J H. 1989. A test of grazing compensat ion and optimization of crested wheatgrass using a simulation model. J Range Manage, 42: 458-467.

Pestsova E, Ganal M W, Röder M S. 2000. Isolation and mappingof microsatellite markers specific for the D genome of bread wheat. Genome, 43: 689-697.

Piger R. 1954. Das system der Gramineae. Bot Jahrb Syst, 76: 281-284.

Refoufi A, Jahier J, Esnault M A. 2001. Genome analysis of *Elytrigia pycnantha* and *Thinopyrum junceiforme* and of their putative natural hybrid using the GISH technique. Genome, 44(4): 708-715.

Röder M S, Korzun V, Wendehake K, et al. 1998. A microsatellite map of wheat. Genetics, 149: 2007-2023.

Sarkar P. 1956. The crested wheatgrass complex. Canadialn J Bot, 34: 328-345.

Schulz-Schaeffer J, Jurasits P. 1962. Biosystematic investigations in the genus *Agropyron* I .

Cytological studies of species karyotypes. Am Journ Bot, 49(9): 940-953.

Schulz-Scheffer J, Allerdice P W, Creel G C. 1963. Segmental allopolyploidy in tetraploid and hexaploid *Agropyron* species of the crested wheatgrass complex(section *Agropyron*). Crop Sci, 3: 525-530.

Scoles G J, Gill B S, Xin X Y, et al. 1988. Frequent duplication and deletion events in the 5S RNA gene and the associated spacer regions of the Triticeae. Plant Syst Evol, 160: 105-122.

Setbbins G L. 1963. 植物的变异和进化. 复旦大学遗传学研究所译. 上海: 上海科学技术出版社, 58-81.

Stebbin G L, Walters M S. 1979. Artificial and natural hybrids in the gramineae, tribe hordeae. III Hybrids involving *Elymus condensatus* and *E. triticoids*. Am J B T, 36: 291-301.

Swallen J R, Rogler G A. 1950. The status of crestd wheatgrass. Agronomy Journal, 42: 571.

Taylor R J, McCoy G A. 1973. Proposed origin of tetraploid species of crested wheatgrass based on chromatographic and karyotypic analyses. Am J Bot, 60: 576-583.

Turner N C, Kramer P J. 1980. Adaptation of Plants to Water and High Temperature Stress. New York: John Wiley & Sons Inc, 207-230.

Tzvelev N N. 1973. Conspectus specierum tribus Triticeae Dum. familiae Poaceae in Flora URSS. Nouit Syst Plantarum Vascularium, 10: 19-59.

Tzvelev N N. 1976. Pozceae URSS. Tribe III. Triticeae Dum. Leningrad: USSR Academy of Science Press, 105-203.

Wang R R C, Jensen K B. 1994. Absence of the J genome in *Leymus* species(Poaceae: Triticeae): evidence from DNA hybridization and meiotic pairing. Genome, 37(2): 231-235.

Wang R R C. 1986. Diploid perennial intergeneric hybrids in the tribe Triticeae. I. *Agropyron cristatum* × *Pseudoroegneria libanotica* and *Critesion violaceum* × *Psathyrostachys juncea*. Crop Sci, 26: 75-78.

Wang R R C. 1987. Diploid perennial intergeneric hybrids in the tribe Triticeae: 3. Hybrids among *Secale montanum*, *Pseudoroegneria spicata* and *Agropyron mongolicum*. Genome, 29(1): 80-84.

Zietkiewicz E, Rafalskia, Labuda D. 1994. Genome fingerprinting by simple sequence repeat(SSR)-anchored polymerase chain reaction amplification. Genomics, 20: 176-183.

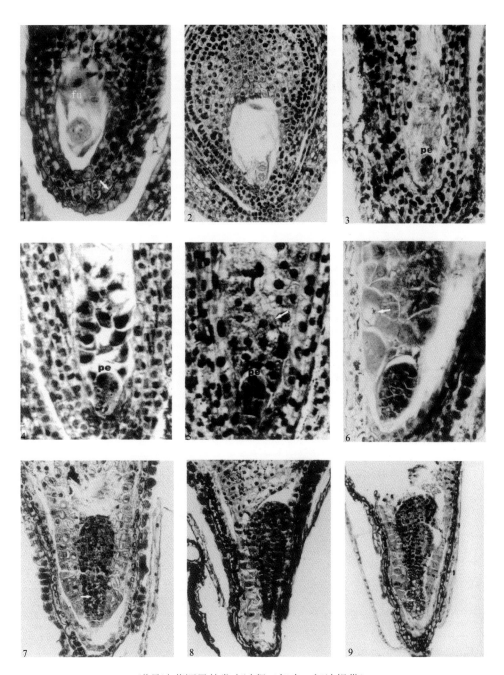

诺丹冰草颖果的发育过程（贺晓、闫洁提供）

1. 合子时期×264；2. 合子横分开裂×264；3. 三细胞原胚×264；4. 多细胞原胚×264；5. 多细胞原胚×264；6. 椭圆形胚×200；7. 棒状胚,具狭长胚柄×132；8. 胚初分化×100；9. 胚初分化×100

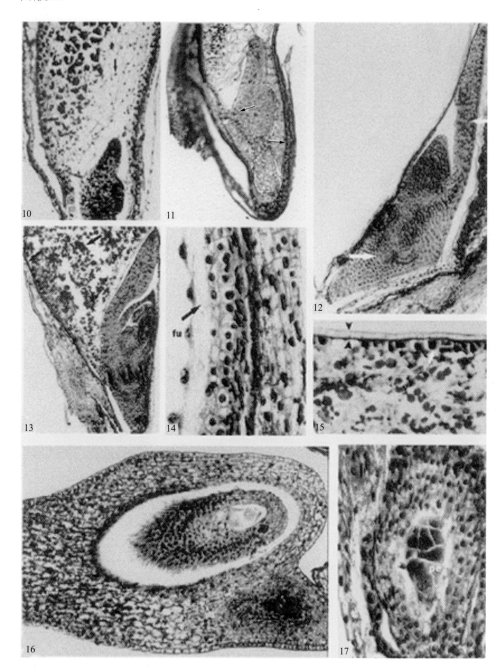

诺丹冰草颖果的发育过程（贺晓、闫洁提供）（续前）

10. 分化胚×100；11. 分化胚×100；12. 成熟胚×52.8；13. 29 天成熟胚×52.8；14. 三细胞胚时期胚乳的游离核×264；

15. 29 天的胚乳×100；16. 合子时期的子房×132. fu. 游离核；pe. 原胚

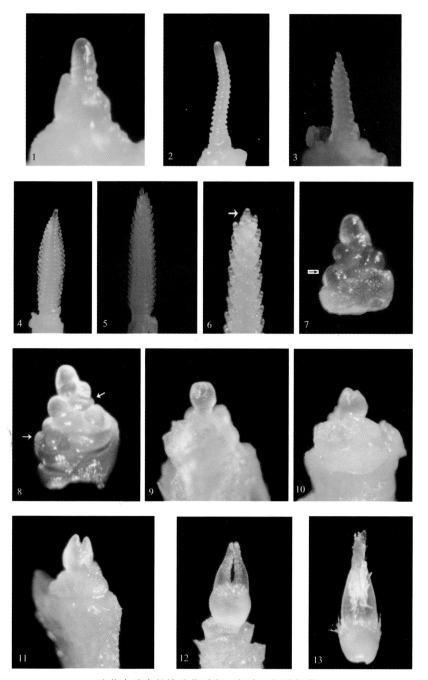

冰草生殖生长锥分化过程（贺晓、闫洁提供）

1. 生殖生长锥伸长进入单棱期 340×；2.单棱期 170×；3.双棱期 75×；4、5. 小穗分化期 50×；6.生长锥顶端分化为一小穗 60×；7.小穗分化出小花原基（箭头所示）200×；8.雄蕊原基和雌蕊原基的发生及小穗的分化过程（下方箭头示雄蕊原基，上方箭头示外稃原基）240×；9～13.雌蕊原基的分化及雌蕊的发育过程；9.150×；10～12.120×；13.80×

图版 IV

冰草属内穗型变异　　　　　　　　冰草不同倍性水平穗型

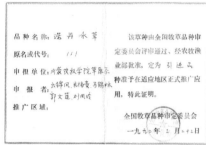

内蒙古锡林郭勒盟正蓝旗蒙古冰草基地　　　内蒙古伊克昭盟达拉特旗白泥井蒙古冰草基地

内蒙古呼和浩特市万亩草原中的蒙古冰草　　　内蒙古呼和浩特市蒙古冰草试验田

内蒙古锡林郭勒盟苏尼特右旗二洼蒙古冰草试验基地

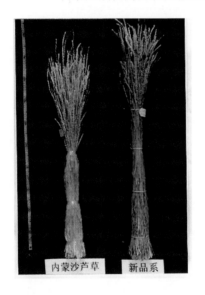

蒙农 1 号蒙古冰草新品系和对照

蒙农杂种冰草单株

荒漠草原区蒙农杂种冰草（苗期）

内蒙古伊克昭盟达拉特旗蒙农杂种冰草（营养期）

蒙农杂种冰草（抽穗期 ）

蒙农杂种冰草（结实期）

内蒙古呼和浩特市土左旗蒙农杂种冰草
（营养期）

内蒙古呼和浩特市土左旗蒙农杂种冰草
（抽穗期）

内蒙古呼和浩特市土左旗蒙农杂种冰草（收获期）

内蒙古锡林郭勒盟苏尼特右旗二洼冰草

内蒙古呼和浩特市武川县旱作区杂种冰草基地

旱作区沙生冰草基地

冰草在沙质土壤上的生长状况

蒙古冰草与二色补血草混植

冰草混播人工草地

天然草地改良后的冰草草地

图 5-7　蒙农杂种冰草组织培养再生体系

图 5-22　转 *MwLEA3* 基因烟草植株的获得

A. 转基因烟草卡那霉素（Kan）抗性筛选分化培养；B. 转基因烟草抗性芽的发生；C. 转基因烟草抗性植株生根
情况；D. 转基因烟草抗性植株生长情况；E. 转基因烟草植株移栽；F. 转基因烟草开花结实

图 6-3　蒙杂冰草 1 号与亲本及杂种 F₁ 代穗型图

A. 航道冰草；B. 蒙古冰草；C. 杂种 F₁ 代；D. 蒙杂冰草 1 号

图 5-31　转基因冰草植株